Birkhäuser

Mathematik Kompakt

Herausgegeben von:

Martin Brokate
Heinz W. Engl
Karl-Heinz Hoffmann
Götz Kersting
Gernot Stroth
Emo Welzl

Die neu konzipierte Lehrbuchreihe *Mathematik Kompakt* ist eine Reaktion auf die Umstellung der Diplomstudiengänge in Mathematik zu Bachelor- und Masterabschlüssen. Ähnlich wie die neuen Studiengänge selbst ist die Reihe modular aufgebaut und als Unterstützung der Dozierenden sowie als Material zum Selbststudium für Studierende gedacht. Der Umfang eines Bandes orientiert sich an der möglichen Stofffülle einer Vorlesung von zwei Semesterwochenstunden. Der Inhalt greift neue Entwicklungen des Faches auf und bezieht auch die Möglichkeiten der neuen Medien mit ein. Viele anwendungsrelevante Beispiele geben den Benutzern Übungsmöglichkeiten. Zusätzlich betont die Reihe Bezüge der Einzeldisziplinen untereinander.

Mit *Mathematik Kompakt* entsteht eine Reihe, die die neuen Studienstrukturen berücksichtigt und für Dozierende und Studierende ein breites Spektrum an Wahlmöglichkeiten bereitstellt.

Nichtlineare Optimierung

Michael Ulbrich
Stefan Ulbrich

Autoren:
Professor Dr. Michael Ulbrich
Fakultät für Mathematik
Technische Universität München
Garching b. München, Deutschland

Professor Dr. Stefan Ulbrich
Fachbereich Mathematik
Technische Universität Darmstadt
Darmstadt, Deutschland

ISBN 978-3-0346-0142-9
ISBN 978-3-0346-0654-7 (eBook)
DOI 10.1007/978-3-0346-0654-7

Bibliografische Information der Deutschen Bibliothek
Die Deutsche Bibliothek verzeichnet diese Publikation in der Deutschen Nationalbibliografie; detaillierte bibliografische Daten sind im Internet über <http://dnb.ddb.de> abrufbar.

2011 Mathematical Subject Classification: 90Cxx, 65Kxx, 49Mxx

Satz und Layout: Protago-TEX-Production GmbH, Berlin, www.ptp-berlin.eu
Einbandentwurf: deblik, Berlin

Gedruckt auf säurefreiem Papier

Springer Basel AG ist Teil der Fachverlagsgruppe Springer Science+Business Media

www.birkhauser-science.com

Vorwort

Die mathematische Optimierung hat sich wegen ihrer großen inner- und außermathematischen Bedeutung als fester Bestandteil der Grundausbildung in den mathematischen Studiengängen der Universitäten etabliert. Das vorliegende Buch trägt dieser positiven Entwicklung Rechnung. Es ist aus Vorlesungen der Autoren an der TU Darmstadt, der TU München und der Universität Hamburg entstanden und eignet sich zur Gestaltung einer vierstündigen Vorlesung über Nichtlineare Optimierung oder von zwei zweistündigen Vorlesungen, z. B. eine über die unrestringierte und eine über die restringierte Nichtlineare Optimierung. Neben der Optimalitätstheorie stehen numerische Verfahren und deren Konvergenzanalyse im Vordergrund.

Es war uns ein Anliegen, das Buch in Umfang und Stil so zu gestalten, dass es direkt als Skript für eine Vorlesung verwendet werden kann. Die mathematischen Voraussetzungen zur Lektüre des Buches sind so gehalten, dass eine Vorlesung über den 1. Teil (unrestringierte Optimierung) ab dem 3. Studiensemester und über den 2. Teil (restringierte Optimierung) ab dem 4. Studiensemester angeboten werden kann. Dies wurde in den letzten Jahren (auch im Rahmen des mathematischen Bachelor-Studiengangs) an der TU München erfolgreich erprobt.

Um den Umfang im Rahmen zu halten, beschränkt sich das Buch auf zentrale Themen der differenzierbaren Optimierung. Wann immer dies sinnvoll möglich ist, werden alle entwickelten Resultate bewiesen.

Teile des Buches sind von Vorlesungen inspiriert, die die Autoren Ende der 80er und Anfang der 90er Jahre während ihres Studiums an der TU München bei ihrem späteren Doktorvater Prof. Dr. Klaus Ritter gehört haben. Insbesondere haben wir sein Konzept der zulässigen Suchrichtungen und Schrittweiten übernommen und adaptiert.

Wir danken unseren Studierenden in Darmstadt, Hamburg und München für ihr großes Interesse an den diesem Buch zugrundeliegenden Vorlesungen, ihr konstruktives Feedback und ihre bleibende Verbundenheit mit der Optimierung. Unser Dank gebührt außerdem unseren Mitarbeitern, insbesondere Sebastian Albrecht, Christian Brandenburg, Sarah Drewes, Thea Göllner, Florian Kruse, Florian Lindemann, Boris von Loesch, Sonja Steffensen und Carsten Ziems, für ihre hilfreichen Anregungen, die Gestaltung eines Teils der Übungsaufgaben und die Unterstützung bei Illustrationen. Wir sind den Herausgebern der Reihe Mathematik Kompakt des Birkhäuser-Verlags, im besonderen den Kollegen Karl-Heinz Hoffmann und Martin Brokate, dankbar für die freundliche Einladung, das vorliegende Buch für diese Reihe zu schreiben. Frau Barbara Hellriegel vom Birkhäuser-Verlag danken wir für die angenehme Zusammenarbeit.

München und Darmstadt, Februar 2012 — Michael Ulbrich und Stefan Ulbrich

Vorwort

Inhaltsverzeichnis

I Problemstellung und Beispiele

1 Problemstellung und grundlegende Begriffe

Dieses Lehrbuch beschäftigt sich mit der Analyse und der numerischen Behandlung endlichdimensionaler stetiger Optimierungsprobleme. Hierunter verstehen wir die Aufgabenstellung, eine stetige *Zielfunktion* $f: X \to \mathbb{R}$ auf dem nichtleeren *zulässigen Bereich* $X \subset \mathbb{R}^n$ zu minimieren (wir werden später gewisse strukturelle Anforderungen an X stellen). Wir schreiben dies kurz in folgender Form:

$$\min f(x) \quad \text{u.d.N.} \quad x \in X. \tag{1.1}$$

Hierbei steht „u.d.N." für „unter der Nebenbedingung". Die Bedingung „$x \in X$" heißt *Nebenbedingung* des Optimierungsproblems. Natürlich könnten wir anstelle von Minimierungsproblemen auch Maximierungsprobleme betrachten. Das Problem

$$\max \tilde{f}(x) \quad \text{u.d.N.} \quad x \in X$$

ist aber offensichtlich äquivalent zum Minimierungsproblem (1.1) mit Zielfunktion $f = -\tilde{f}$, und daher beschränken wir uns im Folgenden auf Minimierungsprobleme.

Wir führen zunächst einige grundlegende Begriffe ein:

Definition 1.1

Der Vektor (wir sagen auch häufig Punkt) $x \in \mathbb{R}^n$ heißt *zulässig für Problem* (1.1), falls $x \in X$ gilt.

Der Punkt $\bar{x} \in \mathbb{R}^n$ heißt

1. *lokales Minimum* von (1.1), falls $\bar{x} \in X$ gilt und $\varepsilon > 0$ existiert mit $f(x) \geq f(\bar{x})$ für alle $x \in X \cap B_\varepsilon(\bar{x})$.

   Hierbei bezeichne $B_\varepsilon(\bar{x}) = \{x \in \mathbb{R}^n;\ \|x - \bar{x}\| < \varepsilon\}$ die ε-Kugel um $\bar{x}$ und $\|x\| = \sqrt{x^T x}$ ist die euklidische Norm.
2. *striktes (oder strenges oder isoliertes) lokales Minimum* von (1.1), falls $\bar{x} \in X$ gilt und ein $\varepsilon > 0$ existiert mit $f(x) > f(\bar{x})$ für alle $x \in (X \cap B_\varepsilon(\bar{x})) \setminus \{\bar{x}\}$.
3. *globales Minimum* von (1.1), falls $\bar{x} \in X$ gilt und zudem $f(x) \geq f(\bar{x})$ für alle $x \in X$.
4. *striktes (oder strenges) globales Minimum* von (1.1), falls $\bar{x} \in X$ gilt sowie $f(x) > f(\bar{x})$ für alle $x \in X \setminus \{\bar{x}\}$.

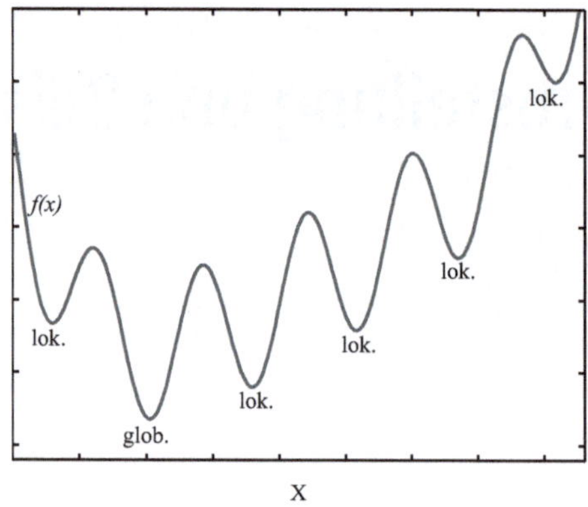

Abb. 1.1: Lokale und globale Minima der Funktion $f: X \to \mathbb{R}$ auf $X \subset \mathbb{R}$.

Einige dieser Konzepte werden illustriert durch Abb. 1.1. Die dort dargestellte Funktion besitzt auf dem Intervall X insgesamt 6 (strikte) lokale Minima. Eines davon ist das (strikte) globale Minimum von f auf X.

Die Existenz von (globalen) Lösungen für das Problem (1.1) kann unter sehr milden Bedingungen gezeigt werden:

Satz 1.2 *Die Funktion $f: X \to \mathbb{R}$ sei stetig und es gebe $x_0 \in X$, so dass die Niveaumenge*

$$N_f(x_0) = \{x \in X\,;\, f(x) \leq f(x_0)\}$$

kompakt ist. Dann besitzt das Problem (1.1) *mindestens ein globales Minimum.*

Beweis. Offensichtlich kommen für ein globales Minimum von (1.1) nur Punkte $x \in N_f(x_0)$ in Frage. Nach dem Satz von Weierstraß nimmt die stetige Funktion f auf dem Kompaktum $N_f(x_0)$ ihren Minimalwert in einem Punkt $\bar{x} \in N_f(x_0)$ an. Dieser ist dann auch globales Minimum von f auf X. □

Das algorithmische Auffinden eines globalen Minimums kann beliebig aufwendig sein, denn die Anzahl der lokalen Minima ist unter Umständen sehr groß und jedes lokale Minimum ist ein potenzieller Kandidat für das globale Minimium. Wir beschäftigen uns daher im Weiteren nicht mit dem Auffinden globaler Minima (dies ist Thema der Globalen Optimierung), sondern mit der Charakterisierung und Berechnung lokaler Minima. Wir unterscheiden zwei Klassen von Optimierungsproblemen:

Im Fall $X = \mathbb{R}^n$ entfällt die Nebenbedingung in (1.1), und wir erhalten ein **unrestringiertes Optimierungsproblem:**

$$\min_{x \in \mathbb{R}^n} f(x).$$

Mit diesem Problem werden wir uns in Kapitel II beschäftigen.

Im Fall $X \neq \mathbb{R}^n$ ist die Nebenbedingung in (1.1) von Bedeutung und wir sprechen daher von einem **restringierten Optimierungsproblem.** Um restringierte Optimierungsprobleme vernünftig behandeln zu können, müssen wir weitere Strukturvoraussetzungen an die zulässige Menge X treffen. Für die praktische Anwendbarkeit ergeben sich keine nennenswerten Einschränkungen für die Praxis, wenn wir annehmen, dass der zulässige Bereich durch ein System von Gleichungen und Ungleichungen gegeben ist:

$$X = \{x \in \mathbb{R}^n \,;\ h(x) = 0,\ g(x) \le 0\}$$

mit stetigen Funktionen $h\colon \mathbb{R}^n \to \mathbb{R}^p$ und $g\colon \mathbb{R}^n \to \mathbb{R}^m$. Die Ungleichung $g(x) \le 0$ ist komponentenweise gemeint in folgendem Sinne: Für $y, z \in \mathbb{R}^m$ definieren wir

$$y \le z :\Longleftrightarrow y_i \le z_i,\ i = 1, \dots, m, \quad \text{sowie} \quad y < z :\Longleftrightarrow y_i < z_i,\ i = 1, \dots, m,$$

und entsprechend für $y \ge z$ und $y > z$. Das resultierende Problem heißt
Nichtlineares Optimierungsproblem (Nonlinear Program, NLP):

$$\min f(x) \quad \text{u.d.N.} \quad h(x) = 0,\ g(x) \le 0. \tag{1.2}$$

Die Problemklasse (1.2) wird in Kapitel III eingehend behandelt.

Das Problem (1.2) lässt sich weiter klassifizieren:

- Im Falle $m = 0$ entfallen die Ungleichungsnebenbedingungen, und wir erhalten ein *gleichungsrestringiertes Optimierungsproblem.*
- Sind alle Funktionen linear, d.h. $f(x) = c^T x$, $g(x) = Ax - b$ und $h(x) = Bx - d$, so erhalten wir ein *lineares Optimierungsproblem.*
- Ist f quadratisch, d.h.

  $$f(x) = c^T x + \frac{1}{2} x^T C x, \quad c \in \mathbb{R}^n, \quad C \in \mathbb{R}^{n \times n} \text{ symmetrisch},$$

  und sind g, h linear, so ergibt sich ein *quadratisches Optimierungsproblem.*
- Sind die Funktionen f, g_i konvex und ist h linear, so sprechen wir von einem *konvexen Optimierungsproblem* usw.

2 Beispiele

Da es ein zentrales Anliegen des Menschen ist, Vorgänge in (aus seiner Sicht) optimaler Weise zu beeinflussen und auch die Natur bevorzugt optimale (z.B. energieminimale) Zustände einnimmt, ist die Optimierung in einer Fülle von Bereichen anwendbar.

Wir geben im Folgenden stellvertretend drei Beispiele an.

Beispiel

Minimalflächen. Die dargestellte Problemstellung beschreibt Minimalflächen, wie sie z.B. von Seifenhäuten (Seifenblasen) gebildet werden. Ähnliche (kompliziertere) Optimierungsprobleme ergeben sich beim Entwurf von Zeltkonstruktionen.

Gegeben sei ein (offenes) Gebiet $\Omega \subset \mathbb{R}^2$ mit Rand Γ sowie Randdaten $r\colon \Gamma \to \mathbb{R}$. Gesucht ist eine Funktion $q\colon \overline{\Omega} \to \mathbb{R}$, die auf dem Rand Γ mit r übereinstimmt und deren Graph minimale Oberfläche hat.

Um dieses Problem numerisch zu lösen, approximieren wir $\overline{\Omega}$ durch eine Triangulation $\overline{\Omega}_T = \cup_{k=1}^m T_k$, bestehend aus m Dreiecken T_k, mit n inneren Knoten $x^1, \dots, x^n \in \Omega$ und l Randknoten $x^{n+1}, \dots, x^{n+l} \in \Gamma$ (siehe Abb. 2.1, linkes Bild). Ein Knoten ist i.A. eine Ecke mehrerer Dreiecke. Wir nehmen an, dass die Triangulation regulär ist, d.h., je zwei verschiedene Dreiecke sind entweder disjunkt oder sie haben eine Seite oder eine Ecke gemeinsam. Die Funktion q approximieren wir durch eine stetige Funktion $q_T\colon \overline{\Omega}_T \to \mathbb{R}$, die linear über jedem Dreieck ist (siehe Abb. 2.1, rechtes Bild). Diese wird

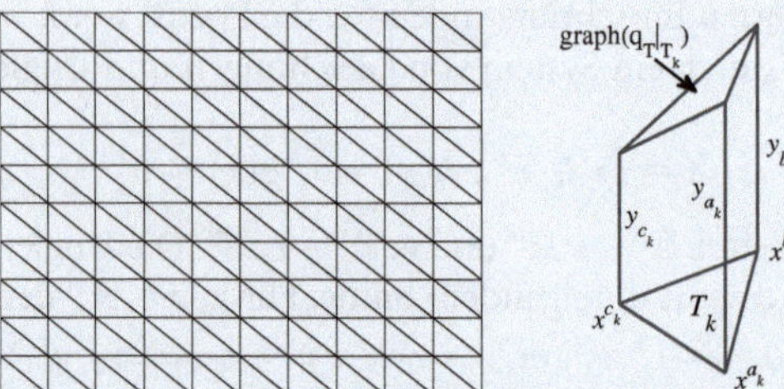

Abb. 2.1: Links: Beispiel für eine reguläre Triangulation des Rechtecks $\Omega = \Omega_T$. Rechts: Das untere Dreieck T_k ist Teil der Triangulation, das obere Dreieck ist der über T_k liegende Teil des Graphen von q_T.

eindeutig bestimmt durch die Knotenwerte $q_T(x^i) = y_i$, $i = 1, \ldots, n + l$. Die Werte in den Randknoten sind festgelegt: $y_i = r(x^i)$, $i = n + 1, \ldots, n + l$. Das Dreieck T_k habe die Ecken $x^{a_k}, x^{b_k}, x^{c_k}$. Dann berechnet sich der Flächeninhalt des über dem Dreieck T_k liegenden Teildreiecks des Graphen von q_T zu

$$A_k(y) = \frac{1}{2}\left\| \begin{pmatrix} x^{b_k} - x^{a_k} \\ y_{b_k} - y_{a_k} \end{pmatrix} \times \begin{pmatrix} x^{c_k} - x^{a_k} \\ y_{c_k} - y_{a_k} \end{pmatrix} \right\|.$$

Die gesamte Oberfläche des Graphen von q_T ist daher $A(y) = \sum_{k=1}^{m} A_k(y)$. Wir erhalten somit das Optimierungsproblem

$$\min_{y \in \mathbb{R}^{n+l}} A(y) \quad \text{u.d.N.} \quad y_i = r(x^i),\ i = n+1, \ldots, n+l.$$

Wir können die Nebenbedingung verwenden, um einen Teil der Unbekannten y_i zu eliminieren:

$$\min_{z \in \mathbb{R}^n} f(z)$$

mit $f(z) = A(z_1, \ldots, z_n, r(x^{n+1}), \ldots, r(x^{n+l}))$.

Wir können auch nach Minimalflächen unter Nebenbedingungen suchen:

Beschreibt z.B. der Graph der Funktion $c: \bar{\Omega} \to \mathbb{R}$ ein unteres Hindernis mit $c \leq r$ auf Γ, so können wir folgendes Problem formulieren:
Bestimme eine Funktion $q: \overline{\Omega} \to \mathbb{R}$, die auf Γ mit r übereinstimmt und deren Graph oberhalb des Hindernisses verläuft (d.h. $q \geq c$ auf Ω), so dass die Oberfläche ihres Graphen minimal ist. Verwenden wir die Diskretisierung von oben, so erhalten wir folgendes Problem:

$$\min_{z \in \mathbb{R}^n} f(z) \quad \text{u.d.N.} \quad z_i \geq c(x^i),\ i = 1, \ldots, n.$$

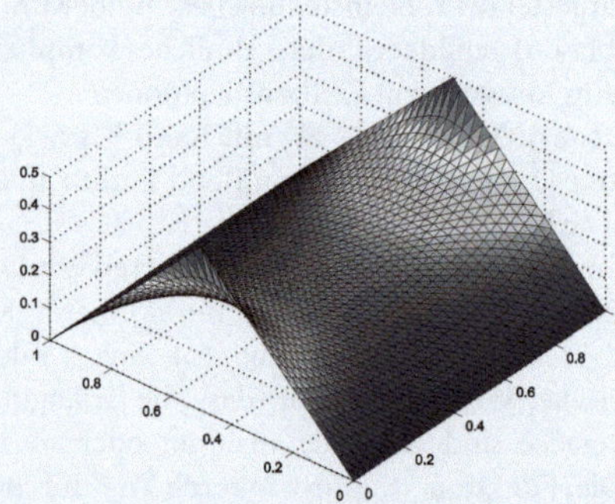

Abb. 2.2: Beispiel für eine Minimalfläche über $\Omega = (0, 1)^2$ mit $r(x, y) = \frac{1}{2} - \left|y - \frac{1}{2}\right|$.

Beispiel

Portfolio-Optimierung. Der Manager eines Aktienportfolios möchte einen Betrag $B > 0$ für ein Jahr so in n Aktien investieren, dass die erwartete Rendite R mindestens $\rho\%$ beträgt und gleichzeitig das Risiko minimiert wird. Bezeichnet r_i die sich für die Aktie i am Jahresende ergebende Rendite (dies ist eine Zufallsvariable), und bezeichnet der Vektor $x \in \mathbb{R}^n$,

$$\sum_{i=1}^{n} x_i = 1, \quad x \geq 0,$$

die Zusammenstellung des Portfolios (der Manager investiert den Betrag $x_i B$ in die Aktie i), so ist die durch das Portfolio erzielte Rendite

$$R(x) = \frac{\sum_{i=1}^{n} x_i B(r_i/100)}{B} \cdot 100 = r^T x.$$

Bezeichnen $\mu \in \mathbb{R}^n$ und $\Sigma \in \mathbb{R}^{n \times n}$ den Erwartungswert und die Kovarianzmatrix von r (diese werden meist aus historischen Daten ermittelt), dann berechnet sich die erwartete Rendite zu

$$E(R(x)) = \mu^T x.$$

Die Varianz

$$V(R(x)) = x^T \Sigma x$$

ist ein Maß dafür, wie riskant die Anlage in das Portfolio ist.

Das Portfolio-Optimierungsproblem lautet nun:

$$\min_{x \in \mathbb{R}^n} x^T \Sigma x \quad \text{u.d.N.} \quad \sum_{i=1}^{n} x_i = 1, \ x \geq 0, \ \mu^T x \geq \rho.$$

Dies ist ein quadratisches Optimierungsproblem. Es gibt andere Maße für das Risiko, z.B. solche, die berücksichtigen, dass nur das Risiko, von der erwarteten Rendite nach unten abzuweichen, bestraft wird, aber nicht Abweichungen nach oben. Dies führt dann i.A. auf nichtlineare nicht-quadratische Optimierungsprobleme.

Beispiel

Kostenoptimale Planung einer Frachtsendung. Um ein Gesamtvolumen von 1000 m^3 einer Ware per Fracht zu verschicken, muss entschieden werden, welche Kistengröße (quaderförmig, Länge x_1, Tiefe x_2, Höhe x_3 [m]) die geringsten Kosten verursacht. Die Ware stelle dabei keine Restriktionen an die Form bzw. Größe der Kisten. Die Transportfirma verlangt 60 Euro pro transportierte Kiste und befördert nur Kisten, die höchstens 1 m^3 Volumen haben.

Die Herstellung der Kisten kostet 2 Euro pro m^2 Boden- und Seitenflächen sowie 1 Euro pro m^2 Deckelfläche. Für das Deckelmaterial sind nur 2000 m^2 verfügbar.

Fläche Boden + Seiten:	$x_1x_2 + 2x_1x_3 + 2x_2x_3$
Fläche Deckel:	x_1x_2.
Volumen der Kiste:	$x_1x_2x_3$
Herstellungskosten pro Kiste:	$f_K(x) = 2(x_1x_2 + 2x_1x_3 + 2x_2x_3) + 1x_1x_2$.

Für die Anzahl $n(x)$ der benötigten Kisten gilt (wir vernachlässigen die Ganzzahligkeitsbedingung für $n(x)$):

$$n(x) = \frac{1000}{x_1x_2x_3}.$$

Gesamtkosten:	$f(x) = f_K(x)n(x) + 60n(x)$.
Nebenbedingungen:	$x_1, x_2, x_3 > 0, \quad x_1x_2x_3 \leq 1, \quad x_1x_2n(x) \leq 2000.$

Wir setzen $n(x)$ ein und erhalten

$$\min_x \frac{3000}{x_3} + \frac{4000}{x_2} + \frac{4000}{x_1} + \frac{60000}{x_1 x_2 x_3}$$
$$\text{u.d.N. } x_1 x_2 x_3 \leq 1, \quad \frac{1000}{x_3} \leq 2000, \quad x_1, x_2, x_3 > 0.$$

Eine Besonderheit ist hier, dass teilweise strikte Ungleichungen als Nebenbedingungen vorkommen. In der Praxis wird man für die Seiten gewisse Mindestlängen $l_i > 0$ fordern und kann dann $x_i \geq l_i$ schreiben.

Die Nebenbedingung $\frac{1000}{x_3} \leq 2000$ kann umgeformt werden zu $x_3 \geq 1/2$. Das Problem ist in dieser Form nichtkonvex. Es gehört zur Klasse der sog. *geometrischen Optimierungsprobleme*. Diese können durch einen Trick konvex reformuliert werden: Setzen wir $x_i = e^{y_i}$, dann erhalten wir folgende äquivalente Reformulierung:

$$\min_y \; 3000e^{-y_3} + 4000e^{-y_2} + 4000e^{-y_1} + 60000e^{-y_1-y_2-y_3}$$
$$\text{u.d.N. } e^{y_1+y_2+y_3} \leq 1, \quad e^{y_3} \geq \frac{1}{2}.$$

Auf die Nebenbedingungen können wir nun auch noch den ln anwenden (dieser ist streng monoton) und erhalten die äquivalenten Nebenbedingungen

$$y_1 + y_2 + y_3 \leq 0, \quad y_3 \geq \ln(1/2) = -\ln 2,$$

also

$$y_1 + y_2 + y_3 \leq 0, \quad y_3 \geq -\ln 2.$$

Man kann sich überlegen, dass man auch auf die Zielfunktion den ln anwenden kann, ohne die Konvexität zu zerstören.

Beispiel

Optimale Steuerung. Die optimale Steuerung von Systemen ist eine wichtige Teildisziplin der Optimierung. Die Optimierungsvariablen spalten sich hierbei in zwei Teile auf, einen Zustand $y \in Y$ und eine Steuerung $u \in U$. In abstrakter Form haben Optimalsteuerungsprobleme die folgende Gestalt:

$$\min f(y,u) \quad \text{u.d.N.} \quad c(y,u) = 0, \quad d(y) \in C_V, \quad e(u) \in C_W \tag{2.3}$$

mit Abbildungen $f\colon Y \times U \to \mathbb{R}$, $c\colon Y \times U \to Z$, $d\colon Y \to V$, $e\colon U \to W$, normierten Räumen U, V, W, Y, Z und abgeschlossenen Mengen $C_V \subset V$, $C_W \subset W$.

Die Zustandsgleichung

$$c(y,u) = 0$$

hat üblicherweise die Eigenschaft, dass es zu jeder Steuerung $u \in U$ genau einen zugehörigen Zustand $y(u) \in Y$ gibt, so dass die Gleichung erfüllt ist. Die Zustandsgleichung lässt sich also implizit nach y auflösen. Die Nebenbedingungen $d(y) \in C_V$ heißen Zustandsrestriktion, die Nebenbedingungen $e(u) \in C_W$ werden Steuerungsrestriktionen genannt. Beide können (zumindest für den wichtigen Fall, dass C_V und C_W Kegel sind) als abstrakte Ungleichungsnebenbedingungen interpretiert werden.

Ein typisches Beispiel für ein Optimalsteuerungsproblem ist die Problemstellung, den Antrieb einer Raumsonde so zu steuern, dass sie treibstoffminimal in eine vorgegebene Umlaufbahn gebracht wird. Der Zustand $y(t)$ ist dann die zeitabhängige Position, Geschwindigkeit und Masse der Raumsonde sowie evtl. weitere Größen, die Steuerung $u(t)$ gibt die zeitabhängigen Einstellungen des Antriebs (z.B. Schubstärke und Schubwinkel) an. Hierbei bezeichnet t die Zeit. Die Zustandsgleichung besteht aus den Bewegungsgleichungen der Sonde, die durch ein System gewöhnlicher Differentialgleichungen (evtl. ergänzt durch weitere Gleichungen) gegeben ist. Eine Nebenbedingung der Form

$$a \leq u(t) \leq b \quad \forall t$$

könnte beispielsweise sinnvoll sein und kann problemlos in der Form $e(u) \in C_W$ geschrieben werden mit $e: u \mapsto u, \quad C_W = \{u;\ a \leq u(t) \leq b\ \forall t\}$.

Das Beispiel zeigt, dass Optimalsteuerungsprobleme häufig in unendlichdimensionalen Funktionenräumen U, V, W, Y und Z gestellt sind. Diese können durch Optimierungstheorie direkt behandelt werden (wir gehen in diesem Buch aber darauf nicht ein). Optimalsteuerungsprobleme treten auch in anderen Zusammenhängen auf, z.B. in der Verfahrenstechnik, in der Robotik usw. Ein im Moment besonders wichtiges Thema ist die optimale Steuerung komplexer Systeme, die durch partielle Differentialgleichungen beschrieben werden.

Die numerische Lösung auf dem Rechner erfordert eine Diskretisierung (z.B. durch stetige, stückweise lineare Funktionen auf einem Gitter). Es entsteht dann ein endlichdimensionales Problem der Form (2.3). Dieses kann mit den hier behandelten Methoden der nichtlinearen Optimierung gelöst werden.

Beispiel

Regression / Fitting. Ein (physikalischer, technischer, wirtschaftlicher, ...) Vorgang liefere zu Eingangsgrößen $u \in \mathbb{R}^r$ eine Systemantwort $y \in \mathbb{R}^s$. Das Systemverhalten soll durch einen parameterabhängigen Ansatz $u \mapsto g(u; x)$ mit Parametern $x \in X \subset \mathbb{R}^n$ approximiert werden.

Anhand von Messungen y_i zu Eingangsgrößen u_i, $i = 1, \ldots, N$, sollen hierzu die Parameter $x \in X$ so gewählt werden, dass $g(u_i; x)$ möglichst gut mit den Messungen y_i übereinstimmen. Die Bedeutung von „möglichst gut“ kann durch Verwendung einer geeigneten Norm festgelegt werden.

Bei der *Methode der kleinsten Quadrate* verwendet man die euklidische Norm und bestimmt x als Lösung des Minimierungsproblems

$$\min \sum_{i=1}^{N} \|y_i - g(u_i; x)\|^2 \quad \text{u.d.N.} \quad x \in X.$$

Im Fall $X = \mathbb{R}^n$ ergibt sich das klassische Problem der *Nichtlinearen Regression*.

Beispiel

Optimale Platzierung von Komponenten. Unter anderem bei der Anordnung von Funktionsmodulen auf einem Mikroprozessorchip sollten Module, die durch Signalleitungen verbunden sind, möglichst nahe beieinander liegen, um die Signallaufzeiten minimal zu halten. Seien die Module der Einfachheit halber Kreise mit Mittelpunkt $(x_i, y_i) \in \mathbb{R}^2$ und Radius r_i, $1 \leq i \leq n$. Die Kantenmenge $E \subset \big\{\{i, j\};\ 1 \leq i < j \leq n\big\}$ gebe an, welche Module miteinander verbunden sind, und zu jeder Kante $e = \{i, j\} \in E$ existiere ein Gewicht $w_e \geq 0$, das die Wichtigkeit der Verbindung von Modul i mit Modul j angibt (z.B. Zahl der Verbindungen). Eine sinnvolle Platzierung ergibt sich durch Minimierung der gewichteten Abstände unter der Nebenbedingung, dass sich die Module nicht überlappen:

$$\min_{x, y \in \mathbb{R}^n} \sum_{\{i,j\} \in E} w_{\{i,j\}} \sqrt{(x_i - x_j)^2 + (y_i - y_j)^2}$$

unter der Nebenbedingung (u.d.N.) $\quad (x_i - x_j)^2 + (y_i - y_j)^2 \geq (r_i + r_j)^2, \quad 1 \leq i, j \leq n.$

Verwendet man für die Module andere Geometrien (z.B. Rechtecke), dann ergeben sich etwas kompliziertere Nebenbedingungen.

3 Einige Notationen

Vektoren $x \in \mathbb{R}^n$ sind grundsätzlich als Spaltenvektor zu verstehen und x^T ist der durch Transposition entstehende Zeilenvektor.

Mit $\|\cdot\|$ (oder auch $\|\cdot\|_2$) bezeichnen wir die euklidische Vektornorm:

$$\|x\| = \|x\|_2 = \sqrt{x^T x} = \left(\sum_{i=1}^n x_i^2\right)^{1/2}, \quad x \in \mathbb{R}^n.$$

Diese wird induziert durch das euklidische Skalarprodukt $(x, y)_2 = x^T y$.

Für Matrizen $M \in \mathbb{R}^{m\times n}$ definieren wir die Norm

$$\|M\| = \max_{\|x\|=1} \|Mx\|.$$

Dies ist die durch die Vektornorm $\|\cdot\|$ induzierte Operatornorm.

Zu $\varepsilon > 0$ und $\bar{x} \in \mathbb{R}^n$ bezeichnen wir die offene ε-Kugel um $\bar{x}$ mit $B_\varepsilon(\bar{x})$:

$$B_\varepsilon(\bar{x}) = \{x \in \mathbb{R}^n;\ \|x - \bar{x}\| < \varepsilon\}.$$

Ist $f: \mathbb{R}^n \to \mathbb{R}$ stetig differenzierbar, dann bezeichnet

$$\nabla f(x) = \left(\frac{\partial f}{\partial x_1}(x), \ldots, \frac{\partial f}{\partial x_n}(x)\right)^T \in \mathbb{R}^n$$

den Gradienten von f im Punkt x. Der Gradient ist also ein Spaltenvektor.

Ist f zweimal stetig differenzierbar, dann bezeichnet

$$\nabla^2 f(x) = \left(\frac{\partial^2 f}{\partial x_i \partial x_j}(x)\right)_{i,j} \in \mathbb{R}^{n\times n}$$

die *Hesse-Matrix* von f im Punkt x. Diese ist symmetrisch (da wir die Stetigkeit von $\nabla^2 f$ vorausgesetzt hatten).

Beispiel Wir betrachten die quadratische Funktion $f: \mathbb{R}^n \to \mathbb{R}$,

$$f(x) = \gamma + c^T x + \frac{1}{2} x^T C x, \quad \gamma \in \mathbb{R}, \quad c \in \mathbb{R}^n, \quad C \in \mathbb{R}^{n\times n} \text{ symmetrisch.}$$

Dann gilt (warum?): $\nabla f(x) = c + Cx$, $\nabla^2 f(x) = C$.

Ist $F: \mathbb{R}^n \to \mathbb{R}^m$ differenzierbar, dann bezeichnet

$$F'(x) = \left(\frac{\partial F_i}{\partial x_j}(x)\right)_{i,j} \in \mathbb{R}^{m\times n}$$

die *Jacobi-Matrix* von F. Die i-te Zeile von $F'(x)$ ist also gegeben durch $\nabla F_i(x)^T$.

Zur Vermeidung vieler Transpositionen schreiben wir außerdem

$$\nabla F(x) = (\nabla F_1(x), \ldots, \nabla F_m(x)) = F'(x)^T \in \mathbb{R}^{n\times m}$$

für die transponierte Jacobi-Matrix. Diese Notation ist kompatibel mit der des Gradienten.

Übungsaufgaben

Modellierung einer (historischen) Optimierungsaufgabe. Gegeben sei eine Menge von n Punkten in der Ebene. Zu finden sei eine Kreisscheibe mit minimalem Radius, die alle diese Punkte enthält. **Aufgabe**

a) Formulieren Sie dieses Problem als restringiertes Optimierungsproblem mit linearer Zielfunktion und quadratischen Nebenbedingungen.

b) Beweisen Sie, dass dieses Problem eine eindeutige Lösung besitzt.

GPS-Ortung. Mit dem Satelliten-System GPS kann ein entsprechend ausgestattetes GPS-Gerät, z.B. ein Handy, seine Position auf der Erde bis auf eine Genauigkeit von etwa 10 Metern bestimmen. Vorgehensweise: Die Position der Satelliten ist zu jedem Zeitpunkt bekannt. Die Satelliten und das Handy sind nach einer Atomuhr genau eingestellt. Von den Satelliten im Orbit der Erde wird die aktuelle Zeit gesendet. Das Handy empfängt diese Signale jeweils mit einer gewissen Zeitverzögerung. Anhand dieser Zeitverzögerung und der Kenntnis der Lichtgeschwindigkeit wird der Abstand zu den jeweiligen Satelliten berechnet und anschließend die Position auf der Erde bestimmt. Für diese Berechnung müssen sich mindestens drei Satelliten im Empfangsbereich des GPS-Gerätes befinden. **Aufgabe**

Stellen Sie ein nichtlineares Optimierungsproblem zur möglichst genauen Berechnung der Position des GPS-Gerätes auf, so dass im Falle von mehr als drei Satelliten der Einfluss von Messfehlern minimiert wird.

II Unrestringierte Optimierung

4 Einführung

In diesem Kapitel behandeln wir die Theorie und Numerik der unrestringierten Optimierung. Wir betrachten also Probleme der folgenden Form:

Unrestringiertes Optimierungsproblem

$$\min_{x \in \mathbb{R}^n} f(x) \tag{4.1}$$

mit der Zielfunktion $f: \mathbb{R}^n \to \mathbb{R}$. Zunächst sollen Optimalitätsbedingungen entwickelt werden.

5 Optimalitätsbedingungen

Der folgende Satz gibt notwendige Bedingungen erster Ordnung für das Vorliegen eines lokalen Minimums von f an:

Notwendige Optimalitätsbedingung erster Ordnung. *Sei $f: U \subset \mathbb{R}^n \to \mathbb{R}$ differenzierbar auf der offenen Menge $U \subset \mathbb{R}^n$ und $\bar{x} \in U$ ein lokales Minimum von f. Dann gilt $\nabla f(\bar{x}) = 0$.* Satz 5.1

Beweis. Dies ist aus der Analysis bekannt. Der Nachweis kann durch Betrachten des Differenzenquotionen $[f(\bar{x} + td) - f(\bar{x})]/t$ erfolgen. Für beliebiges $d \in \mathbb{R}^n$ und hinreichend kleine $t > 0$ ist dieser nichtnegativ. Grenzwertbildung $t \to 0^+$ ergibt $\nabla f(\bar{x})^T d \geq 0$ und die Wahl $d = -\nabla f(\bar{x})$ liefert $\nabla f(\bar{x}) = 0$. □

Wir geben dieser Optimalitätsbedingung einen Namen.

Sei $f: U \subset \mathbb{R}^n \to \mathbb{R}$ differenzierbar in einer Umgebung von $\bar{x} \in U$. Der Punkt $\bar{x}$ heißt *stationärer Punkt* von f, falls $\nabla f(\bar{x}) = 0$ gilt. Definition 5.2

Die Stationaritätsbedingung ist notwendig, aber nicht hinreichend für ein lokales Minimum. Denn wegen $\nabla(-f) = -\nabla f$ ist jeder stationäre Punkt von f auch ein stationärer Punkt von $-f$. Daher kann der Stationaritätsbegriff zwischen Maxima und Minima nicht unterscheiden. Ein stationärer Punkt kann auch weder Minimum noch Maximum sein:

Definition 5.3 Ein stationärer Punkt $\bar{x}$ von f, der weder lokales Minimum noch lokales Maximum ist, heißt *Sattelpunkt.*

Beispiel Die Funktion $f(x) = x_1^2 - x_2^2$ hat den Gradienten $\nabla f(x) = (2x_1, -2x_2)^T$. Der Punkt $\bar{x} = 0$ ist somit ihr einziger stationärer Punkt. Da f in x_1-Richtung positiv und in x_2-Richtung negativ gekrümmt ist, ist $\bar{x}$ ein Sattelpunkt.

Um zwischen Minima, Maxima und Sattelpunkten unterscheiden zu können, müssen wir das Krümmungsverhalten der Funktion betrachten:

Satz 5.4 **Notwendige Optimalitätsbedingungen zweiter Ordnung.** *Sei $f: U \subset \mathbb{R}^n \to \mathbb{R}$ zweimal stetig differenzierbar auf der offenen Menge $U \subset \mathbb{R}^n$ und $\bar{x} \in U$ ein lokales Minimum von f. Dann gilt:*

(i) $\nabla f(\bar{x}) = 0$ *(d.h., $\bar{x}$ ist stationärer Punkt von f).*

(ii) *Die Hesse-Matrix $\nabla^2 f(\bar{x})$ ist positiv semidefinit:*

$$d^T \nabla^2 f(\bar{x}) d \geq 0 \quad \forall\, d \in \mathbb{R}^n.$$

Beweis. Bedingung (i) wurde bereits in Satz 5.1 nachgewiesen.

Zum Nachweis von (ii) sei nun $d \in \mathbb{R}^n \setminus \{0\}$ beliebig. Wählen wir $\tau = \tau(d) > 0$ hinreichend klein, so liefert Taylor-Entwicklung für alle $t \in (0, \tau]$:

$$0 \leq f(\bar{x} + td) - f(\bar{x}) = t\nabla f(\bar{x})^T d + \frac{t^2}{2} d^T \nabla^2 f(\bar{x}) d + \rho(t) \quad \text{mit} \quad \rho(t) = o(t^2),$$

wobei wir in der ersten Ungleichung verwendet haben, dass $\bar{x}$ lokales Minimum von f ist. Dies liefert wegen (i):

$$d^T \nabla^2 f(\bar{x}) d \geq -2\frac{\rho(t)}{t^2}.$$

Die rechte Seite strebt für $t \to 0$ gegen 0. Daraus folgt die Behauptung. □

Die Bedingungen (i) und (ii) aus Satz (5.4) sind notwendig, aber nicht hinreichend, wie der Sattelpunkt $\bar{x} = 0$ von $f(x) = x^3$ zeigt. Wir können die notwendigen Bedingungen aus Satz 5.4 durch eine Verschärfung von (ii) hinreichend machen:

Satz 5.5 **Hinreichende Optimalitätsbedingungen zweiter Ordnung.** *Sei $f: U \subset \mathbb{R}^n \to \mathbb{R}$ zweimal stetig differenzierbar auf der offenen Menge $U \subset \mathbb{R}^n$ und $\bar{x} \in U$ ein Punkt,* *in dem gilt:*

(i) $\nabla f(\bar{x}) = 0$ *(d.h., $\bar{x}$ ist stationärer Punkt von f),*

(ii) *Die Hesse-Matrix $\nabla^2 f(\bar{x})$ ist positiv definit:*

$$d^T \nabla^2 f(\bar{x}) d > 0 \quad \forall\, d \in \mathbb{R}^n \setminus \{0\}.$$

Dann ist $\bar{x}$ ein striktes lokales Minimum von f.

Beweis. Seien (i) und (ii) erfüllt. Dann gibt es $\mu > 0$ mit

$$d^T \nabla^2 f(\bar{x}) d \geq \mu \|d\|^2 \quad \forall\, d \in \mathbb{R}^n.$$

Durch Taylor-Entwicklung und Ausnutzen der Stationarität können wir $\varepsilon > 0$ so finden, dass für alle $d \in B_\varepsilon(0)$ gilt:

$$f(\bar{x}+d) - f(\bar{x}) = \frac{1}{2} d^T \nabla^2 f(\bar{x}) d + o(\|d\|^2) \geq \frac{\mu}{2}\|d\|^2 + o(\|d\|^2) \geq \frac{\mu}{4}\|d\|^2.$$

Somit ist $\bar{x}$ striktes lokales Minimum wie behauptet. □

Die Bedingungen (i) und (ii) aus Satz 5.5 sind nun hinreichend, aber nicht notwendig, wie das globale Minimum $\bar{x} = 0$ der Funktion $f(x) = x^4$ zeigt.

Übungsaufgabe

Stationäre Punkte. Gegeben ist die Funktion $f: \mathbb{R}^2 \to \mathbb{R}$, $f(x) = x_1^2 - 5x_1x_2^2 + 5x_2^4$. **Aufgabe**

a) Bestimmen Sie alle stationären Punkte von f.

b) Zeigen Sie, dass $\bar{x}_1 = 0$ striktes globales Minimum von $x_1 \mapsto f(x_1, 0)$ und $\bar{x}_2 = 0$ striktes globales Minimum von $x_2 \mapsto f(0, x_2)$ ist.

c) Ist $\bar{x} = 0$ ein lokales Minimum von f? Falls nicht, ist $\bar{x} = 0$ ein Sattelpunkt?

6 Konvexität

Wir betrachten nun eine wichtige Klasse von Funktionen, deren lokale Minima stets auch globale Minima sind: die konvexen Funktionen.

Definition 6.1

Die Menge $X \subset \mathbb{R}^n$ heißt *konvex*, falls für alle $x, y \in X$ und alle $\lambda \in [0, 1]$ gilt:

$$(1-\lambda)x + \lambda y \in X.$$

In Worten: Liegen x und y in X, so muss auch ihre Verbindungsstrecke in X liegen.

Definition 6.2 Sei $f: X \to \mathbb{R}$ eine auf einer konvexen Menge $X \subset \mathbb{R}^n$ definierte Funktion. Dann heißt f

- *konvex*, falls für alle $x, y \in X$ und alle $\lambda \in [0, 1]$ gilt:
$$f((1-\lambda)x + \lambda y) \leq (1-\lambda)f(x) + \lambda f(y).$$
- *streng (oder strikt) konvex*, falls für alle $x, y \in X$ mit $x \neq y$ und alle $\lambda \in (0, 1)$ gilt:
$$f((1-\lambda)x + \lambda y) < (1-\lambda)f(x) + \lambda f(y).$$
- *gleichmäßig konvex*, falls es $\mu > 0$ gibt, so dass für alle $x, y \in X$ und alle $\lambda \in [0, 1]$ gilt:
$$f((1-\lambda)x + \lambda y) + \mu\lambda(1-\lambda)\|y-x\|^2 \leq (1-\lambda)f(x) + \lambda f(y).$$

Ist f differenzierbar, so können wir Konvexität auch anders charakterisieren:

Satz 6.3 *Sei $f: X \to \mathbb{R}$ stetig differenzierbar auf einer offenen Umgebung der konvexen Menge $X \subset \mathbb{R}^n$. Dann gilt:*

1. *Die Funktion f ist konvex genau dann, wenn für alle $x, y \in X$ gilt:*
$$\nabla f(x)^T(y-x) \leq f(y) - f(x). \tag{6.2}$$
2. *Die Funktion f ist strikt konvex genau dann, wenn für alle $x, y \in X$ mit $x \neq y$ gilt:*
$$\nabla f(x)^T(y-x) < f(y) - f(x).$$
3. *Die Funktion f ist gleichmäßig konvex genau dann, wenn es $\mu > 0$ gibt, so dass für alle $x, y \in X$ gilt:*
$$\nabla f(x)^T(y-x) + \mu\|y-x\|^2 \leq f(y) - f(x).$$

Beweis. zu 1:

„$\Longrightarrow$": Sei f konvex. Dann gilt für beliebige $x, y \in X$ und alle $0 < \lambda \leq 1$

$$\frac{f(x+\lambda(y-x)) - f(x)}{\lambda} \leq \frac{(1-\lambda)f(x) + \lambda f(y) - f(x)}{\lambda} = f(y) - f(x).$$

Übergang zum Limes $\lambda \to 0^+$ liefert nun (6.2), denn

$$\nabla f(x)^T(y-x) = \lim_{\lambda \to 0^+} \frac{f(x+\lambda(y-x)) - f(x)}{\lambda}.$$

„$\Longleftarrow$": Es gelte (6.2). Für beliebige $x, y \in X$ und $0 \leq \lambda \leq 1$ setzen wir $x_\lambda = (1-\lambda)x + \lambda y$. Wir müssen zeigen, dass gilt

$$(1-\lambda)f(x) + \lambda f(y) - f(x_\lambda) \geq 0.$$

Um dies nachzuweisen, berechnen wir unter Benutzung von (6.2)

$$\begin{aligned}(1-\lambda)f(x)+\lambda f(y)-f(x_\lambda) &= (1-\lambda)(f(x)-f(x_\lambda))+\lambda(f(y)-f(x_\lambda))\\ &\geq (1-\lambda)\nabla f(x_\lambda)^T(x-x_\lambda)+\lambda\nabla f(x_\lambda)^T(y-x_\lambda) \qquad (6.3)\\ &= \nabla f(x_\lambda)^T((1-\lambda)x+\lambda y-x_\lambda)=0.\end{aligned}$$

zu 2:

„$\Longrightarrow$": Sei f streng konvex. Für $x, y \in X, x \neq y$ und $z = \frac{x+y}{2}$ gilt dann

$$f(z) < \frac{1}{2}(f(x)+f(y)), \quad \text{also} \quad f(z)-f(x) < \frac{1}{2}(f(y)-f(x)).$$

Weiter gilt wegen 1:

$$f(z)-f(x) \geq \nabla f(x)^T(z-x) = \frac{1}{2}\nabla f(x)^T(y-x).$$

Insgesamt liefert dies:

$$\nabla f(x)^T(y-x) \leq 2(f(z)-f(x)) < f(y)-f(x).$$

„$\Longleftarrow$": Folgt direkt durch Verwenden von „$>$" in (6.3).

zu 3:

„$\Longrightarrow$": Wie in 1. betrachten wir den Differenzenquotienten:

$$\begin{aligned}\nabla f(x)^T(y-x) &= \lim_{\lambda\to 0^+}\frac{f(x_\lambda)-f(x)}{\lambda}\\ &\leq \lim_{\lambda\to 0^+}\frac{(1-\lambda)f(x)+\lambda f(y)-\mu\lambda(1-\lambda)\|y-x\|^2-f(x)}{\lambda}\\ &= f(y)-f(x)-\mu\|y-x\|^2.\end{aligned}$$

„$\Longleftarrow$": Wir benutzen

$$\|x-x_\lambda\| = \lambda\|y-x\|, \qquad \|y-x_\lambda\| = (1-\lambda)\|y-x\|.$$

Ähnlich wie in (6.3) erhalten wir

$$\begin{aligned}(1-\lambda)f(x)+\lambda f(y)-f(x_\lambda) &= (1-\lambda)(f(x)-f(x_\lambda))+\lambda(f(y)-f(x_\lambda))\\ &\geq (1-\lambda)\big(\nabla f(x_\lambda)^T(x-x_\lambda)+\mu\|x-x_\lambda\|^2\big)+\lambda\big(\nabla f(x_\lambda)^T(y-x_\lambda)+\mu\|y-x_\lambda\|^2\big)\\ &= \nabla f(x_\lambda)^T((1-\lambda)x+\lambda y-x_\lambda)+\mu\big((1-\lambda)\|x-x_\lambda\|^2+\lambda\|y-x_\lambda\|^2\big)\\ &= \mu((1-\lambda)\lambda^2+\lambda(1-\lambda)^2)\|y-x\|^2 = \mu\lambda(1-\lambda)\|y-x\|^2.\end{aligned}$$

□

Ist f zweimal stetig differenzierbar, so lässt sich die Konvexität von f in Verbindung bringen mit der Definitheit der Hesse-Matrix von f:

Satz 6.4

Sei $f: X \to \mathbb{R}$ zweimal stetig differenzierbar auf der offenen konvexen Menge $X \subset \mathbb{R}^n$. Dann gilt:

1. *Die Funktion f ist konvex genau dann, wenn die Hesse-Matrix $\nabla^2 f(x)$ für alle $x \in X$ positiv semidefinit ist, d.h., genau dann, wenn gilt*

$$\forall\, x \in X, \quad \forall\, d \in \mathbb{R}^n: \quad d^T\nabla^2 f(x)d \geq 0.$$

2. *Die Funktion f ist strikt konvex, falls die Hesse-Matrix $\nabla^2 f(x)$ für alle $x \in X$ positiv definit ist, d.h., falls gilt*

$$\forall x \in X, \ \ \forall d \in \mathbb{R}^n \setminus \{0\}: \quad d^T \nabla^2 f(x) d > 0.$$

3. *Die Funktion f ist genau dann gleichmäßig konvex, wenn die Hesse-Matrix $\nabla^2 f(x)$ für alle $x \in X$ gleichmäßig positiv definit ist, d.h., genau dann, wenn es $\mu > 0$ gibt, so dass gilt:*

$$\forall x \in X, \ \ \forall d \in \mathbb{R}^n: \quad d^T \nabla^2 f(x) d \geq \mu \|d\|^2.$$

Beweis. zu 1:

„$\Longrightarrow$“: Sei f konvex. Seien $x \in X$ und $d \in \mathbb{R}^n$ beliebig. Da X offen ist, gibt es $\tau = \tau(x, d) > 0$ mit $x + td \in X$ für alle $t \in [0, \tau]$. Für $0 < t \leq \tau$ erhalten wir mit Satz 6.3, 1 und Taylor-Entwicklung:

$$0 \leq f(x + td) - f(x) - t\nabla f(x)^T d = \frac{t^2}{2} d^T \nabla^2 f(x) d + o(t^2).$$

Multiplikation mit $2/t^2$ und Grenzübergang $t \longrightarrow 0^+$ liefert die Behauptung.

„$\Longleftarrow$“: Für beliebige $x, y \in X$ liefert Taylor-Entwicklung ein $\sigma \in [0, 1]$ mit

$$f(y) - f(x) = \nabla f(x)^T (y - x) + \frac{1}{2}(y - x)^T \nabla^2 f(x + \sigma(y - x))(y - x) \geq \nabla f(x)^T (y - x). \quad (6.4)$$

Nach Satz 6.3, 1 ist also f konvex.

zu 2:

Für $x, y \in X$ mit $x \neq y$ erhalten wir die Ungleichung in (6.4) mit „>“ statt „≥“.

zu 3:

„$\Longrightarrow$“: Wie in 1. erhalten wir für alle $x \in X$ und $d \in \mathbb{R}^n \setminus \{0\}$ ein $\tau = \tau(x, d) > 0$, so dass für alle $0 < t \leq \tau$ gilt:

$$0 \leq f(x + td) - f(x) - t\nabla f(x)^T d - \mu \|td\|^2 = \frac{t^2}{2} d^T \nabla^2 f(x) d - t^2 \mu \|d\|^2 + o(t^2).$$

Multiplikation mit $2/t^2$ und Grenzübergang $t \longrightarrow 0^+$ liefert

$$d^T \nabla^2 f(x) d \geq 2\mu \|d\|^2.$$

„$\Longleftarrow$“: Mit den Notationen von 1. erhalten wir

$$\begin{aligned} f(y) - f(x) &= \nabla f(x)^T (y - x) + \frac{1}{2}(y - x)^T \nabla^2 f(x + \sigma(y - x))(y - x) \\ &\geq \nabla f(x)^T (y - x) + \frac{\mu}{2} \|y - x\|^2. \end{aligned}$$

Nach Satz 6.3, 3 ist also f gleichmäßig konvex. □

Bemerkung. Das Beispiel $f(x) = x^4$ zeigt, dass die Bedingung in Satz 6.4, 2 nicht notwendig für strikte Konvexität ist.

Die große Bedeutung der Konvexität für die Optimierung besteht u.a. in den folgenden Resultaten, die wir, weil dies ohne Mehraufwand möglich ist, gleich für den restringierten Fall beweisen:

Satz 6.5

Sei $f: X \to \mathbb{R}$ konvex auf der konvexen Menge $X \subset \mathbb{R}^n$. Dann gilt:

1. *Jedes lokale Minimum von f auf X ist auch globales Minimum von f auf X.*
2. *Ist f sogar streng konvex, so besitzt f höchstens ein lokales Minimum auf X und dieses ist dann (falls es existiert) das strikte globale Minimum von f auf X.*
3. *Ist X offen, f stetig differenzierbar und $\bar{x} \in X$ ein stationärer Punkt von f, so ist $\bar{x}$ globales Minimum von f auf X.*

Beweis. zu 1: Sei $\bar{x}$ ein lokales Minimum von f auf X. Angenommen, es gibt $x \in X$ mit $f(x) < f(\bar{x})$. Dann gilt für alle $t \in (0, 1]$:

$$f(\bar{x} + t(x - \bar{x})) \leq (1-t)f(\bar{x}) + tf(x) < (1-t)f(\bar{x}) + tf(\bar{x}) = f(\bar{x}).$$

Dies ist ein Widerspruch zur lokalen Optimalität von $\bar{x}$ auf X.

zu 2: Angenommen, f besitzt zwei verschieden lokale Minima $\bar{x}$ und $\bar{y}$ auf X. Nach 1. sind dann sowohl $\bar{x}$ als auch $\bar{y}$ globale Minima von f auf X, d.h., es gilt

$$f(x) \geq f(\bar{x}) = f(\bar{y}) \quad \forall\, x \in X.$$

Wegen der strikten Konvexität von f gilt dann speziell für $x = \dfrac{\bar{x} + \bar{y}}{2} \in X$:

$$f(x) < \frac{f(\bar{x}) + f(\bar{y})}{2} = f(\bar{x}) \leq f(x).$$

Dies ist ein Widerspruch.

Die Funktion f kann daher höchstens ein lokales Minimum auf X haben und dieses ist dann nach 1. das eindeutige globale Minimum auf X.

zu 3: Für alle $x \in X$ gilt nach Satz 6.3, 1:

$$f(x) - f(\bar{x}) \geq \nabla f(\bar{x})^T (x - \bar{x}) = 0.$$

Somit ist $\bar{x}$ globales Minimum von f auf X. □

Übungsaufgaben

Lineare Ausgleichsrechnung. Seien $A \in \mathbb{R}^{m \times n}$ und $b \in \mathbb{R}^m$ mit $m \geq n$ gegeben. Die Matrix A besitze den Rang n. Aufgabe

a) Zeigen Sie: x löst genau dann das lineare Ausgleichsproblem (auch: das lineare Kleinste-Quadrate-Problem)

$$\min_{x \in \mathbb{R}^n} \frac{1}{2} \|Ax - b\|_2^2, \tag{LA}$$

wenn x Lösung des linearen Gleichungssystems

$$A^T A x = A^T b \tag{NG}$$

ist. Dieses Gleichungssystem wird Normalgleichung genannt.

b) Beweisen Sie, dass es genau ein $x \in \mathbb{R}^n$ gibt, das die lineare Ausgleichsaufgabe (LA) bzw. die Normalgleichung (NG) löst. (Existenz und Eindeutigkeit)

c) Ist die Bedingung $\operatorname{Rang}(A) = n$ notwendig für die Eindeutigkeit der Lösung?

Aufgabe **Komposition konvexer Funktionen.** Sei $g: X \to \mathbb{R}$ konvex auf der konvexen Menge $X \subset \mathbb{R}^n$. Weiter sei $I \subset \mathbb{R}$ ein Intervall mit $g(X) \subset I$ und $f: I \to \mathbb{R}$ eine konvexe und monoton wachsende Funktion. Zeigen Sie, dass dann die Funktion $f \circ g: x \in X \mapsto f(g(x)) \in \mathbb{R}$ konvex ist.

Finden Sie ein Beispiel, das zeigt, dass auf das monotone Wachstum von f i.A. nicht verzichtet werden kann.

Aufgabe **Menge der Optimallösungen für konvexe Probleme.** Gegeben sei eine konvexe Optimierungsaufgabe

$$\min_{x \in K} \; f(x) \tag{KP}$$

mit einer nichtleeren konvexen Menge $K \subseteq \mathbb{R}^n$ und einer konvexen Funktion $f: K \to \mathbb{R}$. Beweisen Sie, dass die Menge

$$\{x \in K \mid f(x) \le f(y) \;\; \forall y \in K\}$$

der Optimallösungen von (KP) eine konvexe Menge ist.

7 Das Gradientenverfahren

Wir betrachten das unrestringierte Minimierungsproblem (4.1) mit einer stetig differenzierbaren Zielfunktion $f: \mathbb{R}^n \to \mathbb{R}$.

Die in den folgenden Abschnitten betrachteten Verfahren haben alle die folgende Struktur:

Algorithmus 7.1 **Modellalgorithmus für ein Abstiegsverfahren.**

0. *Wähle einen Startpunkt $x^0 \in \mathbb{R}^n$.*

Für $k = 0, 1, 2, \ldots$:

1. *Prüfe auf Abbruch (meist: STOP, falls x^k stationär ist).*
2. *Berechne eine* Abstiegsrichtung *$s^k \in \mathbb{R}^n$, d.h. eine Richtung mit $\nabla f(x^k)^T s^k < 0$.*
3. *Bestimme eine* Schrittweite *$\sigma_k > 0$, so dass $f(x^k + \sigma_k s^k) < f(x^k)$ gilt und die Abnahme der Zielfunktion, d.h. der Ausdruck $f(x^k) - f(x^k + \sigma_k s^k)$, hinreichend groß ist.*
4. *Setze $x^{k+1} = x^k + \sigma_k s^k$.*

Die zentrale Idee ist hier die Verwendung von *Abstiegsrichtungen*. Der Vektor $s \in \mathbb{R}^n \setminus \{0\}$ heißt Abstiegsrichtung der stetig differenzierbaren Funktion f im Punkt x, falls im

Punkt x die Steigung von f in Richtung s negativ ist. Die Steigung von f in Richtung s ist gegeben durch

$$\lim_{t \to 0^+} \frac{f(x+ts) - f(x)}{\|ts\|} = \frac{\nabla f(x)^T s}{\|s\|}.$$

Damit ergibt sich:

Abstiegsrichtung. Der Vektor $s \in \mathbb{R}^n \setminus \{0\}$ heißt *Abstiegsrichtung* der stetig differenzierbaren Funktion $f\colon \mathbb{R}^n \to \mathbb{R}$ im Punkt x, falls $\nabla f(x)^T s < 0$ gilt. Definition 7.2

Bemerkung.

1. Mit $\phi(t) := f(x+ts)$ gilt $\phi'(0) = \nabla f(x)^T s$. Der Ausdruck $\nabla f(x)^T s$ entspricht also der Steigung der Funktion $\phi(t)$ bei $t = 0$.
2. Für eine Abstiegsrichtung genügt es *nicht*, dass f entlang s abnimmt bzw. äquivalent dazu, dass $\phi(t)$ bei $t = 0$ abnimmt. Denn die Abnahme könnte auch allein durch negative Krümmung in diese Richtung hervorgerufen sein. Betrachten wir etwa die Funktion $f(x) = -x_1 - x_2^2, x \in \mathbb{R}^2$, so gilt $\nabla f(x) = (-1, -2x_2)^T, \nabla^2 f(x) = \begin{pmatrix} 0 & 0 \\ 0 & -2 \end{pmatrix}$.
   Für $s = (0,1)^T$ erhalten wir in $x = 0$
   $$\phi'(0) = \nabla f(0)^T s = (-1, 0)\begin{pmatrix} 0 \\ 1 \end{pmatrix} = 0,$$
   d.h., s ist *keine* Abstiegsrichtung. Trotzdem nimmt f entlang s ab, denn es gilt für $t > 0$:
   $$\phi(t) = f(0+ts) = -t^2 < 0 = \phi(0).$$
   Alle Richtungen der Form $d = (d_1, d_2)^T \in \mathbb{R}^2$ mit $d_1 > 0$ hingegen sind Abstiegsrichtungen von f in $x = 0$, denn es gilt
   $$\nabla f(0)^T d = (-1, 0)\begin{pmatrix} d_1 \\ d_2 \end{pmatrix} = -d_1 < 0.$$

7.1 Richtungen des steilsten Abstiegs

Die naheliegendste Abstiegsrichtung ist wohl die Richtung des steilsten Abstiegs.

Sei $f\colon \mathbb{R}^n \to \mathbb{R}$ stetig differenzierbar und $x \in \mathbb{R}^n$ beliebig mit $\nabla f(x) \neq 0$. Weiter bezeichne $d \in \mathbb{R}^n$ die Lösung des Problems Definition 7.3

$$\min_{\|d\|=1} \nabla f(x)^T d. \tag{7.5}$$

Jeder Vektor der Form $s = \lambda d, \lambda > 0$, heißt dann *Richtung des steilsten Abstiegs von f in x*.

Satz 7.4 *Sei $f: \mathbb{R}^n \to \mathbb{R}$ stetig differenzierbar und $x \in \mathbb{R}^n$ beliebig mit $\nabla f(x) \neq 0$. Dann besitzt das Problem (7.5) die eindeutige Lösung*

$$d = -\frac{\nabla f(x)}{\|\nabla f(x)\|}.$$

Insbesondere ist s eine Richtung des steilsten Abstiegs von f in x genau dann, wenn es $\lambda > 0$ gibt mit $s = -\lambda \nabla f(x)$.

Beweis. Die Cauchy-Schwarzsche Ungleichung besagt für beliebige $v, w \in \mathbb{R}^n$:

$$|v^T w| \leq \|v\| \, \|w\|$$

mit Gleichheit genau dann, wenn v und w linear abhängig sind. Für $d \in \mathbb{R}^n$ mit $\|d\| = 1$ gilt daher

$$\nabla f(x)^T d \geq -\|\nabla f(x)\| \, \|d\| = -\|\nabla f(x)\|$$

mit Gleichheit genau dann, wenn $d = -\dfrac{\nabla f(x)}{\|\nabla f(x)\|}$ gilt. Dies beweist die erste Aussage.

Die zweite Aussage folgt nun aus der Definition der Richtungen des steilsten Abstiegs. □

Beim *Gradientenverfahren* verwenden wir als Abstiegsrichtung den negativen Gradienten $s^k = -\nabla f(x^k)$, d.h. eine Richtung des steilsten Abstiegs.

Bemerkung. Die Aussage von Satz 7.4 ist nur richtig für die Norm $\|x\| = \sqrt{x^T x}$. Wählt man in (7.5) eine andere Norm, so ergibt sich eine andere Richtung des steilsten Abstiegs. Sei etwa $A \in \mathbb{R}^n$ symmetrisch und positiv definit. Dann ist $\|x\|_A = \sqrt{x^T A x}$ eine Norm auf $\mathbb{R}^n$. Die Richtungen des steilsten Abstiegs von f in x bezüglich der Norm $\|\cdot\|_A$ sind dann gegeben durch $s = -\lambda A^{-1} \nabla f(x)$, $\lambda > 0$ (Beweis als Übungsaufgabe).

7.2 Die Armijo-Schrittweitenregel

Wir müssen nun noch eine geeignete Schrittweite σ_k bestimmen. Die folgende Strategie zur Bestimmung der Schrittweite, die sog. *Armijo-Regel*, ist einfach zu implementieren und liegt den meisten heute verwendeten Schrittweitenregeln zugrunde. Sie kann für beliebige Abstiegsrichtungen s^k angewendet werden.

Armijo-Schrittweitenregel:
Seien $\beta \in (0, 1)$ (z.B. $\beta = 1/2$) und $\gamma \in (0, 1)$ (z.B. $\gamma = 10^{-2}$) fest gewählte Parameter.

Bestimme die größte Zahl $\sigma_k \in \{1, \beta, \beta^2, \ldots\}$, für die gilt:

$$f(x^k + \sigma_k s^k) - f(x^k) \leq \sigma_k \gamma \nabla f(x^k)^T s^k. \tag{7.6}$$

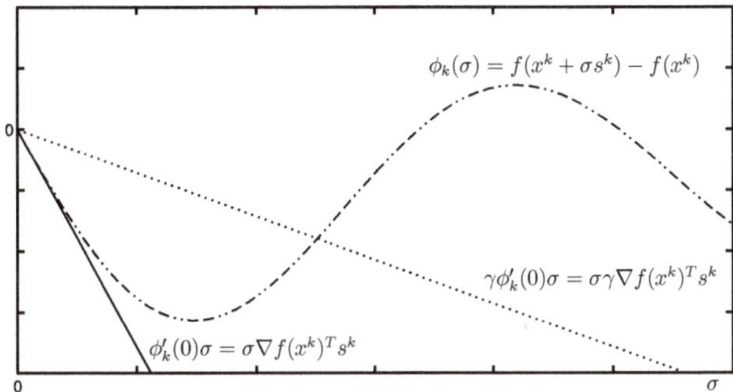

Abb. 7.1: Die Ungleichung (7.6) erfüllen alle $\sigma^k = \sigma > 0$, für die der Graph der Funktion $\phi_k(\sigma) = f(x^k + \sigma s^k) - f(x^k)$ (– – · · · – –) auf oder unterhalb der Geraden $\gamma\phi_k'(0)\sigma = \sigma\gamma\nabla f(x^k)^T s^k$ (· · · · · ·) liegt.

Wir müssen sicherstellen, dass diese Schrittweitenregel immer durchführbar ist:

Lemma 7.5

Sei $f: U \subset \mathbb{R}^n \to \mathbb{R}$ stetig differenzierbar auf der offenen Menge U. Weiter sei $\gamma \in (0, 1)$ gegeben. Ist nun $x \in U$ ein Punkt und $s \in \mathbb{R}^n$ eine Abstiegsrichtung von f in x, so gibt es $\bar{\sigma} > 0$ mit

$$f(x + \sigma s) - f(x) \leq \sigma\gamma\nabla f(x)^T s \quad \forall\, \sigma \in [0, \bar{\sigma}]. \tag{7.7}$$

Beweis. Für $\sigma = 0$ ist die Ungleichung in (7.7) offensichtlich erfüllt.

Sei nun $\sigma > 0$ hinreichend klein. Dann gilt $x + \sigma s \in U$ und

$$\frac{f(x + \sigma s) - f(x)}{\sigma} - \gamma\nabla f(x)^T s \overset{\sigma \to 0^+}{\longrightarrow} \nabla f(x)^T s - \gamma\nabla f(x)^T s = (1 - \gamma)\nabla f(x)^T s < 0.$$

Daher können wir $\bar{\sigma} > 0$ so klein wählen, dass gilt:

$$\frac{f(x + \sigma s) - f(x)}{\sigma} - \gamma\nabla f(x)^T s \leq 0 \quad \forall\, \sigma \in (0, \bar{\sigma}].$$

Für dieses $\bar{\sigma}$ ist dann (7.7) erfüllt. □

7.3 Globale Konvergenz des Gradientenverfahrens

Mit den beschriebenen Festlegungen der Suchrichtungswahl und der Schrittweitenregel ergibt sich aus Algorithmus 7.1 das folgende Verfahren:

Algorithmus 7.6

Gradientenverfahren, Verfahren des steilsten Abstiegs.

0. Wähle $\beta \in (0, 1)$, $\gamma \in (0, 1)$ und einen Startpunkt $x^0 \in \mathbb{R}^n$.

Für $k = 0, 1, 2, \ldots$:

1. *Falls* $\nabla f(x^k) = 0$, *STOP.*
2. *Setze* $s^k = -\nabla f(x^k)$.
3. *Bestimme die Schrittweite* $\sigma_k > 0$ *mithilfe der Armijo-Regel* (7.6).
4. *Setze* $x^{k+1} = x^k + \sigma_k s^k$.

Bemerkung. In der Praxis wird die Abbruchbedingung in Schritt 1 ersetzt durch eine Bedingung der Form $\|\nabla f(x^k)\| \leq \varepsilon$ mit einer zu Beginn festgelegten Toleranz $\varepsilon > 0$ (z.B. $\varepsilon = 10^{-8}$).

Wir beweisen nun die *globale Konvergenz* des Gradientenverfahrens:

Satz 7.7 *Sei* $f : \mathbb{R}^n \to \mathbb{R}$ *stetig differenzierbar. Dann terminiert Algorithmus 7.6 entweder endlich mit einem stationären Punkt* x^k*, oder er erzeugt eine unendliche Folge* (x^k) *mit folgenden Eigenschaften:*

1. *Für alle k gilt* $f(x^{k+1}) < f(x^k)$.
2. *Jeder Häufungspunkt von* (x^k) *ist ein stationärer Punkt von* f.

Beweis. Wir müssen nur den Fall betrachten, dass der Algorithmus nicht endlich abbricht. Nach Lemma 7.5 erzeugt das Verfahren dann unendliche Folgen (x_k) und $(\sigma_k) \subset (0, 1]$ mit $\nabla f(x^k) \neq 0$ und

$$f(x^{k+1}) - f(x^k) = f(x^k + \sigma_k s^k) - f(x^k) \leq -\sigma_k \gamma \|\nabla f(x^k)\|^2 < 0.$$

Daraus folgt 1.

zu 2: Sei $\bar{x}$ ein Häufungspunkt von (x^k) und $(x^k)_K$ eine Teilfolge mit $(x^k)_K \to \bar{x}$.

Die Folge $(f(x^k))$ ist monoton fallend und besitzt daher einen Grenzwert $\varphi \in \mathbb{R} \cup \{-\infty\}$. Daraus folgt insbesondere $(f(x^k))_K \to \varphi$. Wegen der Stetigkeit von f und $(x^k)_K \to \bar{x}$ gilt aber auch $(f(x^k))_K \to f(\bar{x})$. Daher folgt $\varphi = f(\bar{x})$ und

$$f(x^k) \to f(\bar{x}).$$

Weiter haben wir wegen der Armijo-Regel:

$$f(x^0) - f(\bar{x}) = \sum_{k=0}^{\infty} \big(f(x^k) - f(x^{k+1})\big) \geq \gamma \sum_{k=0}^{\infty} \sigma_k \|\nabla f(x^k)\|^2.$$

Insbesondere folgt daraus

$$\sigma_k \|\nabla f(x^k)\|^2 \to 0. \tag{7.8}$$

Den Rest des Beweises führen wir per Widerspruch: Angenommen, es gilt $\nabla f(\bar{x}) \neq 0$.

Wegen der Stetigkeit von ∇f und $(x^k)_K \to \bar{x}$ gibt es dann $l \in K$ mit

$$\|\nabla f(x^k)\| \geq \frac{\|\nabla f(\bar{x})\|}{2} > 0 \quad \forall\, k \in K,\ k \geq l.$$

Wegen (7.8) folgt dann

$$(\sigma_k)_K \to 0.$$

Insbesondere gibt es $l' \in K, l' \geq l$ mit $\sigma_k \leq \beta$ für alle $k \in K, k \geq l'$. Gemäß der Armijo-Schrittweitenregel (7.6) gilt dann

$$f(x^k + \beta^{-1}\sigma_k s^k) - f(x^k) > -\gamma\beta^{-1}\sigma_k \|\nabla f(x^k)\|^2 \quad \forall\, k \in K,\ k \geq l'. \tag{7.9}$$

Sei nun $(t_k)_K = (\beta^{-1}\sigma_k)_K$. Dann ist $(t_k)_K$ eine Nullfolge. Nach dem Mittelwertsatz gibt es $\tau_k \in [0, t_k]$ mit

$$\lim_{K\ni k\to\infty} \frac{f(x^k + t_k s^k) - f(x^k)}{t_k} = \lim_{K\ni k\to\infty} \frac{t_k \nabla f(x^k + \tau_k s^k)^T s^k}{t_k} = -\|\nabla f(\bar{x})\|^2,$$

$$\lim_{K\ni k\to\infty} \|\nabla f(x^k)\|^2 = \|\nabla f(\bar{x})\|^2.$$

Daher ergibt sich aus (7.9) der Widerspruch $0 < (1-\gamma)\|\nabla f(\bar{x})\|^2 \leq 0$. Somit war die Annahme $\nabla f(\bar{x}) \neq 0$ falsch und der Beweis ist beendet. □

Bemerkung. Die Armijo-Regel kann auf vielfache Weise geeignet modifiziert werden, ohne dass der Konvergenzsatz seine Gültigkeit verliert. Wesentlich ist, dass man im Fall $(\sigma_k)_K \to 0$ eine Nullfolge $(t_k)_K$ von Schrittweiten konstruieren kann, für die die Armijo-Bedingung verletzt ist.

7.4 Konvergenzgeschwindigkeit des Gradientenverfahrens

Leider ist die Konvergenzgeschwindigkeit des Gradientenverfahrens i.A. sehr unbefriedigend. Wir werden dies im Folgenden stichhaltig begründen für den Fall, dass f streng konvex und quadratisch ist. Der Fall einer streng konvexen quadratischen Zielfunktion ist der schönste denkbare Fall eines unrestringierten Optimierungsproblems.

Wir werden folgende Schrittweiten-Regel verwenden:

Minimierungsregel:
Bestimme $\sigma_k > 0$ mit $f(x^k + \sigma_k s^k) = \min_{\sigma\geq 0} f(x^k + \sigma s^k)$.

Wir werden sehen, dass das Gradientenverfahren im Falle einer streng konvexen quadratischen Zielfunktion (und allgemeinerer Klassen von Zielfunktionen) auch dann global konvergent ist, wenn wir die Armijo-Regel durch die Minimierungsregel ersetzen (siehe insbesondere die Aufgabe auf S. 41).

Wir veranschaulichen nun das Verhalten des Gradientenverfahrens. Wir betrachten hierzu eine Iterierte x^k, die nicht stationär ist. Die Suchrichtung ist $s^k = -\nabla f(x^k)$.

Wir begründen zunächst, dass der Gradient (und damit s^k) senkrecht auf der Niveaufläche (im $\mathbb{R}^2$: Höhenlinie) durch x^k steht. Bezeichne $L_k = \{x\,;\, f(x) = f(x^k)\}$ diese Niveaufläche. Da f stetig differenzierbar ist und $\nabla f(x^k) \neq 0$ gilt, ist L_k eine stetig differenzierbare Hyperfläche (im $\mathbb{R}^2$: Kurve). Wir betrachten nun eine beliebige C^1-Kurve $\gamma\colon (-1, 1) \to L_k$ mit $\gamma(0) = x^k$, die in der Niveaufläche verläuft.

Differenzieren der Identität $f(\gamma(t)) = f(x^k)$ ergibt $\nabla f(\gamma(t))^T \dot{\gamma}(t) = 0$, und daher

$$\nabla f(\gamma(0))^T \dot{\gamma}(0) = \nabla f(x^k)^T \dot{\gamma}(0) = 0.$$

Die Suchrichtung $s^k = -\nabla f(x^k)$ steht also senkrecht auf L_k. Wir starten somit im Punkt x^k senkrecht zur Höhenlinie L_k und folgen dieser Richtung so lange „ bergab", bis das globale Minimum $\sigma_k > 0$ der Funktion $\varphi(\sigma) := f(x^k + \sigma s^k)$ erreicht ist. Dort gilt $\varphi'(\sigma_k) = 0$. Wir haben $\varphi'(\sigma) = \nabla f(x^k + \sigma s^k)^T s^k$, folglich

$$\varphi'(\sigma_k) = \nabla f(x^k + \sigma_k s^k)^T s^k = 0.$$

Im neuen Punkt $x^{k+1} = x^k + \sigma_k s^k$ steht also s^k senkrecht auf $\nabla f(x^{k+1})$, der Normalen zur Niveaufläche L_{k+1}. Im Punkt x^{k+1} gilt daher $s^k \| L_{k+1}$. Die neue Richtung s^{k+1} ist dann wieder senkrecht zu L_{k+1} (und damit zu s^k) usw.

Daher ist der durch das Verfahren erzeugte Polygonzug eine Zickzacklinie mit rechten Winkeln. Man kann nun bereits graphisch sehen, dass dieses Verhalten des Gradientenverfahrens sehr negative Auswirkungen auf die Konvergenzgeschwindigkeit haben kann, wenn die Konditionszahl

$$\kappa(\nabla^2 f(x)) = \frac{\lambda_{\max}(\nabla^2 f(x))}{\lambda_{\min}(\nabla^2 f(x))}$$

groß ist, siehe Abb. 7.2.

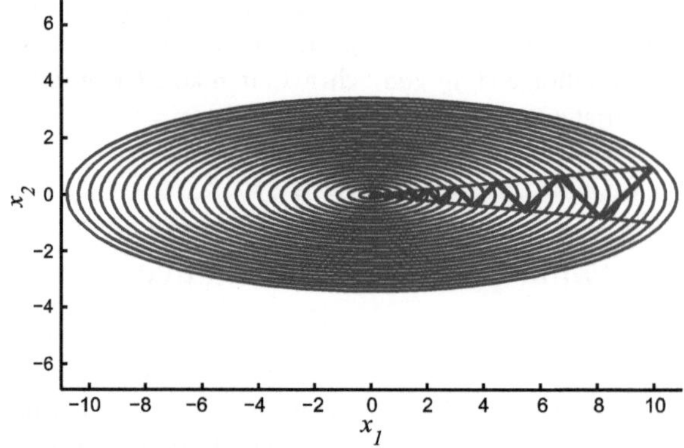

Abb. 7.2: Gradientenverfahren mit optimaler Schrittweite, angewendet auf die Funktion $f(x) = x_1^2 + 10x_2^2$, mit Startpunkt $x^0 = (10, 1)^T$.

Um dies exakt nachrechnen zu können, sei ab jetzt f streng konvex und quadratisch:

$$f(x) = c^T x + \frac{1}{2} x^T C x, \quad c \in \mathbb{R}^n, \quad C \in \mathbb{R}^{n \times n} \text{ positiv definit.}$$

Für die Funktion $\varphi(\sigma)$ gilt

$$\varphi'(\sigma) = \nabla f(x^k + \sigma s^k)^T s^k = \left(c + C(x^k + \sigma s^k)\right)^T s^k,$$
$$\varphi''(\sigma) = {s^k}^T \nabla^2 f(x^k + \sigma s^k) s^k = {s^k}^T C s^k > 0.$$

Insbesondere ist φ streng konvex. Daher ist σ_k charakterisiert durch

$$\varphi'(\sigma_k) = \left(c + C(x^k + \sigma_k s^k)\right)^T s^k = 0.$$

Daraus folgt

$$\sigma_k = -\frac{(c + Cx^k)^T s^k}{{s^k}^T C s^k} = -\frac{\nabla f(x^k)^T s^k}{{s^k}^T C s^k} = \frac{\|\nabla f(x^k)\|^2}{\nabla f(x^k)^T C \nabla f(x^k)} = \frac{\|s^k\|^2}{{s^k}^T C s^k}. \tag{7.10}$$

Wir rechnen das Konvergenzverhalten nun explizit für ein Beispiel durch:

Beispiel

Gegeben sei $f: \mathbb{R}^2 \to \mathbb{R}, f(x) = x_1^2 + ax_2^2$ mit $a > 1$. Dann gilt

$$c = 0, \quad C = \begin{pmatrix} 2 & 0 \\ 0 & 2a \end{pmatrix}.$$

Weiter sei $x^0 = (a, 1)^T$.

Dann ergibt sich mit dem Gradientenverfahren und der Minimierungsregel (Details siehe unten):

$$x^k = \left(\frac{a-1}{a+1}\right)^k \begin{pmatrix} a \\ 1 \end{pmatrix}, \quad s^k = \left(\frac{a-1}{a+1}\right)^k \begin{pmatrix} -2a \\ -2a \end{pmatrix} \quad (k \text{ gerade})$$

$$x^k = \left(\frac{a-1}{a+1}\right)^k \begin{pmatrix} a \\ -1 \end{pmatrix}, \quad s^k = \left(\frac{a-1}{a+1}\right)^k \begin{pmatrix} -2a \\ 2a \end{pmatrix} \quad (k \text{ ungerade})$$

und $\sigma_k = \frac{1}{1+a}$ für alle k.

Wir weisen nun die angegebenen Formeln nach.

Im Punkt $x^0 = (a, 1)^T$ haben wir

$$s^0 = -\nabla f(x^0) = -\begin{pmatrix} 2x_1^0 \\ 2ax_2^0 \end{pmatrix} = \begin{pmatrix} -2a \\ -2a \end{pmatrix}.$$

Die Schrittweite ergibt sich zu

$$\sigma_0 = \frac{\|s^0\|^2}{s^{0T} C s^0} = \frac{8a^2}{4a^2(2+2a)} = \frac{1}{1+a}.$$

Damit erhalten wir:

$$x^1 = \begin{pmatrix} a \\ 1 \end{pmatrix} + \frac{1}{1+a}\begin{pmatrix} -2a \\ -2a \end{pmatrix} = \frac{a-1}{a+1}\begin{pmatrix} a \\ -1 \end{pmatrix}$$

$$s^1 = \frac{a-1}{a+1}\begin{pmatrix} -2a \\ 2a \end{pmatrix}, \quad \sigma_1 = \frac{\|s^1\|^2}{s^{1T} C s^1} = \frac{1}{1+a}, \quad x^2 = \left(\frac{a-1}{a+1}\right)^2 \begin{pmatrix} a \\ 1 \end{pmatrix} = \left(\frac{a-1}{a+1}\right)^2 x^0.$$

Induktiv ergibt sich:

$$x^k = \left(\frac{a-1}{a+1}\right)^k \begin{pmatrix} a \\ 1 \end{pmatrix} \quad (k \text{ gerade}), \quad x^k = \left(\frac{a-1}{a+1}\right)^k \begin{pmatrix} a \\ -1 \end{pmatrix} \quad (k \text{ ungerade}).$$

Aus dem Verhalten der Folge (x^k) ergeben sich folgende Aussagen über die Konvergenzgeschwindigkeit:

Das globale Minimum von f ist $\bar{x} = 0$, und wir erhalten die Konvergenzrate

$$\|x^{k+1} - \bar{x}\| = \frac{a-1}{a+1}\|x^k - \bar{x}\| = \frac{\lambda_{\max}(C) - \lambda_{\min}(C)}{\lambda_{\max}(C) + \lambda_{\min}(C)}\|x^k - \bar{x}\|.$$

Für die Funktionswerte ergibt sich

$$f(x^k) = (x_1^k)^2 + a(x_2^k)^2 = \left(\frac{a-1}{a+1}\right)^{2k}(a^2 + a)$$

und somit

$$f(x^{k+1}) - f(\bar{x}) = \left(\frac{a-1}{a+1}\right)^2 (f(x^k) - f(\bar{x}))$$
$$= \left(\frac{\lambda_{\max}(C) - \lambda_{\min}(C)}{\lambda_{\max}(C) + \lambda_{\min}(C)}\right)^2 (f(x^k) - f(\bar{x})).$$

Ist nun $\lambda_{\min}(C) \ll \lambda_{\max}(C)$, so ist der Faktor

$$\left(\frac{\lambda_{\max}(C) - \lambda_{\min}(C)}{\lambda_{\max}(C) + \lambda_{\min}(C)}\right)^2$$

nahezu gleich 1 und die Konvergenzrate daher sehr schlecht.

Die im Beispiel erzielte Konvergenzrate ist der schlechteste mögliche Fall (worst case), wie der folgende Satz zeigt:

Satz 7.8 *Sei $f: \mathbb{R}^n \to \mathbb{R}$ streng konvex und quadratisch. Weiter seien die Folgen (x^k) und (σ_k) durch das Gradientenverfahren mit Minimierungsregel erzeugt. Dann gilt:*

$$f(x^{k+1}) - f(\bar{x}) \leq \left(\frac{\lambda_{\max}(C) - \lambda_{\min}(C)}{\lambda_{\max}(C) + \lambda_{\min}(C)}\right)^2 (f(x^k) - f(\bar{x})), \tag{7.11}$$

$$\|x^k - \bar{x}\| \leq \sqrt{\frac{\lambda_{\max}(C)}{\lambda_{\min}(C)}} \left(\frac{\lambda_{\max}(C) - \lambda_{\min}(C)}{\lambda_{\max}(C) + \lambda_{\min}(C)}\right)^k \|x^0 - \bar{x}\|, \tag{7.12}$$

wobei $\bar{x} = -C^{-1}c$ das globale Minimum von f bezeichnet und $\lambda_{\max}(C)$ bzw. $\lambda_{\min}(C)$ der maximale bzw. minimale Eigenwert von C sind.

Beweis. Da f quadratisch ist, liefert Taylor-Entwicklung um $\bar{x}$

$$\begin{aligned} f(x) - f(\bar{x}) &= \nabla f(\bar{x})^T(x - \bar{x}) + \frac{1}{2}(x - \bar{x})^T C(x - \bar{x}) = \frac{1}{2}(x - \bar{x})^T C(x - \bar{x}), \\ \nabla f(x) &= C(x - \bar{x}), \end{aligned}$$

wobei wir $\nabla f(\bar{x}) = 0$ verwendet haben. Weiter liefert Taylor-Entwicklung um x^k

$$\begin{aligned} f(x^{k+1}) &= f(x^k) + \sigma_k \nabla f(x^k)^T s^k + \frac{\sigma_k^2}{2} s^{k^T} C s^k \\ &= f(x^k) - \sigma_k \|s^k\|^2 + \frac{\sigma_k^2}{2} s^{k^T} C s^k. \end{aligned}$$

Wir benutzen nun (7.10) und erhalten

$$\begin{aligned} f(x^{k+1}) - f(\bar{x}) &= f(x^k) - f(\bar{x}) - \sigma_k \|s^k\|^2 + \frac{\sigma_k^2}{2} s^{k^T} C s^k \\ &= f(x^k) - f(\bar{x}) - \frac{\|s^k\|^4}{s^{k^T} C s^k} + \frac{1}{2} \frac{\|s^k\|^4}{s^{k^T} C s^k} \\ &= f(x^k) - f(\bar{x}) - \frac{1}{2} \frac{\|s^k\|^4}{s^{k^T} C s^k}. \end{aligned}$$

Nun gilt

$$f(x^k) - f(\bar{x}) = \frac{1}{2}(x^k - \bar{x})^T C(x^k - \bar{x}) = \frac{1}{2}(C(x^k - \bar{x}))^T C^{-1}(C(x^k - \bar{x})) = \frac{1}{2} s^{k^T} C^{-1} s^k,$$

und daher

$$f(x^{k+1}) - f(\bar{x}) = \left(1 - \frac{\|s^k\|^4}{(s^{k^T} C s^k)(s^{k^T} C^{-1} s^k)}\right)(f(x^k) - f(\bar{x})).$$

Die Kantorovich-Ungleichung (Lemma 7.9) liefert nun (7.11). Die Aussage (7.12) folgt aus

$$f(x) - f(\bar{x}) = \frac{1}{2}(x - \bar{x})^T C(x - \bar{x}) \begin{cases} \leq \dfrac{\lambda_{\max}(C)}{2} \|x - \bar{x}\|^2, \\ \geq \dfrac{\lambda_{\min}(C)}{2} \|x - \bar{x}\|^2. \end{cases}$$

□

Kantorovich-Ungleichung. *Sei $C \in \mathbb{R}^{n\times n}$ eine symmetrische, positiv definite Matrix. Dann gilt:* Lemma 7.9

$$\frac{\|d\|^4}{(d^TCd)(d^TC^{-1}d)} \geq \frac{4\lambda_{\min}(C)\lambda_{\max}(C)}{(\lambda_{\min}(C)+\lambda_{\max}(C))^2} \quad \forall\, d \in \mathbb{R}^n \setminus \{0\}.$$

Beweis. Siehe z.B. [7, S. 71]. □

7.5 Numerische Beispiele

Abschließend illustrieren wir das Verhalten des Gradientenverfahrens an zwei Beipielen.

Anwendung auf die Rosenbrock-Funktion

Für den ersten Test verwenden wir die Rosenbrock-Funktion

$$f(x_1, x_2) = 100(x_2 - x_1^2)^2 + (1 - x_1)^2.$$

Diese ist eine sehr beliebte Testfunktion in der Optimierungsliteratur. Ihr Graph besitzt „von oben betrachtet" ein im Wesentlichen parabelförmiges Tal mit seitlich sehr steil ansteigenden Funktionswerten und im Vergleich hierzu nur sehr geringer Steigung des Talbodens, siehe den Höhenlinien-Plot in Abb. 7.3. Das globale Minimum liegt bei $\bar{x} = (1, 1)^T$, der Minimalwert ist $f(\bar{x}) = 0$. Als Startpunkt wird üblicherweise $x^0 = (-1.2, 1)^T$ verwendet. Dort gilt $f(x^0) = 24.2$ und die maximale Steigung $\|\nabla f(x^0)\| \approx 232.868$ ist sehr groß. Man beachte, dass die Höhenlinien in Abb. 7.3 *nicht* zu äquidistanten f-Werten gezeichnet sind. Der maximale Funktionswert auf dem eingezeichneten Bereich $[-2, 2] \times [-1, 2]$ ist $f(-2, -1) = 2509$, nahe des Talbodens sind die Funktionswerte wesentlich kleiner, z.B. $f(-1, 1) = 4$, $f(1, 1) = 0$.

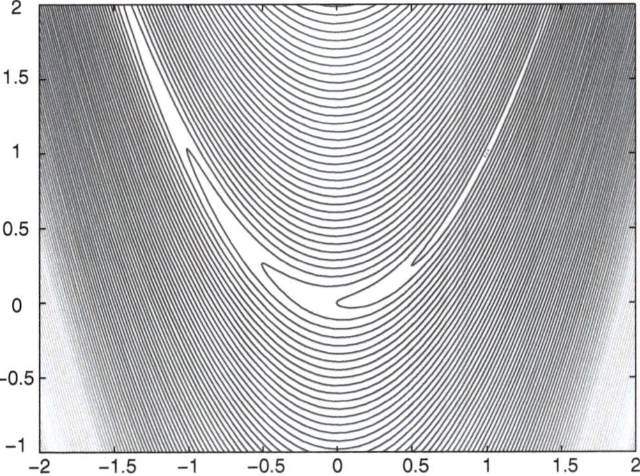

Abb. 7.3: Höhenlinien-Plot der Rosenbrock-Funktion $f(x_1, x_2) = 100(x_2 - x_1^2)^2 + (1 - x_1)^2$.

Obwohl die Funktion nur zwei Unbekannte besitzt, stellt sie eine Herausforderung für Optimierungsverfahren dar. Dies kann man sich für das Gradientenverfahren sehr gut veranschaulichen. Die Richtung des steilsten Abstiegs in x^0 zeigt zum Talboden hin, wobei die zugehörige Halbgerade den Talboden fast im rechten Winkel schneidet. Das exakte Minimum entlang der Suchrichtung liegt etwas jenseits des Talbodens, und dieser Punkt würde bei Verwendung der (viel zu aufwendigen) Minimierungsregel als neue Iterierte gewählt. Andere Schrittweiten-Verfahren wie etwa die Armijo-Regel treffen nur approximativ in die Nähe des Talbodens. In jedem Fall gilt für den Großteil der erzeugten Iterierten, dass sie zwar in einer relativ kleinen Umgebung des Talbodens liegen, aber diesen nicht exakt treffen. In diesem Fall weicht dann die Richtung $s^k = -\nabla f(x^k)$ deutlich von der Tangente des Talbodens ab. Die Forderung der f-Abnahme erzwingt nun einen sehr kurzen Schritt $\sigma_k s^k$, da die Funktion vom Talboden weg sehr schnell wächst. Auf diese Weise wird ein Zickzack-Pfad in einer kleinen Umgebung des Talbodens erzeugt, der aus sehr kurzen Schritten zusammengesetzt ist. Für $f(x^k) \to f(\bar{x}) = 0$ zieht sich die Niveaumenge $\{x\,;\, f(x) \leq f(x^k)\}$ zunehmend enger um den Talboden zusammen. Die Iterierten haben für ihren Zickzack-Pfad also zunehmend weniger Platz. Dies führt dazu, dass die Konvergenz des Gradientenverfahrens sehr langsam ist.

Um diese Überlegungen in der Praxis zu überprüfen, wenden wir nun das Gradientenverfahren mit Armijo-Schrittweitenregel auf die oben angegebene Rosenbrock-Funktion an. Als Abbruchbedingung benutzen wir $\|\nabla f(x^k)\| \leq \varepsilon$. Wir verwenden folgende Daten:

$$x^0 = \begin{pmatrix} -1.2 \\ 1.0 \end{pmatrix} \quad \text{(Startpunkt)}, \qquad \varepsilon = 10^{-3} \quad \text{(Abbruchbedingung)}$$

$$\beta = \frac{1}{2}, \qquad \gamma = 10^{-4} \quad \text{(Armijo-Regel)}.$$

In der Tabelle II.1 sehen wir den Verlauf des Verfahrens. Es werden 5231 Iterationen benötigt, um das Abbruchkriterium zu erzielen. Das Verfahren ist also überaus ineffizient. Die Abb. 7.4 zeigt den Polygonzug der letzten ca. 130 Iterierten x^k des Gradienten-Verfahrens mit Abbruchkriterium $\|\nabla f(x^k)\| \leq \varepsilon := 10^{-3}$. Diese Bedingung ist erst in der Iteration $k = 5231$ erfüllt. Man sieht das beschriebene extrem ineffiziente Verhalten des Gradienten-Verfahrens.

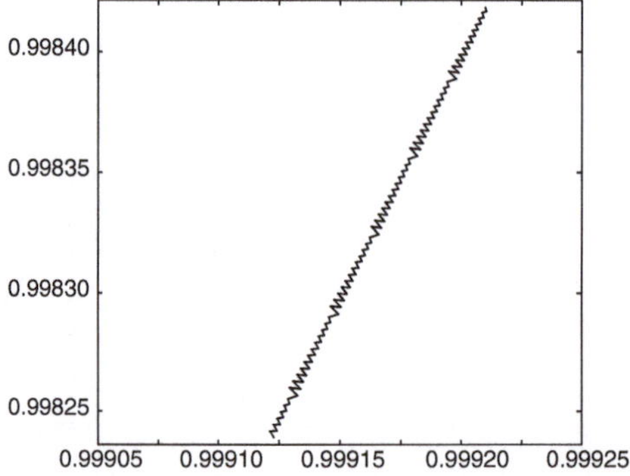

Abb. 7.4: Polygonzug der letzten ca. 130 Iterierten des Gradientenverfahrens bei Anwendung auf die Rosenbrock-Funktion bis zum erstmaligen Erfülltsein des Abbruchkriteriums $\|\nabla f(x^k)\| \leq 10^{-3}$ in der Iteration $k = 5231$. Man beachte die geringe insgesamt zurückgelegte Strecke: Es gilt $\|x^{5100} - x^{5231}\| \approx 1.98 \cdot 10^{-4}$.

Tabelle II.1: Verlauf des Gradientenverfahrens mit Armijo-Schrittweitenregel bei Anwendung auf die Rosenbrock-Funktion.

k	$f(x^k)$	$\|\nabla f(x^k)\|$	σ_k
0	2.42000e+01	2.32868e+02	9.76562e–04
1	5.10111e+00	4.38985e+01	1.95312e–03
2	5.04701e+00	4.54601e+01	9.76562e–04
3	4.11404e+00	3.27898e+00	1.95312e–03
4	4.10809e+00	3.35091e+00	1.95312e–03
5	4.10215e+00	3.41296e+00	1.95312e–03
6	4.09613e+00	3.46556e+00	1.95312e–03
$k = 7$–5224: $4801\times\ \sigma_k = 1.95312$e–03, $416\times\ \sigma_k = 3.90626$e–03, $1\times\ \sigma_k = 0.5$			
5225	6.30873e–07	1.17697e–03	1.95312e–03
5226	6.29849e–07	1.14232e–03	1.95312e–03
5227	6.28830e–07	1.10983e–03	1.95312e–03
5228	6.27816e–07	1.07939e–03	1.95312e–03
5229	6.26806e–07	1.05091e–03	1.95312e–03
5230	6.25801e–07	1.02428e–03	1.95312e–03
5231	6.24799e–07	9.99401e–04	

Anwendung auf ein Minimalflächenproblem

Als weiteres, relativ hochdimensionales Testproblem betrachten wir das in Kapitel I, Abschnitt 2 auf Seite 3–4 beschriebene Problem der Minimalflächen. Gesucht ist jene Funktion $q\colon \overline{\Omega} \to \mathbb{R}$ mit $q|_\Gamma = \sin(\pi x_2)$, deren Graph minimale Oberfläche hat, wobei $\Omega = (0, 1)^2$ und Γ der Rand von Ω ist. Wir diskretisieren den Graphen wie auf Seite 3–4 beschrieben durch eine Triangulation, die aus $m = 2(k-1)^2$ Dreiecken besteht, wobei für die folgende Berechnung $k = 80$ gewählt wurde. Dies ergibt $m = 12482$ Dreiecke, $n = (k-2)^2 = 6084$ innere Knoten x^i, $1 \le i \le n$, und $l = 4(k-1) = 316$ Randknoten x^i, $n+1 \le i \le n+l$. Das resultierende Optimierungsproblem hat n Unbekannte, nämlich die Werte $y_i = q(x^i)$, $1 \le i \le n$. Als Startvektor verwenden wir y^0 mit $y_i^0 = \sin(\pi x_2^i)$, der Abbruch erfolgt, sobald $\|\nabla f(y^k)\| \le \varepsilon = 10^{-4}$ gilt. Die Parameter der Armijo-Regel sind $\beta = 0.5$, $\gamma = 10^{-4}$. In der Tabelle II.2 sehen wir den Verlauf des Verfahrens. Es werden über 20000 Iterationen benötigt, um das Abbruchkriterium zu erzielen. Das Verfahren ist also wiederum sehr ineffizient.

Tabelle II.2: Verlauf des Gradientenverfahrens mit Armijo-Schrittweitenregel bei Anwendung auf ein Minimalflächenproblem.

k	$f(x^k)$	$\|\nabla f(x^k)\|$	σ_k
0	2.30442e+00	8.01288e–02	1.00
1	2.29879e+00	7.13486e–02	1.00
2	2.29432e+00	7.08555e–02	1.00
3	2.29056e+00	8.34761e–02	1.00
4	2.28864e+00	1.25043e–01	0.50
5	2.28542e+00	1.06015e–01	0.50
⋮	⋮	⋮	⋮
22893	1.66274e+00	1.11258e–04	0.25
22894	1.66274e+00	1.09104e–04	0.25
22895	1.66274e+00	1.07047e–04	0.25
22896	1.66274e+00	1.05082e–04	0.25
22897	1.66274e+00	1.03207e–04	0.25
22898	1.66274e+00	1.01418e–04	0.25
22899	1.66274e+00	9.97127e–05	

8
Allgemeine Abstiegsverfahren

Die i.A. schlechte Konvergenzrate des Gradientenverfahrens veranlasst uns, anstelle der Suchrichtung $s^k = -\nabla f(x^k)$ andere Suchrichtungen zu verwenden, die zu schneller konvergenten Verfahren führen. Bevor wir uns in späteren Abschnitten mit der konkreten Wahl von Suchrichtungen beschäftigen, gehen wir hier der folgenden Frage nach: Unter welchen Minimalanforderungen an die Suchrichtungen und die Schrittweitenwahl ist das allgemeine Abstiegsverfahren 7.1 global konvergent?

Hierbei verstehen wir unter globaler Konvergenz die folgende (oder eine vergleichbare) Eigenschaft:

$$\bar{x} \text{ Häufungspunkt von } (x^k) \Longrightarrow \nabla f(\bar{x}) = 0.$$

Damit ein Algorithmus global konvergiert, müssen wir zwei Dinge sicherstellen:

- Die Suchrichtungen sind hinreichend gute Abstiegsrichtungen.
- Die Schrittweitenwahl erfolgt so, dass der entlang der Suchrichtung mögliche Abstieg durch den Schritt $x^k \mapsto x^{k+1} = x^k + \sigma_k s^k$ hinreichend gut realisiert wird.

Bevor wir fortfahren, schreiben wir noch einmal das im Folgenden betrachtete allgemeine Abstiegsverfahren auf.

Algorithmus 8.1

Allgemeines Abstiegsverfahren.

0. *Wähle einen Startpunkt* $x^0 \in \mathbb{R}^n$.

Für $k = 0, 1, 2, \ldots$*:*

1. *STOP, falls* $\nabla f(x^k) = 0$.
2. *Berechne eine Abstiegsrichtung* $s^k \in \mathbb{R}^n$*, d.h. eine Richtung mit* $\nabla f(x^k)^T s^k < 0$.
3. *Bestimme eine Schrittweite* $\sigma_k > 0$ *mit* $f(x^k + \sigma_k s^k) < f(x^k)$.
4. *Setze* $x^{k+1} = x^k + \sigma_k s^k$.

8.1
Zulässige Suchrichtungen

Wir wenden uns zunächst der „Qualitätssicherung“ für Suchrichtungen zu. Unser Ziel ist hierbei, eine möglichst schwache Voraussetzung an die Suchrichtungen zu formulieren, die zu einem global konvergenten Verfahren führt.

Ausreichend gute Abstiegsrichtungen für ein global konvergentes Abstiegsverfahren liegen vor, wenn die folgende Bedingung erfüllt ist:

Definition 8.2

Zulässige Suchrichtungen. Die Teilfolge $(s^k)_K$ der durch Algorithmus 8.1 erzeugten Suchrichtungen (s^k) heißt *zulässig*, falls gilt:

$$\nabla f(x^k)^T s^k < 0 \quad \forall\, k \geq 0 \quad \textit{(d.h., alle } s^k \textit{ sind Abstiegsrichtungen)}, \tag{8.13}$$

$$\left(\frac{\nabla f(x^k)^T s^k}{\|s^k\|}\right)_K \to 0 \quad \Longrightarrow \quad (\nabla f(x^k))_K \to 0. \tag{8.14}$$

Bemerkung. Wir werden später stets Häufungspunkte $\bar{x}$ und dagegen konvergierende Teilfolgen $(x^k)_K$ betrachten. Dies liefert dann die Teilfolge $(s^k)_K$, von der wir Zulässigkeit fordern werden.

Der Ausdruck $\nabla f(x)^T s/\|s\|$ ist die Steigung der Funktion f im Punkt x in Richtung s. Die Bedingung besagt also: Konvergiert die Steigung von f in Richtung s^k auf der betrachteten Teilfolge gegen Null, so muss dies auch für die maximale Steigung $\|\nabla f(x^k)\|$ gelten. Die Bedingung (8.14) kann daher als *abstrakte Winkelbedingung* interpretiert werden. Ist s^k eine Abstiegsrichtung, so gilt nämlich $\nabla f(x^k)^T s^k < 0$ und somit

$$\frac{|\nabla f(x^k)^T s^k|}{\|s^k\|} = \frac{-\nabla f(x^k)^T s^k}{\|s^k\|\,\|\nabla f(x^k)\|}\|\nabla f(x^k)\| = \cos\angle(-\nabla f(x^k), s^k)\|\nabla f(x^k)\|.$$

Ist also mit $0 < \eta < 1$ die *Winkelbedingung*

$$\cos\angle(-\nabla f(x^k), s^k) = \frac{-\nabla f(x^k)^T s^k}{\|\nabla f(x^k)\|\,\|s^k\|} \geq \eta \tag{8.15}$$

für alle $k \in K$ erfüllt, dann folgt daraus unmittelbar, dass die Bedingung (8.14) gilt.

Auch die folgende *verallgemeinerte Winkelbedingung* stellt sicher, dass die Bedingung (8.14) erfüllt ist:

Für eine geeignete, in 0 stetige Funktion $\phi\colon [0, \infty) \to [0, \infty)$ mit $\phi(0) = 0$ gilt:

$$\|\nabla f(x^k)\| \leq \phi\left(\frac{-\nabla f(x^k)^T s^k}{\|s^k\|}\right). \tag{8.16}$$

Wir halten dies im folgenden Satz fest:

Satz 8.3 *Sei $f\colon \mathbb{R}^n \to \mathbb{R}$ stetig differenzierbar und $(s^k)_K$ eine Teilfolge der durch Algorithmus 8.1 erzeugten Folge (s^k) von Abstiegsrichtungen. Dann gilt:*

$$\begin{aligned} & s^k \textit{ erfüllt für alle } k \in K \textit{ die Winkelbedingung } (8.15) \\ \Longrightarrow\ & s^k \textit{ erfüllt für alle } k \in K \textit{ die verallgemeinerte Winkelbedingung } (8.16) \\ \Longrightarrow\ & (s^k)_K \textit{ erfüllt die Bedingung } (8.14). \end{aligned}$$

Hierbei müssen (natürlich) η und ϕ unabhängig von $k \in K$ sein.

Beweis. „(8.15) $\Longrightarrow$ (8.16)“: Wähle $\phi(t) = t/\eta$. Dann gilt wegen (8.15):

$$\|\nabla f(x^k)\| \leq \frac{1}{\eta} \cdot \frac{-\nabla f(x^k)^T s^k}{\|s^k\|} = \phi\left(\frac{-\nabla f(x^k)^T s^k}{\|s^k\|}\right).$$

„(8.16) $\Longrightarrow$ (8.14)“: Da ϕ in 0 stetig ist mit $\phi(0) = 0$, gilt:

$$\left(\frac{\nabla f(x^k)^T s^k}{\|s^k\|}\right)_K \to 0 \quad \Longrightarrow \quad \|\nabla f(x^k)\| \leq \phi\left(\frac{-\nabla f(x^k)^T s^k}{\|s^k\|}\right) \xrightarrow{K \ni k \to \infty} \phi(0) = 0,$$

also $(\nabla f(x^k))_K \to 0$. Somit ist (8.14) erfüllt. □

Beispiel Bei Newton-artigen Verfahren werden die Suchrichtungen s^k gemäß der Vorschrift

$$M_k s^k = -\nabla f(x^k)$$

berechnet, wobei die symmetrischen und positiv definiten Matrizen $M_k \in \mathbb{R}^{n\times n}$ geeignet zu wählen sind. Gibt es nun $0 < \mu_1 \le \mu_2 < \infty$ mit

$$\lambda_{\min}(M_k) \ge \mu_1, \quad \lambda_{\max}(M_k) \le \mu_2$$

für alle k, so ist jede Suchrichtungsteilfolge $(s^k)_K$ zulässig.

Denn aus $\nabla f(x^k) \neq 0$ folgt $s^k = -M_k^{-1}\nabla f(x^k) \neq 0$ und

$$\nabla f(x^k)^T s^k = -s^{k^T} M_k s^k \le -\lambda_{\min}(M_k)\|s^k\|^2 \le -\mu_1\|s^k\|^2 < 0,$$

d.h., s^k ist eine Abstiegsrichtung. Weiter ergibt sich

$$\begin{aligned}-\nabla f(x^k)^T s^k &\ge \mu_1\|s^k\|^2 = \mu_1\|M_k^{-1}\nabla f(x^k)\|\,\|s^k\| \ge \mu_1 \frac{1}{\lambda_{\max}(M_k)}\|\nabla f(x^k)\|\,\|s^k\| \\ &\ge \frac{\mu_1}{\mu_2}\|\nabla f(x^k)\|\,\|s^k\|.\end{aligned}$$

Daher ist die Winkelbedingung mit $\eta = \frac{\mu_1}{\mu_2}$ erfüllt.

Insgesamt ist also jede Suchrichtungsteilfolge $(s^k)_K$ zulässig.

Bemerkung. Wir haben oben einige Eigenschaften der Eigenwerte symmetrischer Matrizen benutzt, die wir hier zusammenfassen.

Sei hierzu $M \in \mathbb{R}^{n\times n}$ symmetrisch. Dann besitzt M die n reellen Eigenwerte $\lambda_1 \ge \lambda_2 \ge \cdots \ge \lambda_n$ und zugehörige normierte Eigenvektoren $u_1, \ldots, u_n$, $\|u_i\| = 1$, (also $Mu_i = \lambda_i u_i$), die paarweise orthogonal sind. Somit ist dann $U = (u_1, \ldots, u_n)$ eine orthogonale Matrix, d.h., $U^TU = I = UU^T$, und es gilt $M = UDU^T$ mit $D = \operatorname{diag}(\lambda_1, \ldots, \lambda_n)$.

Sei nun M positiv definit, d.h., $\lambda_1 \ge \cdots \ge \lambda_n > 0$.

Betrachte einen beliebigen Vektor $v \in \mathbb{R}^n$ und setze $w = U^Tv$. Dann gilt

$$\|w\|^2 = \|U^Tv\|^2 = v^TUU^Tv = v^Tv = \|v\|^2.$$

Weiter haben wir

$$v^TMv = v^TUDU^Tv = w^TDw = \sum_{i=1}^n \lambda_i w_i^2 \begin{cases} \le \lambda_1 \sum_{i=1}^n w_i^2 = \lambda_1\|w\|^2 = \lambda_1\|v\|^2, \\ \ge \lambda_n \sum_{i=1}^n w_i^2 = \lambda_n\|w\|^2 = \lambda_n\|v\|^2. \end{cases}$$

Speziell für $v = u_i$ gilt

$$u_i^T M u_i = \lambda_i u_i^T u_i = \lambda_i.$$

Damit folgt

$$\max_{\|v\|=1} v^TMv = u_1^TMu_1 = \lambda_1, \quad \min_{\|v\|=1} v^TMv = u_n^TMu_n = \lambda_n.$$

In ähnlicher Weise erhalten wir

$$\|Mv\|^2 = v^TM^2v = vUDU^TUDU^Tv = w^TD^2w \begin{cases} \le \lambda_1^2\|w\|^2 = \lambda_1^2\|v\|^2, \\ \ge \lambda_n^2\|w\|^2 = \lambda_n^2\|v\|^2, \end{cases}$$

sowie

$$\|Mu_i\|^2 = \|\lambda_i u_i\|^2 = \lambda_i^2,$$

also

$$\|M\| = \max_{\|v\|=1}\|Mv\| = \|Mu_1\| = \lambda_1.$$

Schließlich gilt noch, dass M^{-1} die Eigenwerte $1/\lambda_n \ge \cdots \ge 1/\lambda_1$ hat mit zugehörigen Eigenvektoren $u_n, \ldots, u_1$. Daraus folgt insbesondere

$$\|M^{-1}\| = \max_{\|v\|=1}\|M^{-1}v\| = \|Mu_n\| = \frac{1}{\lambda_n}.$$

□

8.2 Zulässige Schrittweiten

Wir führen nun das Konzept zulässiger Schrittweiten ein:

Definition 8.4

Zulässige Schrittweiten. Die Teilfolge $(\sigma_k)_K$ der durch Algorithmus 8.1 erzeugten Schrittweiten (σ_k) heißt *zulässig*, falls gilt:

$$f(x^k + \sigma_k s^k) \leq f(x^k) \quad \forall\, k \geq 0, \tag{8.17}$$

$$f(x^k + \sigma_k s^k) - f(x^k) \to 0 \quad \Longrightarrow \quad \left(\frac{\nabla f(x^k)^T s^k}{\|s^k\|}\right)_K \to 0. \tag{8.18}$$

Dies ist eine sehr allgemeine Bedingung, die für zulässige Suchrichtungen die globale Konvergenz von Algorithmus 8.1 sichert. Zulässige Schrittweiten werden z.B. durch effiziente Schrittweitenregeln erzeugt.

Definition 8.5

Effiziente Schrittweiten. Sei s^k eine Abstiegsrichtung von f in x^k. Die Schrittweite $\sigma_k > 0$ heißt *effizient*, falls gilt:

$$f(x^k + \sigma_k s^k) \leq f(x^k) - \theta \left(\frac{\nabla f(x^k)^T s^k}{\|s^k\|}\right)^2$$

Hierbei ist $\theta > 0$ eine Konstante.

Lemma 8.6

Sei $f\colon \mathbb{R}^n \to \mathbb{R}$ stetig differenzierbar. Die Folgen (x^k), (s^k) und (σ_k) seien von Algorithmus 8.1 erzeugt, und es gelte (8.17). Ist nun $(\sigma_k)_K$ eine Teilfolge, für die alle Schrittweiten σ_k, $k \in K$, effizient sind, dann ist die Schrittweiten-Teilfolge $(\sigma_k)_K$ zulässig.

Beweis. Seien alle Schrittweiten σ_k, $k \in K$, effizient. Wir müssen (8.18) für $(\sigma_k)_K$ nachweisen. Gelte hierzu

$$f(x^k + \sigma_k s^k) - f(x^k) \to 0 \quad (k \to \infty).$$

Die Effizienz der Schrittweiten-Teilfolge $(\sigma_k)_K$ ergibt für alle $k \in K$:

$$\theta \left(\frac{\nabla f(x^k)^T s^k}{\|s^k\|}\right)^2 \leq f(x^k) - f(x^k + \sigma_k s^k) \xrightarrow{K \ni k \to \infty} 0.$$

Daraus folgt $\left(\frac{\nabla f(x^k)^T s^k}{\|s^k\|}\right)_K \to 0$ und (8.18) ist nachgewiesen. □

Das Konzept der zulässigen bzw. effizienten Schrittweiten wird später noch klarer werden. Wir weisen aber bereits jetzt darauf hin, dass die Folge (σ_k) effizient ist, falls die Armijo-Regel verwendet wird und zusätzlich gilt:

$$\sigma_k \geq -\alpha \frac{\nabla f(x^k)^T s^k}{\|s^k\|^2} \tag{8.19}$$

mit einer Konstanten $\alpha > 0$. Denn dann gilt:

$$f(x^k + \sigma_k s^k) - f(x^k) \leq \sigma_k \gamma \nabla f(x^k)^T s^k \leq -\alpha\gamma \left(\frac{\nabla f(x^k)^T s^k}{\|s^k\|}\right)^2 .$$

Die Bedingung (8.19) ist z.B. erfüllt, wenn f streng konvex und quadratisch ist, also $f(x) = c^T x + \frac{1}{2} x^T C x$, und die Minimierungsregel verwendet wird.

Denn dann gilt (siehe (7.10))

$$\sigma_k = \frac{-\nabla f(x^k)^T s^k}{s_k^T C s^k} \geq \frac{-\nabla f(x^k)^T s^k}{\|C\| \|s^k\|^2} \geq -\frac{1}{\|C\|} \frac{\nabla f(x^k)^T s^k}{\|s^k\|^2}.$$

8.3 Ein globaler Konvergenzsatz

Wir beweisen nun die globale Konvergenz des allgemeinen Abstiegsverfahrens.

Satz 8.7 *Sei $f: \mathbb{R}^n \to \mathbb{R}$ stetig differenzierbar. Algorithmus 8.1 terminiere nicht endlich und erzeuge Folgen (x^k), (s^k) und (σ_k). Sei $\bar{x}$ ein Häufungspunkt von (x^k) und $(x^k)_K$ eine gegen $\bar{x}$ konvergente Teilfolge, so dass die Suchrichtungsfolge $(s^k)_K$ und die Schrittweitenfolge $(\sigma_k)_K$ zulässig sind. Dann ist $\bar{x}$ ein stationärer Punkt von f.*

Beweis. Sei $\bar{x}$ ein Häufungspunkt von (x^k) und $(x^k)_K$ eine Teilfolge mit $(x^k)_K \to \bar{x}$, so dass (s^k) und $(\sigma_k)_K$ zulässig sind. Wegen der Monotonie der Folge $f(x^k)$, siehe (8.17), ergibt sich wie im Beweis von Satz 7.7:

$$\lim_{k\to\infty} f(x^k) = \lim_{K \ni k \to \infty} f(x^k) = f(\bar{x}).$$

Daraus folgt

$$f(\bar{x}) - f(x^0) = \lim_{k\to\infty} f(x^k) - f(x^0) = \sum_{k=0}^{\infty} (f(x^{k+1}) - f(x^k)),$$

und dies zeigt $f(x^k + \sigma_k s^k) - f(x^k) \to 0$ (sonst wäre die rechts stehende Reihe nicht konvergent). Wegen der Zulässigkeit der Schrittweitenfolge $(\sigma_k)_K$ folgt daraus

$$\left(\frac{\nabla f(x^k)^T s^k}{\|s^k\|}\right)_K \to 0,$$

siehe (8.18). Die Zulässigkeit der Suchrichtungsfolge $(s^k)_K$ liefert nun

$$(\nabla f(x^k))_K \to 0,$$

siehe (8.14). Wegen der Stetigkeit von ∇f erhalten wir:

$$\nabla f(\bar{x}) = \lim_{K \ni k \to \infty} \nabla f(x^k) = 0.$$

□

Übungsaufgaben

Aufgabe

Fehlende Abstiegsrichtung. Sei $f : \mathbb{R}^2 \to \mathbb{R}, f(x, y) := 2x^4 - 3x^2y + y^2$.

a) Berechnen Sie die stationären Punkte von f.

b) Die Abbildung $x_d(t) := td$, $d \in \mathbb{R}^2 \setminus \{0\}$, $t \in \mathbb{R}$, definiert eine Gerade durch $(0, 0)^T$ in Richtung d. Zeigen Sie, dass für jedes solches d die Funktion $\mathbb{R} \ni t \mapsto f(x_d(t))$ ein striktes lokales Minimum bei $t = 0$ hat.

c) Ist der Punkt $(0, 0)^T$ ein lokales Minimum von f?

Aufgabe

Häufungspunkte von Abstiegsverfahren. Sei $f : \mathbb{R}^n \to \mathbb{R}$ stetig differenzierbar. Zeigen Sie:

a) Sind $\bar{x}$ und x^* zwei Häufungspunkte einer durch das allgemeine Abstiegsverfahren erzeugten Folge (x^k), dann gilt $f(\bar{x}) = f(x^*)$.

b) Ist $\bar{x}$ ein Häufungspunkt einer durch das allgemeine Abstiegsverfahren erzeugten Folge (x^k), so ist $\bar{x}$ kein striktes lokales Maximum. Gilt diese Aussage auch in dem Fall, dass das Verfahren nach endlich vielen Schritten abbricht?

Aufgabe

Richtungen des steilsten Abstiegs. Wir betrachten eine stetig differenzierbare Funktion $f : \mathbb{R}^n \to \mathbb{R}$ und einen Punkt $x \in \mathbb{R}^n$ mit $\nabla f(x) \neq 0$. Zu der symmetrischen positiv definiten Matrix $A \in \mathbb{R}^{n\times n}$ definieren wir durch $\|s\|_A = \sqrt{s^T As}$ eine Norm auf dem $\mathbb{R}^n$, die *A-Norm*. Bestimmen Sie die *normierte Richtung des steilsten Abstiegs von f in x bezüglich der Norm $\|\cdot\|_A$*, d.h. die Lösung des Problems

$$\min_{\|d\|_A=1} \nabla f(x)^T d.$$

Tip: Faktorisieren Sie $A = M^T M$ und benutzen Sie eine bekannte Ungleichung.

Aufgabe

Unzulässige Suchrichtungen. Wählt man Suchrichtungen, die fast senkrecht zur Gradientenrichtung verlaufen, so kann es passieren, dass das Abstiegsverfahren nicht gegen den Optimalpunkt konvergiert. Als Beispiel soll hier $f(x_1, x_2) = \frac{1}{2}(x_1^2 + x_2^2)$ betrachtet werden, mit den Suchrichtungen

$$s^k = g_\perp^k - \frac{1}{2^{k+3}} \nabla f(x^k).$$

Dabei sei $g_\perp^k$ mit $g_\perp^k \perp \nabla f(x^k)$ so gewählt, dass $||s^k|| = ||\nabla f(x^k)||$ gilt.

Zeigen Sie, dass das Abstiegsverfahren mit diesen Suchrichtungen (und zulässiger Schrittweitenwahl) für *keinen* Startpunkt $x^0 \in \mathbb{R}^n \setminus \{0\}$ gegen den Minimalpunkt $\bar{x} = 0$ von f konvergiert und $\bar{x}$ auch kein Häufungspunkt von (x^k) ist.

9 Schrittweitenregeln

9.1 Armijo-Regel

Die Armijo-Regel (7.6) wurde bereits ausführlich in Abschnitt 7.2 diskutiert. Offen ist die Frage, ob und wann die Armijo-Regel zulässige Schrittweiten erzeugt. Dieser Frage gehen wir jetzt nach.

Zunächst stellen wir fest, dass die Armijo-Regel (leider) nicht notwendigerweise zulässige Schrittweiten erzeugt:

Beispiel Zielfunktion $f(x) = \frac{x^2}{8}$, Startpunkt $x^0 > 0$, Suchrichtungen $s^k = -2^{-k}\nabla f(x^k)$. Man kann dann zeigen (Details als Übung), dass die durch das allgemeine Abstiegsverfahren (mit Armijo-Regel) erzeugte Folge monoton fallend gegen ein $\bar{x} \geq x^0/2$ konvergiert. Beim Nachweis zeigt man zunächst induktiv $0 < x^{k+1} < x^k$ für alle $k \geq 0$ und dann für alle $k \geq 1$:

$$x^0 - x^k \geq \frac{x^0}{2}.$$

Wegen $f(x^k) \downarrow f(\bar{x}) \geq 0$ ergibt sich $f(x^k + \sigma_k s^k) - f(x^k) \to 0$. Wäre die Schrittweitenfolge $(\sigma_k)_K$ zulässig, so müsste $\left(\frac{\nabla f(x^k)^T s^k}{\|s^k\|}\right)_K \to 0$ gelten. Dies ist aber nicht der Fall.

Die Unzulässigkeit der Schrittweiten in diesem Beispiel wird verursacht durch die Tatsache, dass die Länge der Suchrichtungen zu schnell gegen Null strebt und die Armijo-Regel Schrittweiten $\sigma_k \leq 1$ erzeugt.

Unter relativ schwachen Voraussetzungen an die Suchrichtungen kann jedoch die Zulässigkeit der durch die Armijo-Regel erzeugten Schrittweiten garantiert werden:

Satz 9.1 *Sei $f\colon \mathbb{R}^n \to \mathbb{R}$ stetig differenzierbar und die Teilfolge $(x^k)_K$ sei beschränkt (dies ist z.B. der Fall, wenn $(x^k)_K$ konvergiert). Weiter gebe es eine streng monoton wachsende Funktion $\varphi\colon [0,\infty) \to [0,\infty)$, so dass die durch das allgemeine Abstiegsverfahren erzeugten Suchrichtungen folgender Bedingung genügen:*

$$\|s^k\| \geq \varphi\left(\frac{-\nabla f(x^k)^T s^k}{\|s^k\|}\right) \quad \forall\, k \in K. \tag{9.20}$$

Dann ist die durch die Armijo-Regel erzeugte Schrittweitenteilfolge $(\sigma_k)_K$ zulässig.

Beweis. Da es sich bei Algorithmus 8.1 um ein Abstiegsverfahren handelt, ist die Folge $(f(x^k))$ monoton fallend.

Wir müssen zeigen:

$$\left(\frac{\nabla f(x^k)^T s^k}{\|s^k\|}\right)_K \not\to 0 \implies f(x^k + \sigma_k s^k) - f(x^k) \not\to 0.$$

Es gelte also $\left(\frac{\nabla f(x^k)^T s^k}{\|s^k\|}\right)_K \not\to 0$. Dann gibt es eine Teilfolge $(x^k)_{K'}$ sowie $\varepsilon > 0$ mit

$$\frac{-\nabla f(x^k)^T s^k}{\|s^k\|} \geq \varepsilon \quad \forall\, k \in K'.$$

Aus (9.20) ergibt sich nun für alle $k \in K'$

$$\|s^k\| \geq \varphi\left(\frac{-\nabla f(x^k)^T s^k}{\|s^k\|}\right) \geq \varphi(\varepsilon) =: \delta > \varphi(0) \geq 0.$$

Für alle $k \in K'$ erhalten wir nach dem Mittelwertsatz ein $\tau_k \in [0, \sigma_k]$ mit

$$\begin{aligned} \frac{f(x^k + \sigma_k s^k) - f(x^k)}{\|\sigma_k s^k\|} - \frac{\sigma_k \gamma \nabla f(x^k)^T s^k}{\|\sigma_k s^k\|} &= \frac{\nabla f(x^k + \tau_k s^k)^T s^k}{\|s^k\|} - \frac{\gamma \nabla f(x^k)^T s^k}{\|s^k\|} \\ &\leq \|\nabla f(x^k + \tau_k s^k) - \nabla f(x^k)\| + (1-\gamma)\frac{\nabla f(x^k)^T s^k}{\|s^k\|} \\ &\leq \|\nabla f(x^k + \tau_k s^k) - \nabla f(x^k)\| - (1-\gamma)\varepsilon. \end{aligned} \tag{9.21}$$

Da die Folge $(x^k)_K$ beschränkt und die stetige Funktion ∇f gleichmäßig stetig auf jedem Kompaktum ist, gibt es $\rho > 0$ mit

$$\|\nabla f(x^k + d) - \nabla f(x^k)\| < (1-\gamma)\varepsilon \quad \forall\, k \in K',\ d \in \mathbb{R}^n \text{ mit } \|d\| \le \rho.$$

Zusammen mit (9.21) zeigt dies, dass für $k \in K'$ die Armijo-Bedingung erfüllt ist, sobald $\sigma_k\|s^k\| \le \rho$ gilt.

Da $\sigma_k \in \{1, \beta, \beta^2, \ldots\}$ maximal gewählt wird, folgt für $k \in K$ entweder $\sigma_k = 1$ oder $\sigma_k \le \beta$ und $(\sigma_k/\beta)\|s^k\| > \rho$. Also ergibt sich für alle $k \in K'$:

$$\sigma_k\|s^k\| \ge \min\{\beta\rho, \delta\} =: \theta > 0.$$

Das zweite Argument im Minimum behandelt hierbei den Fall $\sigma_k = 1$ und benutzt $\|s^k\| \ge \delta$.

Nun folgt aus der Armijo-Regel für alle $k \in K'$:

$$f(x^k) - f(x^k + \sigma_k s^k) \ge -\sigma_k\gamma\nabla f(x^k)^T s^k = \gamma\frac{-\nabla f(x^k)^T s^k}{\|s^k\|}(\sigma_k\|s^k\|) \ge \gamma\varepsilon\theta > 0.$$

Somit gilt

$$f(x^k + \sigma_k s^k) - f(x^k) \not\to 0.$$

□

9.2 Powell-Wolfe-Schrittweitenregel

Die Powell[1]-Wolfe[2]-Schrittweitenregel fordert nicht nur das Erfülltsein der Armijo-Bedingung

$$f(x^k + \sigma_k s^k) - f(x^k) \le \sigma_k\gamma\nabla f(x^k)^T s^k, \tag{9.22}$$

sondern auch die folgende zusätzliche Bedingung, die sicherstellt, dass der Schritt $\sigma_k s^k$ hinreichend lang ist (vgl. das Beispiel in Abschnitt 9.1, Seite 36):

$$\nabla f(x^k + \sigma_k s^k)^T s^k \ge \eta\nabla f(x^k)^T s^k \tag{9.23}$$

mit $0 < \gamma < 1/2$ und $\gamma < \eta < 1$. Die Schrittweitenstrategie lautet nun:

Powell-Wolfe Schrittweitenregel:

Bestimme $\sigma_k > 0$, so dass (9.22) und (9.23) erfüllt sind.
Diese Schrittweitenregel ist wohldefiniert:

Lemma 9.2

Sei $f: \mathbb{R}^n \to \mathbb{R}$ stetig differenzierbar, $x \in \mathbb{R}^n$ ein Punkt und $s \in \mathbb{R}^n$ eine Abstiegsrichtung von f in x, entlang der f nach unten beschränkt ist, d.h.

$$\inf_{t\ge 0} f(x + ts) > -\infty.$$

---

[1] Michael J. D. Powell, geb. 1936, ist Professor emeritus am Department of Applied Mathematics and Theoretical Physics der Universität von Cambridge. Er hat tiefgreifende Beiträge zu fast allen Gebieten der Nichtlinearen Optimierung geleistet, insbesondere bei Quasi-Newton-Verfahren, SQP-Verfahren und ableitungsfreien Verfahren (u.a. NEWUOA, BOBYQA). Mike Powell erhielt zahlreiche Preise, darunter den George B. Dantzig Prize der Mathematical Programming Society und den Naylor Prize der London Mathematical Society.

[2] Philip Wolfe, geb. 1928, arbeitete seit 1965 am Mathematical Sciences Department IBM T. J. Watson Research Center, New York. Er hat wichtige Beiträge zu algorithmischen Aspekten in der Linearen, Quadratischen, Nichtlinearen und Diskreten Optimierung geleistet.

Weiter seien $\gamma \in \left(0, \frac{1}{2}\right)$ und $\eta \in (\gamma, 1)$ gegeben. Dann existiert $\sigma > 0$ mit

$$f(x + \sigma s) - f(x) \leq \sigma\gamma \nabla f(x)^T s, \tag{9.24}$$

$$\nabla f(x + \sigma s)^T s \geq \eta \nabla f(x)^T s. \tag{9.25}$$

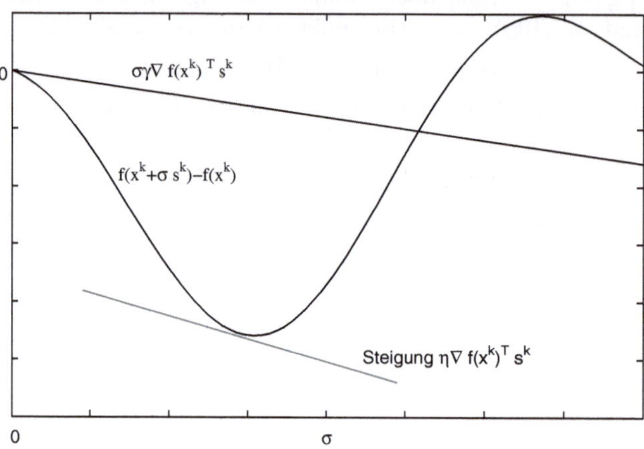

Abb. 9.1: Illustration der Powell-Wolfe Regel.

Beweis. Die Funktion

$$\psi(\sigma) = f(x + \sigma s) - f(x) - \sigma\gamma \nabla f(x)^T s$$

ist wegen $\psi'(0) = (1 - \gamma)\nabla f(x)^T s < 0$ in $\sigma = 0$ streng monoton fallend. Somit gilt $\psi(\sigma) < 0$ für kleine $\sigma > 0$ und daher ist die Menge

$$\left\{\sigma > 0;\ \psi(\sigma) = 0\right\}$$

abgeschlossen. Diese Menge ist auch nichtleer, weil $\left\{f(x + \sigma s);\ \sigma \geq 0\right\}$ nach unten beschränkt ist. Daher existiert ein kleinstes $\sigma^* > 0$ mit $\psi(\sigma^*) = 0$ und aufgrund des Zwischenwertsatzes gilt $\psi(\sigma) < 0$ für alle $\sigma \in (0, \sigma^*)$. Somit ist (9.24) für $\sigma = \sigma^*$ erfüllt. Weiter ergibt sich

$$\nabla f(x + \sigma^* s)^T s - \gamma \nabla f(x)^T s = \psi'(\sigma^*) = \lim_{t \to 0^+} \frac{\psi(\sigma^*) - \psi(\sigma^* - t)}{t} \geq 0$$

und daraus folgt

$$\nabla f(x + \sigma^* s)^T s \geq \gamma \nabla f(x)^T s \geq \eta \nabla f(x)^T s,$$

so dass auch (9.25) für $\sigma = \sigma^*$ gilt. □

Wir geben nun einen Algorithmus an, der eine Powell-Wolfe Schrittweite berechnet. Gesucht ist bei gegebener Abstiegsrichtung $s \in \mathbb{R}^n$ ein $\sigma > 0$, das (9.24) und (9.25) erfüllt.

Die Idee besteht darin, zunächst ein Intervall $[\sigma_-, \sigma_+]$ zu bestimmen, so dass (9.24) für $\sigma = \sigma_-$ erfüllt ist und für $\sigma = \sigma_+$ nicht. Für

$$\psi(\sigma) = f(x + \sigma s) - f(x) - \sigma\gamma \nabla f(x)^T s$$

gilt dann $\psi(\sigma_-) \leq 0$ und $\psi(\sigma_+) > 0$. Es gibt daher ein $\sigma^* \in [\sigma_-, \sigma_+]$ mit $\psi(\sigma^*) = 0$, in dem ψ von ≤ 0 nach > 0 wechselt. Dieses schachteln wir nun durch Bisektion so lange ein, bis wir ein $\sigma \in (0, \sigma^*]$ gefunden haben, das (9.24) und (9.25) erfüllt. Dies ist möglich, da für $\sigma \leq \sigma^*$ hinreichend nahe bei σ^* offensichtlich (9.24) und (9.25) erfüllt sind.

Algorithmus 9.3

Implementierung der Powell-Wolfe Schrittweitenregel.

1. *Falls $\sigma = 1$ die Armijo-Bedingung (9.24) erfüllt, gehe zu Schritt 3.*
2. *Bestimme die größte Zahl $\sigma_- \in \{2^{-1}, 2^{-2}, \ldots\}$, so dass $\sigma = \sigma_-$ die Armijo-Bedingung (9.24) erfüllt. Setze $\sigma_+ = 2\sigma_-$ und gehe zu Schritt 5.*
3. *Falls $\sigma = 1$ die Bedingung (9.25) erfüllt, STOP mit Ergebnis $\sigma = 1$.*
4. *Bestimme die kleinste Zahl $\sigma_+ \in \{2, 2^2, 2^3, \ldots\}$, so dass die Armijo-Bedingung (9.24) für $\sigma = \sigma_+$ verletzt ist. Setze $\sigma_- = \dfrac{\sigma_+}{2}$.*
5. *Solange $\sigma = \sigma_-$ die Bedingung (9.25) verletzt:*
   5.1. *Berechne $\sigma = \dfrac{\sigma_- + \sigma_+}{2}$.*
   5.2. *Falls σ der Bedingung (9.24) genügt, setze $\sigma_- = \sigma$, sonst setze $\sigma_+ = \sigma$.*
6. *STOP mit Ergebnis $\sigma = \sigma_-$.*

Satz 9.4

Sei $f: \mathbb{R}^n \to \mathbb{R}$ stetig differenzierbar, $x \in \mathbb{R}^n$ ein Punkt und $s \in \mathbb{R}^n$ eine Abstiegsrichtung von f in x, entlang der f nach unten beschränkt ist, d.h.

$$\inf_{t \geq 0} f(x + ts) > -\infty.$$

Weiter seien $\gamma \in (0, 1/2)$ und $\eta \in (\gamma, 1)$ gegeben. Dann terminiert Algorithmus 9.3 nach endlich vielen Schritten mit einer Schrittweite $\sigma > 0$, die den Bedingungen (9.24) und (9.25) genügt.

Beweis. Schritt 2 implementiert die Armijo-Regel mit $\beta = 1/2$ und terminiert somit nach endlich vielen Schritten, siehe Lemma 7.5.

Wegen $\inf_{t \geq 0} f(x + ts) > -\infty$ und $\nabla f(x)^T s < 0$ gilt

$$\psi(\sigma) := f(x + \sigma s) - f(x) - \sigma\gamma\nabla f(x)^T s \overset{\sigma \to \infty}{\longrightarrow} \infty.$$

Somit ist (9.24) für hinreichend große σ verletzt und Schritt 4 terminiert daher nach endlich vielen Iterationen.

Bei Eintritt in Schritt 5 gilt:

$$\sigma_- < \sigma_+, \quad \sigma = \sigma_- \text{ erfüllt (9.24)}, \quad \sigma = \sigma_+ \text{ erfüllt (9.24) nicht.} \tag{9.26}$$

Nun wird in jeder Iteration von Schritt 5 die Länge des Intervalls $[\sigma_-, \sigma_+]$ halbiert, wobei (9.26) stets erfüllt bleibt. Hierbei wird entweder σ_- vergrößert oder σ_+ verkleinert.

Angenommen, Schritt 5 terminiert nicht nach endlich vielen Iterationen. Dann gibt es σ^* mit

$$\sigma_- \to (\sigma^*)^-, \quad \sigma_+ \to (\sigma^*)^+.$$

Wegen (9.26) gilt aus Stetigkeitsgründen $\psi(\sigma^*) = 0$. Aus $\psi(\sigma_+) > 0 = \psi(\sigma^*)$ und $\sigma_+ \to (\sigma^*)^+$ folgt nun $\psi'(\sigma^*) \geq 0$, also

$$\nabla f(x + \sigma^* s)^T s \geq \gamma \nabla f(x)^T s > \eta \nabla f(x)^T s.$$

Für σ_- hinreichend nahe bei σ^* gilt deshalb aus Stetigkeitsgründen ebenfalls

$$\nabla f(x + \sigma_- s)^T s > \eta \nabla f(x)^T s$$

und die Iteration in Schritt 5 wird daher erfolgreich beendet. Dies ist ein Widerspruch. □

Zuletzt zeigen wir, dass die Powell-Wolfe Schrittweitenregel unter geringen Voraussetzungen zulässige Schrittweiten liefert.

Satz 9.5 *Sei $f : \mathbb{R}^n \to \mathbb{R}$ stetig differenzierbar und $x^0 \in \mathbb{R}^n$ ein Startpunkt, so dass die Niveaumenge $N_f(x^0) = \{x\,;\, f(x) \leq f(x^0)\}$ kompakt ist. Algorithmus 8.1 verwende die Powell-Wolfe Schrittweitenregel. Dann ist der Algorithmus durchführbar und jede Schrittweitenteilfolge $(\sigma_k)_K$ ist zulässig.*

Beweis. Wegen der Bedingung (9.24) gilt stets

$$f(x^k + \sigma_k s^k) - f(x^k) \leq \sigma_k \gamma \nabla f(x^k)^T s^k < 0$$

und somit $x^k \in N_f(x^0)$ für alle Iterierten x^k. Wegen $x^k \in N_f(x^0)$ und der Kompaktheit von $N_f(x^0)$ ist Satz 9.4 anwendbar, so dass also Powell-Wolfe Schrittweiten existieren. Damit ist der Algorithmus wohldefiniert.

Nun zur Zulässigkeit der Schrittweiten:

Wir zeigen

$$\left(\frac{\nabla f(x^k)^T s^k}{\|s^k\|}\right)_K \not\to 0 \implies f(x^k + \sigma_k s^k) - f(x^k) \not\to 0.$$

Gilt $\left(\frac{\nabla f(x^k)^T s^k}{\|s^k\|}\right)_K \not\to 0$, so gibt es eine Teilfolge $(x^k)_{K'}$ von $(x^k)_K$ und $\varepsilon > 0$ mit

$$\frac{-\nabla f(x^k)^T s^k}{\|s^k\|} \geq \varepsilon \quad \forall\, k \in K'.$$

Aus (9.25) ergibt sich

$$\begin{aligned}\|\nabla f(x^k + \sigma_k s^k) - \nabla f(x^k)\|\,\|s^k\| &\geq (\nabla f(x^k + \sigma_k s^k) - \nabla f(x^k))^T s^k \\ &\geq -(1-\eta)\nabla f(x^k)^T s^k.\end{aligned}$$

Dies zeigt

$$\|\nabla f(x^k + \sigma_k s^k) - \nabla f(x^k)\| \geq (1-\eta)\,\frac{-\nabla f(x^k)^T s^k}{\|s^k\|} \geq (1-\eta)\varepsilon \quad \forall\, k \in K'.$$

Wegen der gleichmäßigen Stetigkeit von ∇f auf dem Kompaktum $N_f(x^0)$ folgt daraus, dass es $\delta > 0$ gibt mit $\sigma_k \|s^k\| \geq \delta$ für alle $k \in K'$. Dies liefert für alle $k \in K'$:

$$f(x^k) - f(x^k + \sigma_k s^k) \geq -\sigma_k \gamma \nabla f(x^k)^T s^k = \gamma(\sigma_k \|s^k\|) \cdot \frac{-\nabla f(x^k)^T s^k}{\|s^k\|} \geq \gamma\delta\varepsilon.$$

Daraus folgt $f(x^k + \sigma_k s^k) - f(x^k) \not\to 0$ wie benötigt. □

Übungsaufgaben

Minimierungsregel und Armijo-Bedingung. Es sei $f(x) := c^T x + \frac{1}{2} x^T C x$, $c \in \mathbb{R}^n$, eine quadratische Funktion mit $c \in \mathbb{R}^n$, und symmetrischer, positiv definiter Matrix $C \in \mathbb{R}^{n \times n}$. Weiter sei $s \in \mathbb{R}^n$ eine Abstiegsrichtung von f im Punkt $x \in \mathbb{R}^n$, und $\sigma^* \geq 0$ bezeichne die durch die Minimierungsregel gelieferte Schrittweite: $f(x + \sigma^* s) = \min_{\sigma \geq 0} f(x + \sigma s)$. Aufgabe

a) Begründen Sie, dass f streng konvex ist.

b) Erläutern Sie, warum $\sigma^* > 0$ gilt.

c) Welche Gestalt hat die Funktion $\phi(\sigma) := f(x + \sigma s)$ (linear, quadratisch, ...)? Stellen Sie hierzu die Taylor-Entwicklung von ϕ um $\sigma = 0$ auf. Folgern Sie, dass σ^* wohldefiniert und eindeutig bestimmt ist.

d) Zeigen Sie, dass $\sigma = \sigma^*$ für alle $\gamma \in (0, 1/2]$ die Armijo-Bedingung
$$f(x + \sigma s) - f(x) \leq \sigma\gamma \nabla f(x)^T s$$
erfüllt, für alle $\gamma > 1/2$ aber nicht.

e) Skizzieren Sie den Graphen von ϕ und veranschaulichen Sie daran die in d) nachgewiesene Aussage.

Beispiel für unzulässige Schrittweiten durch die Armijo-Regel. Führen Sie das Beispiel in Abschnitt 9.1 auf Seite 36 zur Unzulässigkeit der Armijo-Regel im Detail aus. Aufgabe

10 Das Newton-Verfahren

Das Newton-Verfahren ist einer der Eckpfeiler der Numerik und kann sowohl zur Lösung nichtlinearer Gleichungssysteme als auch zur Minimierung nichtlinearer Funktionen verwendet werden. Wir formulieren das Verfahren zunächst für Gleichungssysteme

$$F(x) = 0 \tag{10.27}$$

mit stetig differenzierbarer Funktion $F: \mathbb{R}^n \to \mathbb{R}^n$.

Sei $x^k \in \mathbb{R}^n$ bereits berechnet. Offensichtlich ist dann (10.27) äquivalent zu

$$F(x^k + s) = 0, \tag{10.28}$$

denn $s = d^k$ löst (10.28) genau dann, wenn $x = x^k + d^k$ eine Lösung von (10.27) ist.

Die Idee besteht nun darin, $F(x^k + s)$ durch Taylor-Entwicklung linear zu approximieren: Es gilt

$$F(x^k + s) = F(x^k) + F'(x^k)s + \rho(s)$$

mit $\|\rho(s)\| = o(\|s\|)$. Für kleine s ist also das Restglied $\rho(s)$ sehr klein.

In der k-ten Iteration des Newton-Verfahrens ersetzen wir daher die Gleichung (10.28) durch die linearisierte Gleichung

$$F(x^k) + F'(x^k)s = 0.$$

Wir erhalten:

Algorithmus 10.1

Lokales Newton-Verfahren für Gleichungssysteme.

0. *Wähle einen Startpunkt* $x^0 \in \mathbb{R}^n$.

Für $k = 0, 1, 2, \ldots$*:*

1. *STOP, falls* $F(x^k) = 0$.
2. *Berechne den Newton-Schritt* $s^k \in \mathbb{R}^n$ *durch Lösen der* Newton-Gleichung

$$F'(x^k)s^k = -F(x^k).$$

3. *Setze* $x^{k+1} = x^k + s^k$.

10.1 Schnelle lokale Konvergenz des Newton-Verfahrens

Wir weisen nun die schnelle lokale Konvergenz des Newton-Verfahrens nach. Hierzu müssen wir die Konvergenzgeschwindigkeit von Folgen quantifizieren können.

Definition 10.2

Konvergenzraten. Die Folge $(x^k) \subset \mathbb{R}^n$

1. *konvergiert q-linear* mit Rate $0 < \gamma < 1$ gegen $\bar{x} \in \mathbb{R}^n$, falls es $l \geq 0$ gibt, so dass gilt:

$$\|x^{k+1} - \bar{x}\| \leq \gamma \|x^k - \bar{x}\| \quad \forall\, k \geq l.$$

2. *konvergiert q-superlinear* gegen $\bar{x} \in \mathbb{R}^n$, falls $x^k \to \bar{x}$ gilt sowie

$$\|x^{k+1} - \bar{x}\| = o(\|x^k - \bar{x}\|) \quad \text{für } k \to \infty.$$

Diese Bedingung ist gleichbedeutend mit

$$\frac{\|x^{k+1} - \bar{x}\|}{\|x^k - \bar{x}\|} \to 0 \quad \text{für } k \to \infty.$$

3. *konvergiert q-quadratisch* gegen $\bar{x} \in \mathbb{R}^n$, falls $x^k \to \bar{x}$ gilt sowie

$$\|x^{k+1} - \bar{x}\| = O(\|x^k - \bar{x}\|^2) \quad \text{für } k \to \infty.$$

Diese Bedingung ist gleichbedeutend damit, dass es $C > 0$ gibt mit

$$\|x^{k+1} - \bar{x}\| \leq C \|x^k - \bar{x}\|^2 \quad \forall\, k \geq 0.$$

4. *konvergiert r-linear* mit Rate $0 < \gamma < 1$ gegen $\bar{x} \in \mathbb{R}^n$, falls es eine Folge $(\alpha_k) \subset (0, \infty)$ gibt, die q-linear mit Rate γ gegen 0 konvergiert, so dass gilt:
$$\|x^k - \bar{x}\| \leq \alpha_k \quad \text{für } k \to \infty.$$
5. *konvergiert r-superlinear* gegen $\bar{x} \in \mathbb{R}^n$, falls es eine Folge $(\alpha_k) \subset (0, \infty)$ gibt, die q-superlinear gegen 0 konvergiert, so dass gilt:
$$\|x^k - \bar{x}\| \leq \alpha_k \quad \text{für } k \to \infty.$$
6. *konvergiert r-quadratisch* gegen $\bar{x} \in \mathbb{R}^n$, falls es eine Folge $(\alpha_k) \subset (0, \infty)$ gibt, die q-quadratisch gegen 0 konvergiert, so dass gilt:
$$\|x^k - \bar{x}\| \leq \alpha_k \quad \text{für } k \to \infty.$$

Zum Nachweis der schnellen lokalen Konvergenz des Newton-Verfahrens benötigen wir das folgende

Lemma von Banach. *Die Menge $\mathcal{M} \subset \mathbb{R}^{n\times n}$ der invertierbaren Matrizen ist offen und die Abbildung $M \in \mathcal{M} \mapsto M^{-1} \in \mathbb{R}^{n\times n}$ ist stetig. Genauer gilt für alle $A \in \mathcal{M}$ und alle $B \in \mathbb{R}^{n\times n}$ mit $\|A^{-1}B\| < 1$ (und somit insbesondere, falls $\|A^{-1}\|\,\|B\| < 1$):* Lemma 10.3

$A + B$ ist invertierbar und es gilt
$$\|(A+B)^{-1}\| \leq \frac{\|A^{-1}\|}{1 - \|A^{-1}B\|},$$
$$\|(A+B)^{-1} - A^{-1}\| \leq \frac{\|A^{-1}\|\,\|A^{-1}B\|}{1 - \|A^{-1}B\|}.$$

Beweis. Sei $A \in \mathcal{M}$ beliebig. Weiter sei $B \in \mathbb{R}^{n\times n}$ beliebig mit $\|A^{-1}B\| < 1$. Zur Abkürzung schreiben wir $M = -A^{-1}B$. Dann konvergiert die Neumann-Reihe (wir setzen $M^0 = I$)
$$S = \sum_{k=0}^{\infty} M^k,$$
da mit $S_n = \sum_{k=0}^{n} M^k$ gilt:
$$\|S - S_n\| = \left\| \sum_{k=n+1}^{\infty} M^k \right\| \leq \sum_{k=n+1}^{\infty} \|M\|^k = \|M\|^{n+1} \sum_{k=0}^{\infty} \|M\|^k = \frac{\|M\|^{n+1}}{1 - \|M\|} \overset{n\to\infty}{\longrightarrow} 0.$$
Weiter gilt
$$S_n(I - M) = (I - M)S_n = (I - M)\sum_{k=0}^{n} M^k = I - M^{n+1}.$$
Grenzübergang $n \to \infty$ ergibt $S(I - M) = (I - M)S = I$, also $(I - M) \in \mathcal{M}$ und $(I - M)^{-1} = S$. Wegen $A + B = A(I - M)$ folgt $(A + B) \in \mathcal{M}$ und $(A + B)^{-1} = SA^{-1}$.

Schließlich gilt

$$\|(A+B)^{-1}\| \le \|A^{-1}\|\,\|S\| \le \|A^{-1}\| \sum_{k=0}^{\infty} \|M\|^k = \frac{\|A^{-1}\|}{1-\|M\|},$$

$$\|(A+B)^{-1} - A^{-1}\| = \|SA^{-1} - A^{-1}\| = \left\| \sum_{k=0}^{\infty} M^k A^{-1} - A^{-1} \right\|$$

$$\le \|A^{-1}\| \sum_{k=1}^{\infty} \|M\|^k. \le \frac{\|A^{-1}\|\,\|M\|}{1-\|M\|}.$$

Für $\|B\| \to 0$ strebt nun $\|M\|$ ebenfalls gegen 0. □

Als nächstes begründen wir, dass eine Lösung $\bar{x}$ von (10.27) isoliert ist, wenn die Jacobi-Matrix $F'(\bar{x})$ invertierbar ist:

Lemma 10.4 *Sei $F: \mathbb{R}^n \to \mathbb{R}^n$ stetig differenzierbar. Weiter sei $F(\bar{x}) = 0$ und $F'(\bar{x})$ sei invertierbar. Dann gibt es $\varepsilon > 0$ und $\gamma > 0$ mit*

$$\|F(x)\| \ge \gamma \|x - \bar{x}\| \quad \forall\, x \in B_\varepsilon(\bar{x}).$$

Insbesondere ist $\bar{x}$ eine isolierte Nullstelle von F.

Beweis. Zunächst gilt

$$\|x - \bar{x}\| = \|F'(\bar{x})^{-1} F'(\bar{x})(x-\bar{x})\| \le \|F'(\bar{x})^{-1}\|\,\|F'(\bar{x})(x-\bar{x})\|.$$

Sei nun $\gamma = \dfrac{1}{2\|F'(\bar{x})^{-1}\|}$. Dann haben wir

$$\|F'(\bar{x})(x-\bar{x})\| \ge 2\gamma \|x-\bar{x}\|.$$

Nach Definition der Differenzierbarkeit gibt es $\varepsilon > 0$, so dass gilt:

$$\|F(x) - F(\bar{x}) - F'(\bar{x})(x-\bar{x})\| \le \gamma \|x-\bar{x}\| \quad \forall\, x \in B_\varepsilon(\bar{x}).$$

Wir benutzen $F(\bar{x}) = 0$ und die Dreiecksungleichung, um für alle $x \in B_\varepsilon(\bar{x})$ zu zeigen:

$$\begin{aligned} 2\gamma\|x-\bar{x}\| &\le \|F'(\bar{x})(x-\bar{x})\| = \|F(x) - (F(x) - F(\bar{x}) - F'(\bar{x})(x-\bar{x}))\| \\ &\le \|F(x)\| + \|F(x) - F(\bar{x}) - F'(\bar{x})(x-\bar{x})\| \le \|F(x)\| + \gamma\|x-\bar{x}\|. \end{aligned}$$ □

Satz 10.5 **Lokale Konvergenz des Newton-Verfahrens.** *Sei $F: \mathbb{R}^n \to \mathbb{R}^n$ stetig differenzierbar und $\bar{x} \in \mathbb{R}^n$ ein Punkt mit $F(\bar{x}) = 0$, in dem die Jacobi-Matrix $F'(\bar{x})$ invertierbar ist. Dann gibt es $\delta > 0$ und $C > 0$, so dass gilt:*

1. *$\bar{x}$ ist die einzige Nullstelle von F auf $B_\delta(\bar{x})$.*
2. *$\|F'(x)^{-1}\| \le C$ für alle $x \in B_\delta(\bar{x})$.*
3. *Für alle $x^0 \in B_\delta(\bar{x})$ terminiert Algorithmus 10.1 entweder mit $x^k = \bar{x}$, oder er erzeugt eine Folge $(x^k) \subset B_\delta(\bar{x})$, die q-superlinear gegen $\bar{x}$ konvergiert.*

4. *Ist F' Lipschitz-stetig auf $B_\delta(\bar{x})$ mit Konstante L, d.h. gilt*

$$\|F'(x) - F'(y)\| \le L\|x - y\| \quad \forall\, x, y \in B_\delta(\bar{x}),$$

so ist die Konvergenzrate (falls das Verfahren nicht endlich terminiert) sogar q-quadratisch:

$$\|x^{k+1} - \bar{x}\| \le \frac{CL}{2}\|x^k - \bar{x}\|^2 \quad \forall\, k \ge 0. \tag{10.29}$$

Beweis. zu 1: Nach Lemma 10.4 gibt es $\delta_1 > 0$, so dass $\bar{x}$ die einzige Nullstelle von F auf $B_{\delta_1}(\bar{x})$ ist.

zu 2: Wegen der Stetigkeit von F' und der Invertierbarkeit von $F'(\bar{x})$ gibt es nach dem Banach-Lemma 10.3 Konstanten $0 < \delta_2 \le \delta_1$ und $C > 0$ mit $\|F'(x)^{-1}\| \le C$ für alle $x \in B_{\delta_2}(\bar{x})$.

zu 3: Für alle $x, y \in \mathbb{R}^n$ gilt nach dem Satz von Taylor

$$F(y) = F(x) + F'(x)(y - x) + R(x, y)$$

mit Restglied

$$R(x, y) = \int_0^1 F'(x + t(y - x))(y - x)\, dt - F'(x)(y - x).$$

Zur Auffrischung der Analysis-Kenntnisse: Mit $G(t) = F(x + t(y - x))$ gilt $G'(t) = F'(x + t(y - x))(y - x)$ und daher

$$\int_0^1 F'(x + t(y - x))(y - x)\, dt = \int_0^1 G'(t)\, dt = G(1) - G(0) = F(y) - F(x).$$

Für $x^k \in B_{\delta_2}(\bar{x})$ haben wir wegen $F(\bar{x}) = 0$:

$$\begin{aligned} x^{k+1} - \bar{x} &= x^{k+1} - x^k + x^k - \bar{x} = -F'(x^k)^{-1}F(x^k) + x^k - \bar{x} \\ &= F'(x^k)^{-1}\big(-F(x^k) + F'(x^k)(x^k - \bar{x})\big) \\ &= F'(x^k)^{-1}\big(F(\bar{x}) - F(x^k) - F'(x^k)(\bar{x} - x^k)\big) \\ &= F'(x^k)^{-1}R(x^k, \bar{x}). \end{aligned}$$

Nun ergibt sich für alle $x \in \mathbb{R}^n$:

$$\begin{aligned} \|R(x, \bar{x})\| &\le \int_0^1 \|(F'(x + t(\bar{x} - x)) - F'(x))(\bar{x} - x)\|\, dt \\ &\le \int_0^1 \|F'(x + t(\bar{x} - x)) - F'(x)\|\, dt \|\bar{x} - x\|. \end{aligned} \tag{10.30}$$

Bemerkung: Die Ungleichung

$$\left\| \int_0^1 V(t)\, dt \right\| \le \int_0^1 \|V(t)\|\, dt$$

für stetiges $V\colon [0, 1] \to \mathbb{R}^n$ kann durch Approximation des Integrals durch Riemann-Summen und Anwenden der Dreiecksungleichung begründet werden.

Wegen der Stetigkeit von F' gilt weiter

$$\int_0^1 \|F'(x + t(\bar{x} - x)) - F'(x)\| \, dt \overset{x \to \bar{x}}{\longrightarrow} 0. \tag{10.31}$$

Sei nun $0 < \alpha < 1$ beliebig gewählt. Wegen (10.30), (10.31) gibt es dann $0 < \delta \leq \delta_2$ mit

$$\|R(x, \bar{x})\| \leq \frac{\alpha}{C} \|x - \bar{x}\| \quad \forall \, x \in B_\delta(\bar{x}).$$

Damit ergibt sich für alle $x^k \in B_\delta(\bar{x})$:

$$\begin{aligned} \|x^{k+1} - \bar{x}\| &= \|F'(x^k)^{-1} R(x^k, \bar{x})\| \leq \|F'(x^k)^{-1}\| \, \|R(x^k, \bar{x})\| \\ &\leq C \frac{\alpha}{C} \|x^k - \bar{x}\| = \alpha \|x^k - \bar{x}\|. \end{aligned} \tag{10.32}$$

Dies zeigt:
Für $x^0 \in B_\delta(\bar{x})$ gilt $x^1 \in B_{\alpha\delta}(\bar{x}) \subset B_\delta(\bar{x})$ und induktiv $x^k \in B_{\alpha^k \delta}(\bar{x}) \subset B_\delta(\bar{x})$. Ist $F(x^k) = 0$, so terminiert der Algorithmus. Wegen $x^k \in B_\delta(\bar{x}) \subset B_{\delta_1}(\bar{x})$ kann dies nur für $x^k = \bar{x}$ eintreten. Daher terminiert der Algorithmus entweder mit $x^k = \bar{x}$ oder er erzeugt eine Folge (x^k), die gegen $\bar{x}$ konvergiert.

Wegen (10.30), (10.31) ergibt sich nun die q-superlineare Konvergenz:

$$\begin{aligned} \frac{\|x^{k+1} - \bar{x}\|}{\|x^k - \bar{x}\|} &\leq \|F(x^k)^{-1}\| \int_0^1 \|F'(x^k + t(\bar{x} - x^k)) - F'(x^k)\| \, dt \\ &\leq C \int_0^1 \|F'(x^k + t(\bar{x} - x^k)) - F'(x^k)\| \, dt \overset{k \to \infty}{\longrightarrow} 0. \end{aligned}$$

zu 4: Ist F' Lipschitz-stetig auf $B_\delta(\bar{x})$, so erhalten wir

$$\int_0^1 \|F'(x^k + t(\bar{x} - x^k)) - F'(x^k)\| \, dt \leq \int_0^1 Lt \|x^k - \bar{x}\| \, dt = \frac{L}{2} \|x^k - \bar{x}\|$$

und somit (10.29). □

10.2 Das Newton-Verfahren für Optimierungsprobleme

Wir können das Newton-Verfahren auch zur Minimierung zweimal stetig differenzierbarer Funktionen verwenden. Wir geben nun zwei verschiedene Herleitungen für das Newton-Verfahren zur Lösung von Optimierungsproblemen, die auf denselben Algorithmus führen:

Die erste besteht darin, die notwendige Bedingung erster Ordnung zu betrachten:

$$\nabla f(x) = 0. \tag{10.33}$$

Ist f zweimal stetig differenzierbar, dann ist der Gradient $\nabla f \colon \mathbb{R}^n \to \mathbb{R}^n$ stetig differenzierbar und wir können auf das Gleichungssystem (10.33) das Newton-Verfahren anwenden. Dies liefert

Lokales Newton-Verfahren für Optimierungsprobleme. Algorithmus 10.6

0. *Wähle einen Startpunkt* $x^0 \in \mathbb{R}^n$.

Für $k = 0, 1, 2, \ldots$:

1. *STOP, falls* $\nabla f(x^k) = 0$.
2. *Berechne den Newton-Schritt* $s^k \in \mathbb{R}^n$ *durch Lösen der Newton-Gleichung*

$$\nabla^2 f(x^k) s^k = -\nabla f(x^k).$$

3. *Setze* $x^{k+1} = x^k + s^k$.

Eine zweite Herleitung des Newton-Verfahrens erhalten wir durch quadratische Approximation der Zielfunktion durch Taylor-Entwicklung um die aktuelle Iterierte x^k:

$$f(x^k + s) = f(x^k) + \nabla f(x^k)^T s + \frac{1}{2} s^T \nabla^2 f(x^k) s + o(\|s\|^2).$$

Bei der Schrittberechnung in der k-ten Iteration wird nun das quadratische Modell

$$q_k(s) = \nabla f(x^k)^T s + \frac{1}{2} s^T \nabla^2 f(x^k) s$$

minimiert (wir lassen den bez. s konstanten Term $f(x^k)$ weg).

Diese Minimierung ist nur sinnvoll, wenn q_k konvex ist. Nun gilt

Sei $A \in \mathbb{R}^{n \times n}$ *symmetrisch und positiv definit. Dann gilt für alle* $\mu \in (0, \lambda_{\min}(A))$ *und alle symmetrischen Matrizen* $B \in \mathbb{R}^{n \times n}$ *mit* $\|B\| \le \lambda_{\min}(A) - \mu$: Lemma 10.7

$$\lambda_{\min}(A + B) \ge \mu.$$

Beweis. Wir haben

$$\lambda_{\min}(A + B) = \min_{\|d\|=1} d^T (A + B) d \ge \min_{\|d\|=1} d^T A d - \max_{\|d\|=1} |d^T B d| \ge \lambda_{\min}(A) - \|B\|. \quad \square$$

Sei nun $\bar{x} \in \mathbb{R}^n$ ein lokales Minimum von f, in dem die hinreichenden Bedingungen zweiter Ordnung gelten. Dann ist $\nabla^2 f(\bar{x})$ positiv definit und daher gibt es, wie eben gezeigt, $\varepsilon > 0$, so dass $\nabla^2 f(x)$ positiv definit auf $B_\varepsilon(\bar{x})$ ist. Für $x^k \in B_\varepsilon(\bar{x})$ ist somit q_k streng konvex und besitzt daher genau einen stationären Punkt s^k. Der Vektor s^k ist das globale Minimum von q_k und berechnet sich gemäß

$$\nabla q_k(s^k) = \nabla f(x^k) + \nabla^2 f(x^k) s^k = 0.$$

Dies ist genau die Newton-Gleichung in Schritt 2 von Algorithmus 10.6. Das wiederholte Minimieren der quadratischen Approximation führt also ebenfalls auf das Newton-Verfahren 10.6.

Wir erhalten nun unmittelbar aus Satz 10.5:

Lokale Konvergenz des Newton-Verfahrens für Optimierungsprobleme. *Sei* $f: \mathbb{R}^n \to \mathbb{R}$ *zweimal stetig differenzierbar und* $\bar{x} \in \mathbb{R}^n$ *ein lokales Minimum von* f, Satz 10.8

in dem die hinreichenden Bedingungen 2. Ordnung gelten. Dann gibt es $\delta > 0$ und $\mu > 0$, so dass gilt:

1. *$\bar{x}$ ist der einzige stationäre Punkt auf $B_\delta(\bar{x})$.*
2. *$\lambda_{\min}(\nabla^2 f(x)) \geq \mu$ für alle $x \in B_\delta(\bar{x})$.*
3. *Für alle $x^0 \in B_\delta(\bar{x})$ terminiert Algorithmus 10.6 entweder mit $x^k = \bar{x}$, oder er erzeugt eine Folge $(x^k) \subset B_\delta(\bar{x})$, die q-superlinear gegen $\bar{x}$ konvergiert.*
4. *Ist $\nabla^2 f$ Lipschitz-stetig auf $B_\delta(\bar{x})$ mit Konstante L, d.h. gilt*

$$\|\nabla^2 f(x) - \nabla^2 f(y)\| \leq L\|x - y\| \quad \forall\, x, y \in B_\delta(\bar{x}),$$

so ist die Konvergenzrate (falls das Verfahren nicht endlich terminiert) sogar q-quadratisch:

$$\|x^{k+1} - \bar{x}\| \leq \frac{L}{2\mu}\|x^k - \bar{x}\|^2 \quad \forall\, k \geq 0. \tag{10.34}$$

Beweis. zu 1: Aus den hinreichenden Bedingungen ergibt sich die positive Definitheit der Hesse-Matrix $\nabla^2 f(\bar{x})$ und somit ihre Invertierbarkeit. Nun kann Lemma 10.4 mit $F = \nabla f$ angewendet werden.

zu 2: Folgt aus Lemma 10.7.

zu 3 und 4: Wir haben für alle $x \in B_\delta(\bar{x})$ mit $\delta > 0$, so dass 2. gilt:

$$\|\nabla^2 f(x)^{-1}\| = \frac{1}{\lambda_{\min}(\nabla^2 f(x))} \leq \frac{1}{\mu} =: C.$$

Der Rest der Behauptungen folgt nun aus Satz 10.5 3/4 mit $F = \nabla f$. □

Bemerkung. Das Newton-Verfahren hat im Gegensatz zum Gradientenverfahren die wichtige Eigenschaft, dass es invariant unter affin-linearen Variablentransformationen ist (siehe Übungsaufgaben).

10.3 Globalisiertes Newton-Verfahren

Das lokale Newton-Verfahren 10.6 ist nicht von jedem Startpunkt aus global konvergent:

Beispiel **Divergenz des Newton-Verfahrens.** Sei $f: \mathbb{R} \to \mathbb{R}, f(x) = \sqrt{x^2+1}$. Dann gilt

$$\nabla f(x) = \frac{x}{\sqrt{x^2+1}}, \quad \nabla^2 f(x) = \frac{1}{\sqrt{x^2+1}} - \frac{x^2}{(x^2+1)^{3/2}} = \frac{1}{(x^2+1)^{3/2}}.$$

Die Newton-Gleichung lautet

$$\frac{1}{((x^k)^2+1)^{3/2}} s^k = -\frac{x^k}{\sqrt{(x^k)^2+1}}.$$

Daraus folgt $s^k = -x^k((x^k)^2 + 1)$ und somit $x^{k+1} = x^k + s^k = -(x^k)^3$. Dies ergibt:

- q-kubische Konvergenz (warum nicht nur q-quadratisch?) für $|x^0| < 1$.
- Divergenz $|x^k| \to \infty$ für $|x^0| > 1$.
- Kreisen mit $x^{2k} = x^0, x^{2k+1} = -x^0, k \geq 0$, für $|x^0| = 1$.

Das Newton-Verfahren divergiert also für $|x^0| \geq 1$.

Um das Newton-Verfahren global konvergent zu machen, müssen wir eine Schrittweitenregel aufnehmen und zudem dafür sorgen, dass sowohl die erzeugten Suchrichtungen als auch die Schrittweiten zulässig sind. Denn dann ist der globale Konvergenzsatz 8.7 anwendbar.

Wir verwenden folgende Strategie: Erfüllt der Newtonschritt eine Bedingung, die als verallgemeinerte Winkelbedingung interpretiert werden kann, so verwenden wir als Suchrichtung den Newton-Schritt, sonst den Gradientenschritt.

Eine mögliche Variante ist die folgende:

Algorithmus 10.9

Globalisiertes Newton-Verfahren.

0. Wähle $x^0 \in \mathbb{R}^n$, $\beta \in (0,1)$, $\gamma \in (0,1)$, $\alpha_1, \alpha_2 > 0$ und $p > 0$.

Für $k = 0, 1, 2, \ldots$:

1. *Falls $\nabla f(x^k) = 0$, STOP.*
2. *Berechne d^k durch Lösen der Newton-Gleichung $\nabla^2 f(x^k) d^k = -\nabla f(x^k)$. Ist dies möglich und erfüllt d^k die Bedingung*
$$-\nabla f(x^k)^T d^k \geq \min\{\alpha_1, \alpha_2 \|d^k\|^p\} \|d^k\|^2, \qquad (10.35)$$
so setze $s^k = d^k$, sonst setze $s^k = -\nabla f(x^k)$.
3. *Bestimme die Schrittweite $\sigma_k > 0$ mithilfe der Armijo-Regel (7.6).*
4. *Setze $x^{k+1} = x^k + \sigma_k s^k$.*

Bemerkung. Viele Varianten von Algorithmus 10.9 sind denkbar. Zum Beispiel kann die Bedingung (10.35) ersetzt werden durch

$$-\nabla f(x^k)^T d^k \geq \min\{\alpha_1, \alpha_2 \|\nabla f(x^k)\|^p\} \|\nabla f(x^k)\| \, \|d^k\|.$$

mit $\alpha_1 \in (0,1)$, $\alpha_2 > 0$ und $p > 0$.

Satz 10.10

Sei $f : \mathbb{R}^n \to \mathbb{R}$ zweimal stetig differenzierbar. Dann terminiert Algorithmus 10.9 entweder mit $\nabla f(x^k) = 0$ oder er erzeugt eine unendliche Folge (x^k), deren Häufungspunkte stationäre Punkte von f sind.

Beweis. Sei K_g die Menge aller $k \geq 0$ mit $s^k = -\nabla f(x^k)$ und K_n die Menge aller $k \geq 0$ mit $s^k = d_k \neq -\nabla f(x^k)$. Dann erhalten wir

$$\frac{-\nabla f(x^k)^T s^k}{\|s^k\|} = \|\nabla f(x^k)\| > 0 \quad \forall\, k \in K_g. \qquad (10.36)$$

Für $k \in K_n$ gilt $s^k = d^k = -\nabla^2 f(x^k)^{-1} \nabla f(x^k) \neq 0$ und

$$\frac{-\nabla f(x^k)^T s^k}{\|s^k\|} \geq \min\{\alpha_1, \alpha_2 \|s^k\|^p\} \|s^k\| > 0. \tag{10.37}$$

Die s^k sind daher Abstiegsrichtungen. Mit Lemma 7.5 folgt die Durchführbarkeit der Armijo-Regel. Damit ist der Algorithmus durchführbar und außerdem ein Spezialfall des allgemeinen Abstiegsverfahrens.

Die Aussage im Fall des endlichen Abbruchs ist klar. Sei nun $\bar{x}$ ein Häufungspunkt und $(x^k)_K$ eine Teilfolge, die gegen $\bar{x}$ konvergiert.

Zulässigkeit der Suchrichtungen $(s^k)_K$:
Da die Folge $(x^k)_K$ beschränkt und $\nabla^2 f$ stetig ist, gibt es $C > 0$ mit $\|\nabla^2 f(x^k)\| \leq C$ für alle $k \in K$. Daher ergibt sich für alle $k \in K_n \cap K$:

$$\|\nabla f(x^k)\| = \|\nabla^2 f(x^k) s^k\| \leq C \|s^k\|. \tag{10.38}$$

Zum Nachweis der Zulässigkeit von $(s^k)_K$ gelte nun

$$\left(\frac{\nabla f(x^k)^T s^k}{\|s^k\|}\right)_K \to 0.$$

Aus (10.36) folgt dann

$$\|\nabla f(x^k)\| = \frac{-\nabla f(x^k)^T s^k}{\|s^k\|} \to 0 \quad \text{für } K_g \cap K \ni k \to \infty.$$

Weiter ergibt sich aus (10.37):

$$s^k \to 0 \quad \text{für } K_n \cap K \ni k \to \infty$$

und damit $\nabla f(x^k) \to 0$ für $K_n \cap K \ni k \to \infty$ wegen (10.38). Insgesamt ist also die Folge $(s^k)_K$ zulässig.

Zulässigkeit der Schrittweiten $(\sigma_k)_K$:
Für $k \in K_g \cap K$ gilt

$$\|s^k\| = \|\nabla f(x^k)\| = \frac{-\nabla f(x^k)^T s^k}{\|s^k\|}.$$

Weiter erhalten wir für alle $k \in K_n \cap K$:

$$\|s^k\| \geq \frac{1}{C} \|\nabla f(x^k)\| \geq \frac{1}{C} \cdot \frac{-\nabla f(x^k)^T s^k}{\|s^k\|}.$$

Die Funktion $\varphi(t) := \min\{t, t/C\}$ ist stetig und streng monoton wachsend mit $\varphi(0) = 0$. Wir haben gezeigt:

$$\|s^k\| \geq \varphi\left(\frac{-\nabla f(x^k)^T s^k}{\|s^k\|}\right) \quad \forall\, k \in K.$$

Daher können wir Lemma 9.1 anwenden und erhalten, dass die Armijo-Regel zulässige Schrittweiten $(\sigma_k)_K$ liefert.

Die globale Konvergenzaussage folgt nun aus Satz 8.7. □

Die Globalisierung von Newton-Verfahren für Gleichungssysteme erfolgt meist auf Basis des Optimierungsproblems

$$\min_{x \in \mathbb{R}^n} \frac{1}{2} \|F(x)\|^2.$$

Der Newton-Schritt $s^k = -F'(x^k)^{-1} F(x^k)$ wird nur gewählt, falls er zu zulässigen Suchrichtungen für $f(x) = \frac{1}{2}\|F(x)\|^2$ führt. Sonst wird z.B. die Richtung des steilsten f-Abstiegs $s^k = -\nabla f(x^k) = -F'(x^k)^T F(x^k)$ gewählt. Zur Schrittweitenbestimmung wird die Armijo-Regel auf f angewendet.

10.4 Übergang zu schneller lokaler Konvergenz

Ziel dieses Abschnitts ist der Nachweis, dass Algorithmus 10.9 unter geeigneten Voraussetzungen schließlich in das Newton-Verfahren übergeht (d.h. $s^k = -\nabla^2 f(x^k)^{-1} \nabla f(x^k)$ und $\sigma_k = 1$) und daher q-superlinear konvergiert.

Wir gehen schrittweise vor. Zunächst benötigen wir ein technisches Hilfsresultat:

Lemma 10.11 *Sei $\bar{x}$ ein isolierter Häufungspunkt der Folge $(x^k) \subset \mathbb{R}^n$. Für jede gegen $\bar{x}$ konvergente Teilfolge $(x^k)_K$ gelte $(x^{k+1} - x^k)_K \to 0$. Dann konvergiert die gesamte Folge (x^k) gegen $\bar{x}$.*

Beweis. Würde (x^k) nicht gegen $\bar{x}$ konvergieren, dann gäbe es $\varepsilon > 0$, so dass $\bar{x}$ der einzige Häufungspunkt von (x^k) in $\bar{B}_\varepsilon(\bar{x})$ ist und gleichzeitig unendlich viele Folgenglieder außerhalb von $\bar{B}_\varepsilon(\bar{x})$ liegen. Es gibt dann eine Teilfolge $(x^k)_K$ mit $x^k \in \bar{B}_\varepsilon(\bar{x})$ und $x^{k+1} \notin \bar{B}_\varepsilon(\bar{x})$ für alle $k \in K$. Diese Folge $(x^k)_K$ hält sich im Kompaktum $\bar{B}_\varepsilon(\bar{x})$ auf und besitzt daher Häufungspunkte, die alle in $\bar{B}_\varepsilon(\bar{x})$ liegen. Somit hat $(x^k)_K$ genau einen Häufungspunkt, nämlich $\bar{x}$, woraus $(x^k)_K \to \bar{x}$ folgt. Nach Voraussetzung gilt daher $(x^{k+1} - x^k)_K \to 0$. Dies impliziert $(x^{k+1})_K \to \bar{x}$, im Widerspruch zu $x^{k+1} \notin \bar{B}_\varepsilon(\bar{x})$ für alle $k \in K$. □

Als Nächstes zeigen wir:

Lemma 10.12 *Sei $f : \mathbb{R}^n \to \mathbb{R}$ zweimal stetig differenzierbar. Algorithmus* 10.9 *erzeuge eine unendliche Folge (x^k) und $\bar{x} \in \mathbb{R}^n$ sei ein Häufungspunkt von (x^k), in dem die Hesse-Matrix positiv definit ist. Dann ist $\bar{x}$ ein isoliertes lokales Minimum von f und die gesamte Folge (x^k) konvergiert gegen $\bar{x}$.*

Beweis. Satz 10.10 ist anwendbar und liefert, dass jeder Häufungspunkt von (x^k) ein stationärer Punkt ist. Insbesondere gilt $\nabla f(\bar{x}) = 0$. Da zudem $\nabla^2 f(\bar{x})$ positiv definit ist, folgt mit Satz 5.5, dass $\bar{x}$ ein isoliertes lokales Minimum von f ist.

Wegen Lemma 10.4 und Lemma 10.7 können wir $\mu > 0$ und $\varepsilon > 0$ finden, so dass gilt:

(a) $\nabla f(x) \neq 0$ für alle $x \in B_\varepsilon(\bar{x}) \setminus \{\bar{x}\}$.

(b) $\lambda_{\min}(\nabla^2 f(x)) \geq \mu$ für alle $x \in B_\varepsilon(\bar{x})$.

Wegen (a) ist $\bar{x}$ ein isolierter Häufungspunkt von (x^k), denn in jedem weiteren Häufungspunkt $\hat{x}$ gilt $\nabla f(\hat{x}) = 0$ und somit folgt $\hat{x} \notin B_\varepsilon(\bar{x})$.

Sei nun $(x^k)_K$ eine Teilfolge mit $(x^k)_K \to \bar{x}$. Dann gibt es $l \geq 0$ mit $x_k \in B_\varepsilon(\bar{x})$ für alle $k \in K, k \geq l$. Sei nun $k \in K, k \geq l$ beliebig.

Im Fall $s^k = -\nabla f(x^k)$ haben wir

$$\|x^{k+1} - x^k\| = \sigma_k \|s^k\| \leq \|\nabla f(x^k)\| \to \|\nabla f(\bar{x})\| = 0 \quad \text{für } K \ni k \to \infty.$$

Im Fall $s^k = d^k = -\nabla^2 f(x^k)^{-1} \nabla f(x^k)$ ergibt sich

$$\begin{aligned}\|x^{k+1} - x^k\| &= \sigma_k \|s^k\| \leq \|\nabla^2 f(x^k)^{-1} \nabla f(x^k)\| \\ &\leq \frac{1}{\mu} \|\nabla f(x^k)\| \to \frac{1}{\mu} \|\nabla f(\bar{x})\| = 0 \quad \text{für } K \ni k \to \infty.\end{aligned}$$

Daher ist Lemma 10.11 anwendbar und liefert $(x^k) \to \bar{x}$. □

Lemma 10.13 *Sei $f: \mathbb{R}^n \to \mathbb{R}$ zweimal stetig differenzierbar und $\bar{x} \in \mathbb{R}^n$ ein lokales Minimum von f, in dem die hinreichenden Bedingungen 2. Ordnung gelten. Weiter sei $\gamma \in (0, 1/2)$ gegeben. Dann gibt es $\varepsilon > 0$, so dass für alle $x \in B_\varepsilon(\bar{x}) \setminus \{\bar{x}\}$ gilt:*

1. *Der Vektor $s = -\nabla^2 f(x)^{-1} \nabla f(x)$ ist eine Abstiegsrichtung von f in x.*
2. *Die Armijo-Bedingung ist für alle $\sigma \in (0, 1]$ erfüllt:*

$$f(x + \sigma s) - f(x) \leq \sigma \gamma \nabla f(x)^T s. \tag{10.39}$$

Beweis. Wie im Beweis von Lemma 10.12 gibt es $\mu > 0$ und $\varepsilon > 0$ mit

(a) $\nabla f(x) \neq 0$ für alle $x \in B_\varepsilon(\bar{x}) \setminus \{\bar{x}\}$.

(b) $\lambda_{\min}(\nabla^2 f(x)) \geq \mu$ für alle $x \in B_\varepsilon(\bar{x})$.

zu 1: Sei nun $x \in B_\varepsilon(\bar{x}) \setminus \{\bar{x}\}$ beliebig. Wegen (b) ist $s = -\nabla^2 f(x)^{-1} \nabla f(x)$ wohldefiniert und aus (a) folgt $s \neq 0$. Wir erhalten nun aus (b):

$$\nabla f(x)^T s = -s^T \nabla^2 f(x) s \leq -\lambda_{\min}(\nabla^2 f(x)) \|s\|^2 < 0.$$

zu 2: Zu jedem $x \in B_\varepsilon(\bar{x}) \setminus \{\bar{x}\}$ und jedem $\sigma \in (0, 1]$ liefert Taylor-Entwicklung ein $\tau = \tau(\sigma) \in [0, \sigma]$ mit

$$\begin{aligned}\frac{f(x + \sigma s) - f(x)}{\sigma} - \gamma \nabla f(x)^T s &= (1 - \gamma) \nabla f(x)^T s + \frac{\sigma}{2} s^T \nabla^2 f(x + \tau s) s \\ &= -(1 - \gamma) s^T \nabla^2 f(x) s + \frac{\sigma}{2} s^T \nabla^2 f(x + \tau s) s \\ &\leq -\left(1 - \gamma - \frac{\sigma}{2}\right) s^T \nabla^2 f(x) s + \frac{\sigma}{2} \|\nabla^2 f(x + \tau s) - \nabla^2 f(x)\| \, \|s\|^2 \\ &\leq -\left(\frac{1}{2} - \gamma\right) \mu \|s\|^2 + \frac{1}{2} \|\nabla^2 f(x + \tau s) - \nabla^2 f(x)\| \, \|s\|^2.\end{aligned}$$

Nun gilt weiter

$$\|s\| = \|\nabla^2 f(x)^{-1} \nabla f(x)\| \leq \frac{1}{\mu} \|\nabla f(x)\| \xrightarrow{x \to \bar{x}} \frac{1}{\mu} \|\nabla f(\bar{x})\| = 0.$$

Daher gilt nach eventuellem Verkleinern von ε (beachte $\gamma < 1/2!$):

$$\frac{1}{2}\|\nabla^2 f(x+\tau s) - \nabla^2 f(x)\| \le \left(\frac{1}{2} - \gamma\right)\mu \quad \forall\, x \in B_\varepsilon(\bar{x}),\ \tau \in [0,1].$$

Mit dieser Wahl von ε ist dann (10.39) für alle $x \in B_\varepsilon(\bar{x}) \setminus \{\bar{x}\}$ und alle $\sigma \in (0,1]$ erfüllt. □

Wir können nun die schnelle lokale Konvergenz des globalisierten Newton-Verfahrens nachweisen.

Satz 10.14

Sei $f: \mathbb{R}^n \to \mathbb{R}$ zweimal stetig differenzierbar. Algorithmus 10.9 erzeuge die Folge (x^k) und $\bar{x}$ sei ein Häufungspunkt, in dem die Hesse-Matrix positiv definit ist. Dann gilt:

1. *Der Punkt $\bar{x}$ ist ein isoliertes lokales Minimum von f.*
2. *Die gesamte Folge (x^k) konvergiert gegen $\bar{x}$.*
3. *Es gibt $l \ge 0$, so dass das Verfahren für $k \ge l$ in das Newton-Verfahren mit Schrittweite 1 übergeht. Insbesondere ist Algorithmus 10.9 q-superlinear konvergent. Die Konvergenzrate ist q-quadratisch, falls $\nabla^2 f$ in einer Umgebung von $\bar{x}$ Lipschitz-stetig ist.*

Beweis. Die Aussagen 1 und 2 wurden in Lemma 10.12 gezeigt.

zu 3: Wie im Beweis von Lemma 10.12 gibt es $\mu > 0$ und $\varepsilon > 0$ mit

$$\lambda_{\min}(\nabla^2 f(x)) \ge \mu \quad \text{für alle } x \in B_\varepsilon(\bar{x}).$$

Für große k gilt nun $x^k \in B_\varepsilon(\bar{x})$ und daher ist $d^k = -\nabla^2 f(x^k)^{-1}\nabla f(x^k)$ wohldefiniert mit

$$\|d^k\| \le \frac{1}{\mu}\|\nabla f(x^k)\| \overset{k\to\infty}{\longrightarrow} 0.$$

Daher gibt es $l \ge 0$ mit

$$x^k \in B_\varepsilon(\bar{x}), \quad \|d^k\| \le \left(\frac{\mu}{\alpha_2}\right)^{1/p} \quad \forall\, k \ge l.$$

Nun gilt für alle $k \ge l$:

$$\begin{aligned}-\nabla f(x^k)^T d^k = {d^k}^T \nabla^2 f(x^k) d^k &\ge \mu\|d^k\|^2 \ge \alpha_2\|d^k\|^p\|d^k\|^2\\ &\ge \min\{\alpha_1, \alpha_2\|d^k\|^p\}\|d^k\|^2.\end{aligned}$$

Somit wird $s^k = d^k$ gewählt für alle $k \ge l$. Nach eventuellem Vergrößern von l gilt außerdem $\sigma_k = 1$ für alle $k \ge l$, siehe Lemma 10.13.

Daher geht Algorithmus 10.9 für $k \ge l$ über in das Newton-Verfahren mit Schrittweite 1. Die q-superlineare bzw. q-quadratische Konvergenz folgt nun aus Satz 10.10. □

10.5 Numerische Beispiele

Wir demonstrieren die Leistungsfähigkeit des globalisierten Newton-Verfahrens anhand von zwei Beispielen, mit denen wir bereits das Gradientenverfahren getestet hatten.

Anwendung auf die Rosenbrock-Funktion

Wir wenden das globalisierte Newton-Verfahren auf die Rosenbrock-Funktion

$$f: \mathbb{R}^2 \to \mathbb{R}, \quad f(x) = 100(x_2 - x_1^2)^2 + (1 - x_1)^2$$

an. Das Minimum liegt bei $\bar{x} = (0, 0)^T$ mit Funktionswert $f(\bar{x}) = 0$.

Die Abbruchbedingung $\nabla f(x^k) = 0$ in Schritt 1 wird ersetzt durch

$$\|\nabla f(x^k)\| \leq \varepsilon.$$

Wir verwenden folgende Daten:

$$x^0 = \begin{pmatrix} -1.2 \\ 1.0 \end{pmatrix} \text{ (Startpunkt)}, \quad \varepsilon = 10^{-9} \text{ (Abbruchbedingung)}$$

$$\beta = \frac{1}{2}, \quad \gamma = 10^{-4} \text{ (Armijo-Bedingung)},$$

$$\alpha_1 = \alpha_2 = 10^{-6}, \quad p = \frac{1}{10} \text{ (Akzeptanztest für die Newton-Schritte)}.$$

Man beachte, dass die Abbruchbedingung deutlich strenger ist als bei Anwendung des Gradientenverfahrens in Abschnitt 7.5.

Trotz dieser hohen geforderten Genauigkeit konvergiert das Newton-Verfahren in nur 21 Iterationen, siehe Tabelle II.3.

Tabelle II.3: Verlauf des globalisierten Newton-Verfahrens bei Anwendung auf die Rosenbrock-Funktion. Die letzte Spalte gibt an, ob ein Newton-Schritt (N) oder ein Gradienten-Schritt (G) durchgeführt wird.

k	$f(x^k)$	$\|\nabla f(x^k)\|$	σ_k	Typ
0	2.42000e+01	2.32868e+02	1.000	N
1	4.73188e+00	4.63943e+00	0.125	N
2	4.08740e+00	2.85501e+01	1.000	N
3	3.22867e+00	1.15715e+01	1.000	N
4	3.21390e+00	3.03259e+01	1.000	N
5	1.94259e+00	3.60410e+00	0.250	N
$k = 6$–15: alle „N“, $8\times\ \sigma_k = 1.0$, $2\times\ \sigma_k = 0.5$				
16	7.16924e–03	2.53307e+00	1.000	N
17	1.06961e–03	2.37582e–01	1.000	N
18	7.77685e–05	3.48272e–01	1.000	N
19	2.82467e–07	3.87419e–03	1.000	N
20	8.51707e–12	1.18717e–04	1.000	N
21	3.74398e–21	4.47333e–10		

Anwendung auf ein Minimalflächenproblem

Wir betrachten nun das gleiche Minimalflächenproblem wie im Abschnitt 7.5, Seite 29–30 (siehe auch Kapitel I, Seite 3–4). Die Dimension des Unbekanntenvektors y ist $n = 6084$. Der Startpunkt und die Armijo-Parameter sind die gleichen wie beschrieben. Als Abbruchbedingung verwenden wir $\|\nabla f(y^k)\| \leq \varepsilon = 10^{-8}$. Die Parameter des Akzeptanztests für die Newton-Schritte sind

$$\alpha_1 = \alpha_2 = 10^{-6}, \quad p = \frac{1}{10}.$$

Der Verlauf des globalisierten Newton-Verfahrens ist in Tabelle II.4 angegeben. Es werden nur 11 Iterationen benötigt und am Ende ist schnelle lokale Konvergenz erkennbar. Das Newton-Verfahren löst dieses Problem also sehr effizient. Allerdings muss natürlich festgehalten werden, dass in jeder Iteration ein lineares Gleichungssystem der Dimension $n = 6084$ gelöst werden muss. Aufgrund der Dünnbesetztheit und der Bandstruktur der Hesse-Matrix stellt dies jedoch kein Problem dar.

Tabelle II.4: Verlauf des globalisierten Newton-Verfahrens bei Anwendung auf ein Minimalflächenproblem. Die letzte Spalte gibt an, ob ein Newton-Schritt (N) oder ein Gradienten-Schritt (G) durchgeführt wird.

k	$f(x^k)$	$\|\nabla f(x^k)\|$	σ_k	Typ
0	2.30442e+00	8.01288e–02	1.00	N
1	2.02327e+00	8.88214e–02	0.50	N
2	1.91513e+00	1.02382e–01	0.25	N
3	1.73761e+00	1.83186e–01	0.50	N
4	1.69194e+00	1.42695e–01	0.25	N
5	1.66923e+00	9.91855e–02	1.00	N
6	1.66489e+00	8.18974e–02	1.00	N
7	1.66336e+00	3.86943e–02	1.00	N
8	1.66306e+00	3.69325e–02	1.00	N
9	1.66274e+00	2.17749e–03	1.00	N
10	1.66274e+00	2.54511e–05	1.00	N
11	1.66274e+00	4.05002e–09		

11 Newton-artige Verfahren

Wir betrachten nun Verfahren zur Lösung von Gleichungssystemen, bei denen in der Newton-Gleichung die Jacobi-Matrix $F'(x^k)$ durch eine Approximation M_k ersetzt wird. Die Schritte werden also berechnet durch Lösen der Gleichung

$$M_k s^k = -F(x^k)$$

mit einer geeignet gewählten Matrix $M_k \in \mathbb{R}^{n \times n}$.

Wir erhalten das folgende Verfahren:

Algorithmus 11.1 **Lokales Newton-artiges Verfahren.**

0. Wähle $x^0 \in \mathbb{R}^n$.

Für $k = 0, 1, 2, \ldots$:

1. STOP, falls $F(x^k) = 0$.

2. Wähle eine invertierbare Matrix $M_k \in \mathbb{R}^{n\times n}$.

3. Berechne den Schritt $s^k \in \mathbb{R}^n$ durch Lösen der Gleichung $M_k s^k = -F(x^k)$.

4. Setze $x^{k+1} = x^k + s^k$.

Die Übertragung des Verfahrens und der folgenden Überlegungen auf Optimierungsprobleme ist unmittelbar: Man ersetzt F durch ∇f und verwendet symmetrische (u.U. positiv definite) Matrizen M_k.

Die Verwendung von (globalisierten) Newton-artigen Verfahren anstelle des (globalisierten) Newton-Verfahrens kann aus verschiedenen Gründen attraktiv sein:

- Bei komplexen Anwendungen kann bereits die Berechnung von F (bzw. ∇f) sehr aufwendig sein, und die Berechnung der Ableitung F' (bzw. $\nabla^2 f$) ist häufig nicht machbar. Dann ist es naheliegend, die Ableitung F' zu approximieren, was zu einem Newton-artigen Verfahren führt.
- Der Newton-Schritt ist nicht immer wohldefiniert und bei Optimierungsproblemen nicht notwendig eine Abstiegsrichtung. In diesem Fall muss die Suchrichtung auf andere Weise berechnet werden, z.B. durch Lösen einer Newton-artigen Gleichung mit geeigneter Matrix M_k.

Wir geben nun eine notwendige und hinreichende Bedingung dafür an, dass Algorithmus 11.1 q-superlinear konvergiert. Diese ist eine Konsequenz des folgenden Satzes:

Satz 11.2 *Sei $F: \mathbb{R}^n \to \mathbb{R}^n$ stetig differenzierbar und $\bar{x} \in \mathbb{R}^n$ ein Punkt, in dem $F'(\bar{x})$ invertierbar ist. Weiter sei (x^k) eine Folge, die gegen $\bar{x}$ konvergiert. Es gelte $x_k \neq \bar{x}$ für alle k. Dann sind die folgenden Aussagen äquivalent:*

(a) *(x^k) konvergiert q-superlinear gegen $\bar{x}$, und es gilt $F(\bar{x}) = 0$.*

(b) $\|F(x^k) + F'(\bar{x})(x^{k+1} - x^k)\| = o(\|x^{k+1} - x^k\|)$.

(c) $\|F(x^k) + F'(x^k)(x^{k+1} - x^k)\| = o(\|x^{k+1} - x^k\|)$.

Zum Beweis des Satzes verwenden wir das folgende Resultat:

Lemma 11.3 *Die Funktion $F: \mathbb{R}^n \to \mathbb{R}^m$ sei stetig differenzierbar und $X \subset \mathbb{R}^n$ sei kompakt und konvex. Dann ist F auf X Lipschitz-stetig mit der Konstante $L = \max_{x\in X} \|F'(x)\|$.*

Beweis. Die stetige Funktion $\|F'\|$ nimmt auf X ihr Maximum $L = \max_{x\in X} \|F'(x)\|$ an. Nun gilt für alle $x, y \in X$:

$$\begin{aligned}\|F(y) - F(x)\| &= \left\| \int_0^1 F'(x + t(y-x))(y-x)\,dt \right\| \\ &\leq \int_0^1 \|F'(x + t(y-x))\|\,dt \|y - x\| \leq L\|y - x\|. \qquad \square\end{aligned}$$

Beweis des Satzes. Wir haben

$$\begin{aligned}F(x^{k+1}) &= F(x^k) + \int_0^1 F'(x^k + t(x^{k+1} - x^k))(x^{k+1} - x^k)\,dt \\ &= \int_0^1 (F'(x^k + t(x^{k+1} - x^k)) - F'(\bar{x}))(x^{k+1} - x^k)\,dt \\ &\quad + F(x^k) + F'(\bar{x})(x^{k+1} - x^k).\end{aligned} \tag{11.40}$$

(b) $\Longrightarrow$ (a): Aus (11.40) und (b) ergibt sich nun

$$\begin{aligned}\|F(x^{k+1})\| &\leq \int_0^1 \|F'(x^k + t(x^{k+1} - x^k)) - F'(\bar{x})\|\,dt \|x^{k+1} - x^k\| + o(\|x^{k+1} - x^k\|) \\ &= o(\|x^{k+1} - x^k\|),\end{aligned}$$

da $x^k \to \bar{x}$. Es gibt daher eine Nullfolge $(\varepsilon_k) \subset (0, \infty)$ und $l \geq 0$ mit

$$\|F(x^{k+1})\| \leq \varepsilon_k \|x^{k+1} - x^k\| \quad \forall\, k \geq l.$$

Wegen $x^k \to \bar{x}$ folgt daraus $F(\bar{x}) = \lim_{k\to\infty} F(x^{k+1}) = 0$. Da $F'(\bar{x})$ invertierbar ist, gibt es nach Lemma 10.4 ein $\gamma > 0$, so dass für große k gilt:

$$\|F(x^{k+1})\| \geq \gamma \|x^{k+1} - \bar{x}\|.$$

Für alle hinreichend großen k gilt $\varepsilon_k \leq \gamma/2$ und somit

$$\|x^{k+1} - \bar{x}\| \leq \frac{1}{\gamma}\|F(x^{k+1})\| \leq \frac{\varepsilon_k}{\gamma}\|x^{k+1} - x^k\| \leq \frac{1}{2}\|x^{k+1} - \bar{x}\| + \frac{\varepsilon_k}{\gamma}\|x^k - \bar{x}\|,$$

also

$$\|x^{k+1} - \bar{x}\| \leq \frac{2\varepsilon_k}{\gamma}\|x^k - \bar{x}\| = o(\|x^k - \bar{x}\|).$$

(a) $\Longrightarrow$ (b): Wegen (a) gibt es $l \geq 0$ mit

$$\|x^k - \bar{x}\| \leq \|x^{k+1} - x^k\| + \|x^{k+1} - \bar{x}\| \leq \|x^{k+1} - x^k\| + \frac{1}{2}\|x^k - \bar{x}\| \quad \forall\, k \geq l,$$

also

$$\|x^k - \bar{x}\| \leq 2\|x^{k+1} - x^k\| \quad \forall\, k \geq l. \tag{11.41}$$

Die Folge (x^k) konvergiert gegen $\bar{x}$ und bleibt daher in einer hinreichend groß gewählten kompakten Kugel. Daher gibt es nach Lemma 11.3 ein $L > 0$ mit

$$\|F(x^{k+1})\| = \|F(x^{k+1}) - F(\bar{x})\| \leq L\|x^{k+1} - \bar{x}\|$$

für alle $k \geq 0$. Zusammen mit (11.40) und (11.41) folgt nun

$$\begin{aligned}&\|F(x^k) + F'(\bar{x})(x^{k+1} - x^k)\| \\ &\quad\leq \|F(x^{k+1})\| + \int_0^1 \|F'(x^k + t(x^{k+1} - x^k)) - F'(\bar{x})\|\,dt \|x^{k+1} - x^k\| \\ &\quad= O(\|x^{k+1} - \bar{x}\|) + o(\|x^{k+1} - x^k\|) = o(\|x^k - \bar{x}\|) + o(\|x^{k+1} - x^k\|) \\ &\quad= o(\|x^{k+1} - x^k\|).\end{aligned}$$

(b) $\Longrightarrow$ (c): Wegen (b) und $x^k \to \bar{x}$ ergibt sich

$$\begin{aligned}
&\|F(x^k) + F'(x^k)(x^{k+1} - x^k)\| \leq \\
&\leq \|F(x^k) + F'(\bar{x})(x^{k+1} - x^k)\| + \|F'(x^k) - F'(\bar{x})\| \, \|x^{k+1} - x^k\| \\
&= o(\|x^{k+1} - x^k\|) + o(\|x^{k+1} - x^k\|) = o(\|x^{k+1} - x^k\|).
\end{aligned}$$

(c) $\Longrightarrow$ (b): Wegen (c) und $x^k \to \bar{x}$ erhalten wir

$$\begin{aligned}
&\|F(x^k) + F'(\bar{x})(x^{k+1} - x^k)\| \leq \\
&\leq \|F(x^k) + F'(x^k)(x^{k+1} - x^k)\| + \|F'(\bar{x}) - F'(x^k)\| \, \|x^{k+1} - x^k\| \\
&= o(\|x^{k+1} - x^k\|) + o(\|x^{k+1} - x^k\|) = o(\|x^{k+1} - x^k\|).
\end{aligned}$$

□

Wir betrachten nun speziell Folgen (x^k), die durch Algorithmus 11.1 erzeugt werden und erhalten:

Korollar 11.4 **Dennis-Moré-Bedingung.** *Die Folge (x^k) sei durch Algorithmus 11.1 erzeugt und konvergiere gegen einen Punkt $\bar{x}$, in dem $F'(\bar{x})$ invertierbar ist. Dann sind die folgenden Aussagen äquivalent:*

(a) *(x^k) konvergiert q-superlinear gegen $\bar{x}$ und es gilt $F(\bar{x}) = 0$.*

(b) $\|(M_k - F'(\bar{x}))(x^{k+1} - x^k)\| = o(\|x^{k+1} - x^k\|)$.

(c) $\|(M_k - F'(x^k))(x^{k+1} - x^k)\| = o(\|x^{k+1} - x^k\|)$.

Beweis. Wegen $M_k s^k = -F(x^k)$ und $x^{k+1} - x^k = s^k$ erhalten wir

$$\|(M_k - F'(\bar{x}))(x^{k+1} - x^k)\| = \|F(x^k) + F'(\bar{x})(x^{k+1} - x^k)\|.$$

Damit ist (b) gleichbedeutend mit Bedingung (b) aus Satz 11.2. Ebenso erhalten wir

$$\|(M_k - F'(x^k))(x^{k+1} - x^k)\| = \|F(x^k) + F'(x^k)(x^{k+1} - x^k)\|,$$

so dass also (c) gleichbedeutend mit Bedingung (c) aus Satz 11.2 ist. Damit folgt die behauptete Äquivalenz unmittelbar aus Satz 11.2. □

Die Charakterisierung (b) der q-superlinearen Konvergenz wurden erstmals von Dennis[3] und Moré[4] [5] nachgewiesen und heißt daher *Dennis-Moré-Bedingung*. Die

---

[3] John E. Dennis, Jr., geb. 1939, ist Harding Professor Emeritus am Department of Computational and Applied Mathematics der Rice Universität in Houston, Texas, USA. Er hat die moderne Mathematische Optimierung maßgeblich mitgeprägt, u.a. bei der Entwicklung von Trust-Region-Verfahren und ableitungsfreien Methoden. Die Anwendung von Optimierungsverfahren im Ingenieurwesen spielt in seiner Forschung eine wichtige Rolle. Er war von 1995-1998 Präsident der Mathematical Programming Society und ist Gründer der bedeutenden Zeitschrift SIAM Journal on Optimization.

[4] Jorge J. Moré ist Direktor des Laboratory for Advanced Numerical Simulations (LANS) am Argonne National Laboratory, USA. Er leistet entscheidende Beiträge bei der Entwicklung von Optimierungssoftware für Hochleistungsrechner. Seine Anwendungsschwerpunkte sind die Modellierung von Molekülen, die Berechnung ökonomischer Equilibrien und die Globale Optimierung. Er ist Leiter des NEOS-Projekts, das Internetzugang zu Optimierungslösern bietet. Er wurde 2003 mit dem Beale-Orchard-Hays Prize for Excellence in Computational Optimization ausgezeichnet.

Bedingungen zeigen, dass es für q-superlineare Konvergenz genügt, wenn $M_k s^k$ hinreichend gut mit $F'(\bar{x})s^k$ (bzw. mit $F'(x^k)s^k$) übereinstimmt. Ist $v \notin \langle s^k \rangle = \{ts^k ;\ t \in \mathbb{R}\}$, $t \in \mathbb{R}$, so können sich $M_k v$ und $F'(\bar{x})v$ (bzw. $F'(x^k)v$) beliebig unterscheiden, ohne dass die Konvergenzrate beeinträchtigt wird, solange nur (b) oder (c) erfüllt ist.

Beispiel

Für die von Algorithmus 11.1 erzeugten Folgen (x^k) und (M_k) gelte $x^k \to \bar{x}$ und $M_k \to F'(\bar{x})$. Dann ergibt sich:

$$\|(M_k - F'(\bar{x}))(x^{k+1} - x^k)\| \le \underbrace{\|M_k - F'(\bar{x})\|}_{\to 0} \|x^{k+1} - x^k\| = o(\|x^{k+1} - x^k\|),$$

d.h., Bedingung (b) in Korollar 11.4 ist erfüllt. Ist also $F'(\bar{x})$ invertierbar, so folgt die q-superlineare Konvergenz von (x^k) gegen $\bar{x}$.

Die durch Satz 11.2 und Korollar 11.4 bereitgestellten Charakterisierungen der q-superlinearen Konvergenz sind besonders hilfreich bei der lokalen Konvergenzanalyse der folgenden Verfahrensklassen, die wir im Folgenden betrachten:

- Inexakte Newton-Verfahren.
  Hier wird die Newton-Gleichung $F'(x^k)s^k = -F(x^k)$ nur approximativ (also inexakt gelöst) mit der Qualitätsanforderung

  $$\|F(x^k) + F'(x^k)s^k\| \le \eta_k \|F(x^k)\|$$

  bei geeignetem $0 < \eta_k < 1$. Dies ist insbesondere bei sehr großen Problemen sinnvoll, wenn LR-Zerlegung etc. zu aufwendig sind und stattdessen iterative Verfahren (CG etc.) verwendet werden müssen.

  Ist (η_k) eine Nullfolge, gilt $x^k \to \bar{x}$, und ist $F'(\bar{x})$ invertierbar, so konvergiert (x^k) q-superlinear gegen $\bar{x}$. Denn es gilt

  $$\begin{aligned}\|F(x^k)\| &\le \|F(x^k) + F'(x^k)(x^{k+1} - x^k)\| + \| - F'(x^k)(x^{k+1} - x^k)\| \\ &\le \eta_k \|F(x^k)\| + \|F'(x^k)(x^{k+1} - x^k)\|,\end{aligned}$$

  also

  $$\|F(x^k)\| \le \frac{1}{1-\eta_k} \|F'(x^k)(x^{k+1} - x^k)\|.$$

  Grenzübergang $k \to \infty$ liefert $F(\bar{x}) = 0$. Weiter folgt

  $$\begin{aligned}\|F(x^k) + F'(x^k)(x^{k+1} - x^k)\| \le \eta_k \|F(x^k)\| &\le \frac{\eta_k}{1-\eta_k} \|F'(x^k)(x^{k+1} - x^k)\| \\ &= o(\|x^{k+1} - x^k\|)\end{aligned}$$

  Aus Satz 11.2 folgt dann die superlineare Konvergenz von (x^k) gegen $\bar{x}$.

- Quasi-Newton-Verfahren.
  Auf diese gehen wir im Anschluss näher ein.

Die Globalisierung Newton-artiger Verfahren (für den Fall von Optimierungsproblemen, d.h. $F = \nabla f$) erfolgt wie beim globalisierten Newton-Verfahren 10.9:

Algorithmus 11.5 **Globalisiertes Newton-artiges Verfahren.**

0. Wähle $x^0 \in \mathbb{R}^n$, $\beta \in (0,1)$, $\gamma \in (0,1)$, $\alpha_1, \alpha_2 > 0$ und $p > 0$.

Für $k = 0, 1, 2, \ldots$:

1. Falls $\nabla f(x^k) = 0$, STOP.

2. Wähle eine invertierbare symmetrische Matrix $M_k \in \mathbb{R}^{n\times n}$.

3. Berechne d^k durch Lösen der Gleichung $M_k d^k = -\nabla f(x^k)$.

Erfüllt d^k die Bedingung $-\nabla f(x^k)^T d^k \geq \min\{\alpha_1, \alpha_2 \|d^k\|^p\}\|d^k\|^2$, so setze $s^k = d^k$, sonst setze $s^k = -\nabla f(x^k)$.

4. Bestimme die Schrittweite $\sigma_k > 0$ mithilfe der Armijo-Regel (7.6).

4. Setze $x^{k+1} = x^k + \sigma_k s^k$.

Eine Inspektion des Beweises von Satz 10.10 zeigt, dass er auch für Algorithmus 11.5 gilt, sofern die Folge $(\|M_k\|)$ beschränkt ist. Der Übergang zu schneller lokaler Konvergenz kann unter geeigneten Voraussetzungen ebenfalls gezeigt werden.

Übungsaufgaben

Aufgabe **Problemfälle für das Newton-Verfahren.**

a) Sei $f(x) = |x|^p$, $p > 2$, und $x^0 > 0$. Wir betrachten das Newton-Verfahren zur Bestimmung des globalen Minimums $\bar{x} = 0$ von f mit Startpunkt x^0.
Zeigen Sie, dass die Newton-Iteration q-linear gegen $\bar{x}$ konvergiert und geben Sie die Rate an. Zeigen Sie weiter, dass die Konvergenz nicht q-superlinear ist. Warum ist dies kein Widerspruch zum lokalen Konvergenzsatz für das Newton-Verfahren?

b) Sei nun $f(x) = \exp(-1/|x|)$ für $x \neq 0$ und $f(x) = 0$, sonst. Zeigen Sie, dass f zweimal stetig differenzierbar ist mit $f'(0) = f''(0) = 0$ und dass das Newton-Verfahren zur Minimierung von f für alle $0 < x^0 < 1/3$ streng monoton fallend gegen $\bar{x} = 0$ konvergiert. Begründen Sie weiter, dass die q-Konvergenzrate schlechter als linear ist.

Tip: Bringen Sie die Iteration auf die Form $x^{k+1} = \phi(x^k)x^k$. Was folgt daraus für den/die Häufungspunkt/e von (x^k)?

Aufgabe **Optimierungsverfahren bei Variablen-Transformation.** Gegeben sei die C^2-Funktion $f: \mathbb{R}^n \to \mathbb{R}$ sowie ein Punkt $x \in \mathbb{R}^n$, in dem $\nabla^2 f(x)$ positiv definit ist.

a) Sei $M \in \mathbb{R}^{n\times n}$ invertierbar und $v \in \mathbb{R}^n$ ein Vektor. Der neue Punkt $x^+ = x + s$ wird nun wie folgt berechnet:

1. Wechsel des Koordinatensystems: $x = x(y)$ mit $x(y) = My + v$, $y \in \mathbb{R}^n$.
2. Gradientenschritt im y-Koordinatensystem: $y^+ := y - \nabla_y[f(x(y))]$.
3. Rücktransformation auf x-Koordinaten: $x^+ := x(y^+)$.

Geben Sie eine Formel für den Schritt s an, die sich nur auf $\nabla f(x)$ und M abstützt.

b) Wie muss M gewählt werden, damit es sich bei s um den Gradientenschritt für f im Punkt x handelt? Für welche M stimmt s mit dem Newton-Schritt $-\nabla^2 f(x)^{-1}\nabla f(x)$ für f im Punkt x überein?

c) Geben Sie eine Formel für den Schritt s an, der sich ergibt, wenn in a) Schritt 2 der Gradientenschritt durch den Newton-Schritt für $f(x(y))$ im Punkt y ersetzt wird. Wie in a) soll die Formel y nicht enthalten. Bestimmen Sie alle Wahlmöglichkeiten für M, so dass s mit dem Newton-Schritt für f im Punkt x übereinstimmt.

Invarianz des Newton-Verfahrens gegenüber Variablen-Transformationen. Betrachten Sie das Newton-Verfahren zur Minimierung einer zweimal stetig differenzierbaren Funktion $f: \mathbb{R}^n \to \mathbb{R}$: **Aufgabe**

$$\nabla^2 f(x^k)s^k = -\nabla f(x^k), \qquad x^{k+1} = x^k + s^k \tag{$*$}$$

(wir nehmen an, dass die Iteration wohldefiniert ist).

Zeigen Sie, dass das Newton-Verfahren invariant gegenüber affin-linearen Transformationen der Form $My + v = x$, d.h. $y = M^{-1}(x - v)$, mit $M \in \mathbb{R}^{n\times n}$ regulär und $v \in \mathbb{R}^n$ im folgenden Sinne ist: Anwendung des Newton-Verfahrens auf $h(y) := f(My + v)$ mit Startpunkt $y^0 = M^{-1}(x^0 - v)$ erzeugt die Punkte $y^k = M^{-1}(x^k - v)$, wobei (x^k) die Iterierten des Newton-Verfahrens $(*)$ für $f(x)$ mit Startpunkt x^0 sind.

Bemerkung: Nach der vorangegangenen Aufgabe hat das Gradientenverfahren diese Eigenschaft *nicht*, weshalb seine Effizienz stark von der Skalierung abhängt.

12 Inexakte Newton-Verfahren

Unter inexakten Newton-Verfahren verstehen wir Newton-Iterationen, bei denen die Newton-Gleichung nur näherungsweise gelöst wird. In jeder Iteration des Newton-Verfahrens ist ein lineares Gleichungssystem der Form

$$Ms = b \tag{12.42}$$

zu lösen mit $M = F'(x^k)$ und $b = -F(x^k)$. Der Einfachheit halber haben wir in (12.42) die Indizierung mit k fortgelassen. Im Falle eines Optimierungsproblems gilt $M = \nabla^2 f(x^k)$ und $b = -\nabla f(x^k)$. Insbesondere ist dann also M symmetrisch. Darüber hinaus ist M auch positiv definit, falls x^k hinreichend nahe bei einem lokalen Minimum von f liegt, in dem die hinreichenden Bedingungen 2. Ordnung gelten.

Bei großen Problemen (z.B. $n \geq 10000$) ist bereits das Speichern der Matrix M problematisch, und das Auflösen der Newton-Gleichung mit direkten Methoden (z.B. durch Gauß-Elimination) wird sehr aufwendig. Daher greift man in diesem Fall häufig auf iterative Verfahren zurück, z.B. auf das Verfahren der konjugierten Gradienten (CG-Verfahren), um die Newton-Gleichung zu lösen. Wir beschreiben dies im folgenden Beispiel für den Fall, dass die Matrix M symmetrisch und positiv definit ist.

Das CG-Verfahren als inexakter Löser. Sei M symmetrisch und positiv definit. Dann ist das CG-Verfahren (Verfahren der konjugierten Gradienten) auf (12.42) anwendbar und terminiert (bei exakter Rechnung) nach höchstens n Iterationen, siehe Kapitel 7.4 in [16]. Man kann außerdem (vgl. hierzu die Konvergenzrate des Gradientenverfahrens für quadratische Funktionen) die folgende Konvergenzrate zeigen (für Details **Beispiel**

verweisen wir auf Kapitel 9.4 in [9]): Sei s^* die Lösung des Gleichungssystems (12.42) und s^j die j-te Iterierte des CG-Verfahrens. Dann gilt für alle $1 \leq j < n$:

$$\|s^j - s^*\|_M \leq 2\left(\frac{\sqrt{\kappa(M)}-1}{\sqrt{\kappa(M)}+1}\right)^j \|s^0 - s^*\|_M \quad \text{mit} \quad \kappa(M) = \frac{\lambda_{\max}(M)}{\lambda_{\min}(M)}.$$

Daraus folgt

$$\|s^j - s^*\| \leq 2\sqrt{\kappa(M)}\left(\frac{\sqrt{\kappa(M)}-1}{\sqrt{\kappa(M)}+1}\right)^j \|s^0 - s^*\|.$$

Tabelle II.5: Garantierte Konvergenzrate des CG-Verfahrens ($\kappa(M) = 100$).

$\kappa = 100$		
j	$2\left(\frac{\sqrt{\kappa}-1}{\sqrt{\kappa}+1}\right)^j$	$2\sqrt{\kappa}\left(\frac{\sqrt{\kappa}-1}{\sqrt{\kappa}+1}\right)^j$
10	2.69e–1	2.69e+0
20	3.61e–2	3.61e–1
40	6.53e–4	6.53e–3
60	1.18e–5	1.18e–4
80	2.13e–7	2.13e–6
100	3.85e–9	3.85e–8

Ist die Konditionszahl $\kappa(M)$ nun nicht allzu groß, so erreichen wir eine relativ gute Näherungslösung bereits nach einer moderaten Zahl von Iterationen, siehe Tabelle II.5 für den Fall $\kappa(M) = 100$.

Die Idee inexakter Newton-Verfahren besteht nun darin, den iterativen Löser für die Newton-Gleichung (im Beispiel also die CG-Iteration) frühzeitig abzubrechen, wenn das Residuum $\|Ms^j - b\|$ hinreichend klein ist, und dann s^j anstelle des exakten Newton-Schrittes zu verwenden.

Wir erhalten:

Algorithmus 12.1 **Lokales inexaktes Newton-Verfahren.**

0. Wähle $x^0 \in \mathbb{R}^n$.

Für $k = 0, 1, 2, \ldots$:

1. STOP, falls $F(x^k) = 0$.

2. Berechne den Schritt $s^k \in \mathbb{R}^n$ durch näherungsweises Lösen der Gleichung

$$F'(x^k)s^k = -F(x^k).$$

3. Setze $x^{k+1} = x^k + s^k$.

Bezüglich der Genauigkeit der Näherungslösungen s^k nehmen wir an, dass gilt

$$\|F(x^k) + F'(x^k)s^k\| \leq \eta_k \|F(x^k)\|, \tag{12.43}$$

wobei die Zahlen $\eta_k > 0$ hinreichend klein sind.

Für die lokale Konvergenzrate von (12.1) erhalten wir:

Satz 12.2 *Sei $F\colon \mathbb{R}^n \to \mathbb{R}^n$ stetig differenzierbar und $\bar{x} \in \mathbb{R}^n$ eine Nullstelle von F, in der $F'(\bar{x})$ invertierbar ist. Dann gibt es $\varepsilon > 0$ und $\eta > 0$, so dass Folgendes gilt:*

1. *Wird $x^0 \in B_\varepsilon(\bar{x})$ gewählt und erfüllen die von Algorithmus 12.1 berechneten Schritte die Bedingung (12.43) mit $\eta_k \leq \eta$, so terminiert Algorithmus 12.1 entweder mit $x^k = \bar{x}$, oder er erzeugt eine Folge (x^k), die q-linear gegen $\bar{x}$ konvergiert.*
2. *Gilt zudem $\eta_k \to 0$, so ist die Konvergenzrate q-superlinear.*
3. *Gilt sogar $\eta_k = O(\|F(x^k)\|)$ und ist F' Lipschitz-stetig auf $B_\varepsilon(\bar{x})$, so ist die Konvergenzrate q-quadratisch.*

Beweis. Wir konzentrieren uns auf den Nachweis von Teil 2 und verweisen für den Rest auf (z.B.) Satz 10.2 in [7].

zu 2: Man kann den Beweis durch eine Modifikation des Beweises von Satz 10.5 führen. Wir bevorzugen hier jedoch, Satz 11.2 anzuwenden. Wir berechnen hierzu

$$\|F(x^k) + F'(x^k)(x^{k+1} - x^k)\| = \|F(x^k) + F'(x^k)s^k\| \leq \eta_k \|F(x^k)\|.$$

Wegen Teil 1 gilt $x^k \to \bar{x}$ und damit gibt es wegen Lemma 11.3 ein $L > 0$ mit

$$\|F(x^k)\| = \|F(x^k) - F(\bar{x})\| \leq L\|x^k - \bar{x}\|.$$

Dies zeigt

$$\|F(x^k) + F'(x^k)(x^{k+1} - x^k)\| \leq \eta_k L \|x^k - \bar{x}\| = o(\|x^k - \bar{x}\|).$$

Aufgrund von Teil 1 gibt es $l \geq 0$ und $\gamma \in (0, 1)$, so dass für alle $k \geq l$ gilt:

$$\|x^k - \bar{x}\| \leq \|x^{k+1} - x^k\| + \|x^{k+1} - \bar{x}\| \leq \|x^{k+1} - x^k\| + \gamma \|x^k - \bar{x}\|.$$

Dies zeigt

$$\|x^k - \bar{x}\| \leq \frac{1}{1-\gamma} \|x^{k+1} - x^k\| = O(\|x^{k+1} - x^k\|).$$

Damit folgt

$$\|F(x^k) + F'(x^k)(x^{k+1} - x^k)\| \leq \eta_k L \|x^k - \bar{x}\| = o(\|x^k - \bar{x}\|) = o(\|x^{k+1} - x^k\|).$$

Also ist Satz 11.2 anwendbar und liefert die q-superlineare Konvergenz von (x^k) gegen $\bar{x}$. □

Für den Fall von Optimierungsproblemen erfolgt die Globalisierung wie beim globalisierten Newton-Verfahren.

Zusammenhang zwischen inexakten Newton-Verfahren und Newton-artigen Methoden

Wir können Newton-artige Verfahren als inexakte Newton-Verfahren interpretieren und umgekehrt. Dieser Zusammenhang ist weniger von numerischer als vielmehr von theoretischer Bedeutung:

In einem Newton-artigen Verfahren wird der Schritt s^k berechnet durch Lösen der Gleichung

$$M_k s^k = -F(x^k).$$

Nun gilt

$$F'(x^k)s^k = -F(x^k) + r^k$$

mit $r^k = (F'(x^k) - M_k)s^k$. Damit ist s^k eine inexakte Lösung der Newton-Gleichung

$$F'(x^k)s^k = -F(x^k)$$

und es gilt $\|F(x^k) + F'(x^k)s^k\| = \|r^k\| = \|(F'(x^k) - M_k)s^k\|$.

Für konkrete Wahlen von M_k ist nun häufig eine Abschätzung des Residuums in der Form (12.43) möglich.

Wir betrachten nun umgekehrt ein inexaktes Newton-Verfahren. Dann gilt

$$F'(x^k)s^k = -F(x^k) + r^k,$$

und $\|r^k\|$ ist das beim approximativen Lösen der Newton-Gleichung erhaltene Residuum. Wir wählen nun eine Matrix M_k, für die

$$M_k s^k = -F(x^k)$$

gilt. Eine mögliche Wahl ist z.B.

$$M_k = F'(x^k) - \frac{r^k {s^k}^T}{\|s^k\|^2}.$$

Natürlich ist diese Wahl der M_k nur von theoretischer Bedeutung, da ja M_k von s^k und r^k abhängt. Mit diesen Matrizen M_k sind die durch das inexakte Newton-Verfahren erzeugten Folgen (x^k) und (s^k) identisch mit den entsprechenden durch das Newton-artige Verfahren erzeugten Folgen.

Wir halten fest, dass inexaktes Lösen eines Gleichungssystems immer als exaktes Lösen eines Gleichungssystems mit geeignet veränderter Matrix interpretiert werden kann und umgekehrt.

Übungsaufgaben

Aufgabe **Ein Newton-artiges Verfahren.** Die Folge (x^k) sei erzeugt durch ein Newton-artiges Verfahren (Algorithmus 11.1) zur Lösung von $F(x) = 0$ mit stetig differenzierbarer Funktion $F\colon \mathbb{R}^n \longrightarrow \mathbb{R}^n$. Hierbei seien die Matrizen M_k wie folgt gewählt:
Bei gegebener Folge $(l_i) \subset \mathbb{N}_0$, $0 = l_0 < l_1 < l_2 < \cdots$, gelte $M_k = F'(x^{l_i})$ für alle $k \in \{l_i, \ldots, l_{i+1} - 1\}$ und alle $i \geq 0$. Die Folge (x^k) konvergiere gegen $\bar{x}$ und $F'(\bar{x})$ sei invertierbar. Begründen oder widerlegen Sie:

a) $F(\bar{x}) = 0$.

b) (x^k) konvergiert q-superlinear gegen $\bar{x}$.

Aufgabe **Gauß-Newton-Verfahren.** Sei $F\colon \mathbb{R}^n \longrightarrow \mathbb{R}^m$, $m \geq n$, eine zweimal stetig differenzierbare Funktion. Wir betrachten das *Kleinste-Quadrate-Problem*

$$\min_{x \in \mathbb{R}^n} f(x) \quad \text{mit} \quad f(x) = \frac{1}{2}\|F(x)\|^2. \tag{KQ}$$

Meist löst man (KQ) mit der folgenden Variante des Newton-Verfahrens:

Gauß-Newton-Verfahren:

Wähle $x^0 \in \mathbb{R}^n$.

Für $k = 0, 1, 2, \ldots$*:*

Bestimme $s^k \in \mathbb{R}^n$ durch Lösen der Gauß-Newton-Gleichung

$$F'(x^k)^T F'(x^k) s^k = -F'(x^k)^T F(x^k) \tag{GN}$$

und setze $x^{k+1} = x^k + s^k$.

a) Berechnen Sie $\nabla f(x)$ und $\nabla^2 f(x)$.

b) Vergleichen Sie (GN) mit der Newton-Gleichung für das Problem (KQ). Worin besteht der Unterschied?

c) Geben Sie eine konvexe quadratische Funktion $q_k(s)$ an, für die (GN) äquivalent ist zu $\nabla q_k(s^k) = 0$ und interpretieren Sie s^k als Lösung eines geeigneten quadratischen Optimierungsproblems.

d) Sei $\bar{x} \in \mathbb{R}^n$ die Lösung von (KQ) und $F'(\bar{x})$ habe vollen Spaltenrang. Begründen Sie, dass dann das Gauß-Newton-Verfahren in einer Umgebung von $\bar{x}$ wohldefiniert ist.

Lokale Konvergenz des Gauß-Newton-Verfahrens. Wir betrachten das in der Aufgabe auf Seite 64 beschriebene Gauß-Newton-Verfahren, angewendet auf die C^2-Funktion $F: \mathbb{R}^n \to \mathbb{R}^m$, $m \geq n$. Aufgabe

a) Das Verfahren erzeuge eine gegen $\bar{x} \in \mathbb{R}^n$ konvergente Folge (x^k). Weiter sei $F(\bar{x}) = 0$ und $F'(\bar{x})$ habe vollen Spaltenrang. Interpretieren Sie das Gauß-Newton-Verfahren als Newton-artiges Verfahren und zeigen Sie, dass es unter den angegebenen Voraussetzungen q-superlinear gegen $\bar{x}$ konvergiert.

b) Betrachten Sie nun den Fall $F: \mathbb{R} \to \mathbb{R}^2$, $F(x) = (x, x^2/4 + 1)^T$.
Bestimmen Sie die globale Lösung $\bar{x}$ von (KQ), zeigen Sie, dass das Gauß-Newton-Verfahren für $0 < |x^0| < 2$ gegen $\bar{x}$ konvergiert und bestimmen Sie die Konvergenzrate. Warum ist Teil a) nicht anwendbar?

13 Quasi-Newton-Verfahren

Obwohl Quasi-Newton-Verfahren auch für Gleichungssysteme entwickelt werden können, behandeln wir in diesem Abschnitt ausschließlich das unrestringierte Optimierungsproblem mit zweimal stetig differenzierbarer Zielfunktion $f: \mathbb{R}^n \to \mathbb{R}$:

$$\min_{x \in \mathbb{R}^n} f(x) \tag{13.44}$$

Wir betrachten ein Newton-artiges Verfahren für (13.44), das die invertierbaren symmetrischen Matrizen $H_k \in \mathbb{R}^{n \times n}$ verwendet (wir schreiben hier H_k statt M_k, um darauf hinzuweisen, dass H_k die **H**esse-Matrix ersetzt). Das Verfahren heißt *Quasi-Newton-Verfahren*, falls die Matrizen H_k so gewählt werden, dass für alle $k \geq 0$ die folgende Gleichung erfüllt ist:

Quasi-Newton-Gleichung:

$$H_{k+1}(x^{k+1} - x^k) = \nabla f(x^{k+1}) - \nabla f(x^k). \tag{13.45}$$

Bemerkung. Die Hesse-Matrix $\nabla^2 f(x^{k+1})$ genügt der Quasi-Newton-Gleichung im Allgemeinen *nicht*.

Wir betrachten nun folgende Klasse von Newton-artigen Verfahren:

Algorithmus 13.1 **Lokales Quasi-Newton-Verfahren.**

0. Wähle $x^0 \in \mathbb{R}^n$ *und eine symmetrische, invertierbare Matrix* $H_0 \in \mathbb{R}^{n\times n}$.

Für $k = 0, 1, 2, \ldots$:

1. STOP, falls $\nabla f(x^k) = 0$.

2. Berechne den Quasi-Newton-Schritt $s^k \in \mathbb{R}^n$ *durch Lösen der Gleichung*

$$H_k s^k = -\nabla f(x^k).$$

3. Setze $x^{k+1} = x^k + s^k$.

4. Berechne mit einer Aufdatierungsformel eine symmetrische, nichtsinguläre Matrix $H_{k+1} = H(H_k, x^{k+1} - x^k, \nabla f(x^{k+1}) - \nabla f(x^k))$, *welche die Quasi-Newton-Gleichung (13.45) erfüllt.*

Wir geben nun zwei Motivationen für die Quasi-Newton-Gleichung:

1. Motivation: Aus

$$\nabla f(x^{k+1}) - \nabla f(x^k) = \underbrace{\int_0^1 \nabla^2 f(x^k + t(x^{k+1} - x^k))\, dt}_{=:M(x^k, x^{k+1})}(x^{k+1} - x^k) \tag{13.46}$$

folgt, dass die Mittelwertmatrix $M(x^k, x^{k+1})$ die Quasi-Newton-Gleichung erfüllt. Insbesondere zeigt (13.46), dass die Hesse-Matrix C der quadratischen Funktion $f(x) = \gamma + c^T x + \frac{1}{2}x^T Cx$ die Quasi-Newton-Gleichung erfüllt.

2. Motivation: Betrachten wir das lokale Quasi-Newton-Verfahren, so gilt unter gewissen Voraussetzungen tatsächlich die Dennis-Moré-Bedingung:

Lemma 13.2 *$\bar{x}$ erfülle die hinreichende Bedingung zweiter Ordnung. Erzeugt Algorithmus 13.1 eine gegen $\bar{x}$ konvergente Folge (x^k) und gilt zudem*

$$\lim_{k\to\infty} \|H_{k+1} - H_k\| = 0,$$

dann erfüllen H_k die Dennis-Moré-Bedingung und (x^k) konvergiert q-superlinear gegen $\bar{x}$.

Beweis. Taylor-Entwicklung und die Quasi-Newton-Gleichung (13.45) ergeben

$$\begin{aligned}\|(H_k - \nabla^2 f(x^k))s^k\| &\le \|(H_k - H_{k+1})s^k\| + \|(H_{k+1} - \nabla^2 f(x_k))s^k\| \\ &= o(\|s^k\|) + \|\nabla f(x^{k+1}) - \nabla f(x^k) - \nabla^2 f(x^k)s^k\| = o(\|s^k\|). \quad \square\end{aligned}$$

Wir suchen deshalb Quasi-Newton-Aufdatierungen, für die H_{k+1} nahe bei H_k liegt.

13.1 Quasi-Newton-Aufdatierungen

Quasi-Newton-Verfahren erzeugen die Matrizenfolge (H_k) nach folgendem Schema: Ausgehend von einer symmetrischen invertierbaren Startmatrix H_0 wird zunächst x^1 berechnet. Dann wird H_1 mithilfe einer Aufdatierungsformel bestimmt:

$$H_1 = H(H_0, x^1 - x^0, \nabla f(x^1) - \nabla f(x^0)).$$

Dies wird nun fortgesetzt: Liegt H_k bereits vor, so ergibt sich H_{k+1} gemäß

$$H_{k+1} = H(H_k, x^{k+1} - x^k, \nabla f(x^{k+1}) - \nabla f(x^k)).$$

Die Aufdatierungsformel wird so gewählt, dass

a) H_{k+1} wieder symmetrisch ist,

b) die Quasi-Newton-Gleichung (13.45) erfüllt ist,

c) der Rechenaufwand für die Aufdatierung gering ist,

d) das resultierende Newton-artige Verfahren gute lokale Konvergenzeigenschaften hat.

Im Folgenden setzen wir

$$d^k = x^{k+1} - x^k, \quad y^k = \nabla f(x^{k+1}) - \nabla f(x^k).$$

Der einfachste Ansatz für eine symmetrische Quasi-Newton-Aufdatierung besteht in einer symmetrischen Rang-1-Modifikation:

$$H_{k+1} = H_k + \gamma_k u^k {u^k}^T$$

mit geeigneten $\gamma_k \in \mathbb{R}$ und $u^k \in \mathbb{R}^n$, $\|u^k\| = 1$. Wir setzen in die Quasi-Newton-Gleichung ein und erhalten:

$$H_{k+1}d^k = H_k d^k + \gamma_k({u^k}^T d^k)u^k \overset{!}{=} y^k.$$

Im Fall $y^k - H_k d^k = 0$ gilt (zumindest für Schrittweite 1, d.h. $d^k = s^k$)

$$\nabla f(x^{k+1}) = \nabla f(x^k) + y^k = \nabla f(x^k) + H_k d^k = \nabla f(x^k) + H_k s^k = 0.$$

Im Fall $y^k - H_k d^k \neq 0$ sehen wir

$$u^k = \pm \frac{y^k - H_k d^k}{\|y^k - H_k d^k\|}.$$

Das Vorzeichen von u^k spielt keine Rolle und wir wählen daher o.E.[5] „+“. Nun ergibt sich im Falle $(y^k - H_k d^k)^T d^k \neq 0$ weiter $\gamma_k {u^k}^T d^k = \|y^k - H_k d^k\|$, also

$$\gamma_k = \frac{\|y^k - H_k d^k\|^2}{(y^k - H_k d^k)^T d^k}.$$

Insgesamt ergibt dies

$$H_{k+1} = H_k + \frac{(y^k - H_k d^k)(y^k - H_k d^k)^T}{(y^k - H_k d^k)^T d^k}.$$

[5] ohne Einschränkung

Diese Aufdatierungsformel heißt *Symmetrische Rang-1-Formel*, kurz SR1-Formel. Sie hat jedoch einige Nachteile: Der Nenner $(y^k - H_k d^k)^T d^k$ kann Null werden und im Fall $(y^k - H_k d^k)^T d^k < 0$ ist H_{k+1} nicht notwendig positiv definit, auch wenn H_k positiv definit war. Damit ist dann u.U. H_{k+1} nicht mehr invertierbar. Außerdem ist $s^k = -H_{k+1}^{-1} \nabla f(x^{k+1})$ nicht notwendig eine Abstiegsrichtung. Dennoch wird dem SR1-Verfahren neuerdings wieder verstärkt Aufmerksamkeit geschenkt, insbesondere im Zusammenhang mit Trust-Region-Verfahren.

Unsere Herleitung zeigt, dass die SR1-Aufdatierung die einzige symmetrische Rang-1-Aufdatierung ist, die a) und b) erfüllt. Die bis heute erfolgreichsten Quasi-Newton-Verfahren entstehen durch symmetrische Rang-2-Aufdatierungen:

$$H_{k+1} = H_k + \gamma_{k1} u_1^k {u_1^k}^T + \gamma_{k2} u_2^k {u_2^k}^T .$$

Daraus ergibt sich eine ganze Klasse von Aufdatierungsformeln, von denen wir nun einige angeben:

- Die Broyden[6]-Fletcher[7]-Goldfarb[8] -Shanno[9]-Formel (BFGS-Formel):
$$H_{k+1}^{BFGS} = H_k + \frac{y^k {y^k}^T}{{y^k}^T d^k} - \frac{H_k d^k (H_k d^k)^T}{{d^k}^T H_k d^k}.$$
- Die Davidon-Fletcher-Powell-Formel (DFP-Formel):
$$H_{k+1}^{DFP} = H_k + \frac{(y^k - H_k d^k){y^k}^T + y^k (y^k - H_k d^k)^T}{{y^k}^T d^k} - \frac{(y^k - H_k d^k)^T d^k}{({y^k}^T d^k)^2} y^k {y^k}^T .$$
- Die Broyden-Klasse:
$$H_{k+1}^{\lambda} = (1-\lambda) H_{k+1}^{BFGS} + \lambda H_{k+1}^{DFP} = H_{k+1}^{BFGS} + \lambda ({d^k}^T H_k d^k) v^k {v^k}^T, \quad \lambda \in \mathbb{R}.$$
Hierbei ist $v^k = \frac{y^k}{{y^k}^T d^k} - \frac{H_k d^k}{{d^k}^T H_k d^k}$. Dann gilt: $H_{k+1}^0 = H_{k+1}^{BFGS}, H_{k+1}^1 = H_{k+1}^{DFP}$ und für $\lambda = \frac{{y^k}^T d^k}{{y^k}^T d^k - {d^k}^T H_k d^k}$ erhalten wir die SR1-Formel.
- Die konvexe Broyden-Klasse: H_{k+1}^{λ} mit $\lambda \in [0, 1]$.

---

[6]Charles G. Broyden, geb. 1933, ist Professor emeritus an der Universität von Bologna. Er hat wegweisende Beiträge zu Quasi-Newton-Verfahren und Krylovraum-Methoden geleistet. Als Mitarbeiter von English Electric fand er 1965 – nach eigenen Angaben geleitet von seiner Intuition als Physiker – den „good Broyden“ update.

[7]Roger Fletcher, geb. 1939, ist Professor am Department of Mathematics der Universität von Dundee, Schottland. Er hat wichtige Beiträge zur Algorithmenentwicklung in nahezu allen Bereichen der Nichtlinearen Optimierung geleistet, u.a. bei Quasi-Newton-Verfahren, SQP-Methoden mit Filter-Techniken zur Globalisierung (filterSQP mit Sven Leyffer) und im Bereich der gemischt-ganzzahligen Nichtlinearen Optimierung. Er erhielt 1997 den George B. Dantzig Prize für seine substanziellen Beiträge zur Nichtlinearen Optimierung, insbesondere für die Entwicklung von nichtlinearen CG- und von Variable-Metrik-Verfahren. 2006 erhielt er den Lagrange Prize der Mathematical Programming Society (MPS) und der Society for Industrial and Applied Mathematics (SIAM)

[8]Donald Goldfarb, geb. 1942, ist Professor am Department of Industrial Engineering and Operations Research der Columbia Universität in New York, USA. Seine Forschungsschwerpunkte liegen u.a. im Bereich der Algorithmenentwicklung für konvexe Optimierung und allgemein Nichtlineare Optimierung mit Anwendungen in Robuster Optimierung, Finanzwesen und Bildverarbeitung.

[9]David F. Shanno, geb. 1938, ist Professor an der Rutgers Business School Newark and New Brunswick, USA. Er hat u.a. maßgeblich zur Entwicklung von Innere-Punkte-Verfahren für Nichtlineare Optimierung beigetragen (LOQO mit Robert J. Vanderbei). Er erhielt 1991 den Beale-Orchard-Hayes Prize for Excellence in Computational Mathematical Programming.

Das auf der BFGS-Formel basierende BFGS-Verfahren hat sich als das in der Praxis effizienteste Quasi-Newton-Verfahren erwiesen. Bezüglich der in der 2. Motivation angesprochenen Bestapproximationseigenschaft im Sinne einer Aufdatierung kleinster Änderung gilt Folgendes:

Satz 13.3

Sei H_k symmetrisch und positiv definit und ${y^k}^T d^k > 0$. Dann gibt es eine symmetrische und positiv definite Matrix W mit $W^2 d^k = y^k$. Für jede solche Matrix W gilt:

- $H_+ = H_{k+1}^{DFP}$ *löst das Problem*
  $$\min \|W^{-1}(H_+ - H)W^{-1}\|_F \quad u.d.N. \quad H_+ = H_+^T, \quad H_+ d^k = y^k.$$
- $H_+ = (H_{k+1}^{BFGS})$ *löst das Problem*
  $$\min \|W(H_+^{-1} - H^{-1})W\|_F \quad u.d.N. \quad H_+ = H_+^T, \quad H_+ d^k = y^k.$$

Bemerkung. Die angegebene Minimaleigenschaft bez. der in Satz 13.3 genannten gewichteten Normen sichert automatisch die Invarianz des DFP- und BFGS-Verfahrens unter affin-linearen Variablen-Transformationen. Diese wichtige Eigenschaft, die auch das Newton-Verfahren hat, zeichnet die Broyden-Klasse aus.

Die konvexe Broyden-Klasse erzeugt unter gewissen Voraussetzungen stets symmetrische positiv definite Matrizen H_k:

Satz 13.4

1. *Gilt ${y^k}^T d^k \neq 0$ und ${d^k}^T H_k d^k \neq 0$, so sind die Matrizen H_{k+1}^λ, $\lambda \in \mathbb{R}$, wohldefiniert, symmetrisch und erfüllen die Quasi-Newton-Gleichung* (13.45).
2. *Ist H_k positiv definit und gilt ${y^k}^T d^k > 0$, so sind auch die Matrizen H_{k+1}^λ, $\lambda \geq 0$, positiv definit.*

Beweis. zu 1: Wohldefiniertheit und Symmetrie von H_{k+1}^λ sind offensichtlich. Weiter gilt wegen $(uv^T)w = (v^T w)u$:

$$H_k^{BFGS} d^k = H_k d^k + \frac{{y^k}^T d^k}{{y^k}^T d^k} y^k - \frac{{d^k}^T H_k d^k}{{d^k}^T H_k d^k} H_k d^k = H_k d^k + y^k - H_k d^k = y^k,$$

$${v^k}^T d^k = \frac{{y^k}^T d^k}{{y^k}^T d^k} - \frac{{d^k}^T H^k d^k}{{d^k}^T H^k d^k} = 0,$$

also $H_{k+1}^\lambda d^k = H_k^{BFGS} d^k + \lambda({d^k}^T H_k d^k)({v^k}^T d^k) v^k = y^k + 0 \cdot v^k = y^k$.

zu 2: Wegen $\lambda \geq 0$ und ${d^k}^T H_k d^k \geq 0$ gilt

$$d^T H_{k+1}^\lambda d = d^T H_{k+1}^{BFGS} d + \lambda({d^k}^T H_k d^k) d^T v^k {v^k}^T d \geq d^T H_{k+1}^{BFGS} d.$$

Daher genügt es zu zeigen, dass H_{k+1}^{BFGS} positiv definit ist. Hierzu benutzen wir, dass sich die positiv definite Matrix H_k faktorisieren lässt gemäß $H_k = R_k^T R_k$ mit einer geeigneten invertierbaren Matrix R_k (z.B. mithilfe der Cholesky-Zerlegung). Nun gilt für alle $d \in \mathbb{R}^n \setminus \{0\}$:

$$
\begin{aligned}
d^T H_{k+1}^{BFGS} d &= d^T H_k d + \frac{(d^T y^k)^2}{y^{k^T} d^k} - \frac{(d^T H_k d^k)^2}{d^{k^T} H_k d^k} \\
&= \|R_k d\|^2 + \frac{(d^T y^k)^2}{y^{k^T} d^k} - \frac{((R_k d)^T (R_k d^k))^2}{\|R_k d^k\|^2} \\
&\overset{(*)}{\geq} \|R_k d\|^2 + \frac{(d^T y^k)^2}{y^{k^T} d^k} - \frac{\|R_k d\|^2 \|R_k d^k\|^2}{\|R_k d^k\|^2} = \frac{(d^T y^k)^2}{y^{k^T} d^k} \overset{(**)}{\geq} 0.
\end{aligned}
$$

Im Fall $d \notin \mathbb{R} d^k$ gilt $R_k d \notin \mathbb{R} R_k d^k$, und daher liefert die Cauchy-Schwarz-Ungleichung in $(*)$ „>“.

Sind d und d^k linear abhängig, dann gibt es $t \in \mathbb{R} \setminus \{0\}$ mit $d = td^k$ und daher ergibt sich $(d^T y^k)^2 = t^2 (d^{k^T} y^k)^2 > 0$, d.h., wir erhalten „>“ in $(**)$. □

Aus der Tatsache, dass die Aufdatierungsformeln der Broyden-Klasse aus Rang-2-Modifikationen bestehen, lassen sich für die Inversen $B_k = H_k^{-1}$ Aufdatierungsformeln angeben, die ebenfalls aus Rang-2-Modifikationen bestehen. Dies ist eine Konsequenz des folgenden Lemmas:

Lemma 13.5 **Sherman-Morrison-Woodbury-Formel.** *Gegeben seien die invertierbare Matrix $A \in \mathbb{R}^{n \times n}$ und die Vektoren $u, v \in \mathbb{R}^n$. Dann ist die Matrix $A + uv^T$ genau dann invertierbar, wenn $1 + v^T A^{-1} u \neq 0$ gilt, und in diesem Fall ist die Inverse gegeben durch*

$$
(A + uv^T)^{-1} = \left(I - \frac{A^{-1} u v^T}{1 + v^T A^{-1} u} \right) A^{-1} = A^{-1} - \frac{A^{-1} u v^T A^{-1}}{1 + v^T A^{-1} u}.
$$

Bemerkung. Die Sherman-Morrison-Woodbury-Formel kann auf Rang-r-Modifikationen verallgemeinert werden.

Die Inverse von $A + uv^T$ ist also eine Rang-1-Modifikation von A^{-1}. Induktiv ergibt sich, dass die Inverse einer Rang-r-Modifikation von A eine Rang-r-Modifikation von A^{-1} ist.

Wir können nun die inversen Aufdatierungsformeln durch zweimaliges Anwenden der Sherman-Morrison-Woodbury-Formel berechnen. Da dies etwas mühsam ist, geben wir lediglich die inversen BFGS- und DFP-Aufdatierungsformeln an. Ihre Korrektheit kann durch Ausmultiplizieren nachgeprüft werden:

Satz 13.6 *Sei H_k positiv definit und $B_k = H_k^{-1}$. Weiter sei $y^{k^T} d^k > 0$. Dann gelten für $B_{k+1}^{BFGS} = (H_{k+1}^{BFGS})^{-1}$ und $B_{k+1}^{DFP} = (H_{k+1}^{DFP})^{-1}$ die folgenden inversen Aufdatierungsformeln:*

$$
B_{k+1}^{BFGS} = B_k + \frac{(d^k - B_k y^k) d^{k^T} + d^k (d^k - B_k y^k)^T}{d^{k^T} y^k} - \frac{(d^k - B_k y^k)^T y^k}{(d^{k^T} y^k)^2} d^k d^{k^T},
$$

$$
B_{k+1}^{DFP} = B_k + \frac{d^k d^{k^T}}{d^{k^T} y^k} - \frac{B_k y^k (B_k y^k)^T}{y^{k^T} B_k y^k}.
$$

Beweis. Wegen der Symmetrie der Matrizen genügt es,

$$B_{k+1}^{BFGS} H_{k+1}^{BFGS} = I \quad \text{und} \quad B_{k+1}^{DFP} H_{k+1}^{DFP} = I$$

nachzuweisen. Dies sei der Leserin bzw. dem Leser als Übungsaufgabe überlassen. □

Diese inversen Aufdatierungsformeln kann man sich einfach merken:

Die inverse BFGS-Aufdatierungsformel ergibt sich aus der (nicht-inversen) DFP-Aufdatierungsformel, wenn (H_k, d^k, y^k) durch (B_k, y^k, d^k) ersetzt wird. Entsprechend erhalten wir die inverse DFP-Aufdatierungsformel aus der (nicht-inversen) BFGS-Aufdatierungsformel, indem wir wiederum (H_k, d^k, y^k) durch (B_k, y^k, d^k) ersetzen.

13.2 Ein lokales BFGS-Verfahren

Wir geben nun ein lokales BFGS-Verfahren an, wobei wir die inverse Aufdatierungsformel verwenden:

Algorithmus 13.7

Lokales inverses BFGS-Verfahren.

0. *Wähle $x^0 \in \mathbb{R}^n$ und eine symmetrische positiv definite Matrix $B_0 \in \mathbb{R}^{n\times n}$ (möglichst eine Approximation der* inversen *Hesse-Matrix).*

   STOP, falls $\nabla f(x^0) = 0$.

Für $k = 0, 1, 2, \ldots$:

1. *Berechne den Schritt $s^k \in \mathbb{R}^n$ gemäß der Formel $s^k = -B_k \nabla f(x^k)$.*
2. *Setze $x^{k+1} = x^k + s^k$. STOP, falls $\nabla f(x^{k+1}) = 0$.*
3. *Setze $d^k = s^k$, $y^k = \nabla f(x^{k+1}) - \nabla f(x^k)$.*
4. *STOP mit Fehlermeldung, falls ${y^k}^T d^k \leq 0$.*
5. *Berechne*

$$B_{k+1} = B_k + \frac{(d^k - B_k y^k){d^k}^T + d^k(d^k - B_k y^k)^T}{{d^k}^T y^k} - \frac{(d^k - B_k y^k)^T y^k}{({d^k}^T y^k)^2} d^k {d^k}^T .$$

Die Konvergenzanalyse des lokalen BFGS-Verfahrens ist aufwendig. Wir geben hier nur ein repräsentatives Resultat an und verweisen für Details auf [3,7]:

Satz 13.8

Sei $f: \mathbb{R}^n \to \mathbb{R}$ zweimal stetig differenzierbar mit lokal Lipschitz-stetiger Hesse-Matrix $\nabla^2 f$. Weiter seien in $\bar{x}$ die hinreichenden Optimalitätsbedingungen 2. Ordnung erfüllt. Dann gibt es $\delta > 0$ und $\varepsilon > 0$, so dass Algorithmus 13.7 für jeden Startpunkt $x^0 \in B_\delta(\bar{x})$ und jede symmetrische positiv definite Startmatrix $B_0 \in \mathbb{R}^{n\times n}$ mit $\|B_0 - \nabla^2 f(\bar{x})^{-1}\| < \varepsilon$ entweder mit $x^k = \bar{x}$ abbricht oder eine Folge $(x^k) \subset B_\delta(\bar{x})$ erzeugt, die q-superlinear gegen $\bar{x}$ konvergiert.

Beweis. Siehe z.B. Satz 11.33 in [7]. □

13.3 Globalisierte Quasi-Newton-Verfahren

Die Globalisierung von Quasi-Newton-Verfahren erfolgt ähnlich wie beim Newton-Verfahren. Wir behandeln hier lediglich das BFGS-Verfahren und nutzen aus, dass die Matrizen H_k (bzw. B_k) positiv definit sind, falls H_0 (bzw. B_0) positiv definit ist und stets ${y^k}^T d^k > 0$ sichergestellt wird. Letzteres erreichen wir durch Verwendung der Powell-Wolfe-Schrittweitenregel.

Algorithmus 13.9 **Globalisiertes inverses BFGS-Verfahren.**

0. *Wähle* $\gamma \in (0, 1/2)$, $\eta \in (\gamma, 1)$, $x^0 \in \mathbb{R}^n$ *und eine symmetrische positiv definite Matrix* $B_0 \in \mathbb{R}^{n\times n}$.

   STOP, falls $\nabla f(x^0) = 0$.

Für $k = 0, 1, 2, \ldots$:

1. *Berechne die Suchrichtung* $s^k \in \mathbb{R}^n$ *gemäß der Formel* $s^k = -B_k\nabla f(x^k)$.
3. *Bestimme die Schrittweite* $\sigma_k > 0$ *mithilfe der Powell-Wolfe-Regel.*
4. *Setze* $x^{k+1} = x^k + \sigma_k s^k$. *STOP, falls* $\nabla f(x^{k+1}) = 0$.
5. *Setze* $d^k = x^{k+1} - x^k$, $y^k = \nabla f(x^{k+1}) - \nabla f(x^k)$ *und berechne*

$$B_{k+1} = B_k + \frac{(d^k - B_k y^k){d^k}^T + d^k(d^k - B_k y^k)^T}{{d^k}^T y^k} - \frac{(d^k - B_k y^k)^T y^k}{({d^k}^T y^k)^2} d^k {d^k}^T.$$

Zunächst einmal stellen wir fest, dass die Bedingung ${y^k}^T d^k > 0$ durch die Verwendung der Powell-Wolfe-Schrittweitenregel garantiert ist:

Lemma 13.10 *Sei* $f: \mathbb{R}^n \to \mathbb{R}$ *stetig differenzierbar. Ist* B_k *positiv definit und ist die Bestimmung einer Powell-Wolfe-Schrittweite* $\sigma_k > 0$ *in Schritt 3 von Algorithmus 13.9 erfolgreich, so gilt* ${y^k}^T d^k > 0$, *und* B_{k+1} *ist wieder positiv definit.*

Beweis. Wegen (9.23) gilt

$$\begin{aligned} {y^k}^T d^k &= \sigma_k(\nabla f(x^{k+1})^T s^k - \nabla f(x^k)^T s^k) \geq \sigma_k(\eta\nabla f(x^k)^T s^k - \nabla f(x^k)^T s^k) \\ &= -\sigma_k(1-\eta)\nabla f(x^k)^T s^k > 0. \end{aligned}$$

Da B_k positiv definit ist, hat auch $H_k = B_k^{-1}$ diese Eigenschaft und somit wegen ${y^k}^T d^k > 0$ auch H_{k+1}^{BFGS}, siehe Satz 13.4. Damit ist dann auch $B_{k+1} = (H_{k+1}^{BFGS})^{-1}$ wieder positiv definit. □

Für das Verfahren 13.9 gilt der folgende globale Konvergenzsatz:

Satz 13.11 *Sei $f : \mathbb{R}^n \to \mathbb{R}$ stetig differenzierbar und $x^0 \in \mathbb{R}^n$ so, dass die Niveaumenge $N_f(x^0)$ kompakt ist. Dann ist Algorithmus 13.9 durchführbar. Ist darüber hinaus die Konditionszahl der Matrizen B_k gleichmäßig beschränkt, so ist jeder Häufungspunkt von (x^k) ein stationärer Punkt.*

Beweis. Solange $\nabla f(x^k) \neq 0$ gilt und B_k positiv definit ist, erhalten wir

$$\nabla f(x^k)^T s^k = -\nabla f(x^k)^T B_k \nabla f(x^k) < 0.$$

Damit existieren dann nach Satz 9.4 Powell-Wolfe-Schrittweiten. Lemma 13.10 liefert nun die positive Definitheit von B_{k+1}. Induktiv ergibt sich die Durchführbarkeit des Verfahrens. Nun ist Satz 9.5 anwendbar und liefert die Zulässigkeit der Schrittweiten. Aufgrund der gleichmäßigen Beschränktheit der Folge $(\kappa(B_k))$ ergibt sich wie in dem Beispiel in Abschnitt 8.1 auf Seite 32 die Winkelbedingung:

$$\begin{aligned}
-\nabla f(x^k)^T s^k &= {s^k}^T B_k^{-1} s^k \geq \frac{1}{\lambda_{\max}(B_k)} \|s^k\|^2 = \frac{1}{\lambda_{\max}(B_k)} \|B_k \nabla f(x^k)\| \, \|s^k\| \\
&\geq \frac{\lambda_{\min}(B_k)}{\lambda_{\max}(B_k)} \|\nabla f(x^k)\| \, \|s^k\| = \kappa(B_k)^{-1} \|\nabla f(x^k)\| \, \|s^k\| \\
&\geq \frac{1}{\max_k \kappa(B_k)} \|\nabla f(x^k)\| \, \|s^k\| .
\end{aligned}$$

Daher ist die Winkelbedingung erfüllt und die Suchrichtungen sind somit zulässig. Nun ist der allgemeine globale Konvergenzsatz 8.7 anwendbar und liefert die Behauptung. □

Im allgemeinen Fall ist es nicht möglich zu zeigen, dass die Kondition der durch inverse BFGS-Aufdatierungen erzeugte Matrizenfolge beschränkt bleibt. Man wird daher bei robusten Implementierungen einen verallgemeinerten Winkeltest (z.B. (10.35)) einbauen, die Matrix B_k neu initialisieren (z.B. $B_k = B_0$) und s^k damit neu berechnen, falls der Winkeltest verletzt ist.

13.4 Weitere Ergebnisse über Quasi-Newton-Verfahren

In der Literatur über Quasi-Newton-Verfahren stehen viele weitere Resultate zur Verfügung. Wir fassen einige Ergebnisse kurz zusammen:

a) Sei f stetig differenzierbar und x^0 so, dass $N_f(x^0)$ kompakt ist. Weiter sei H_0 symmetrisch und positiv definit. Wir betrachten das folgende Quasi-Newton-Verfahren:

   Für $k = 0, 1, 2, \ldots$:

   1. STOP, falls $\nabla f(x^k) = 0$.
   2. Berechne $s^k = -H_k^{-1} \nabla f(x^k)$.
   3. Bestimme das kleinste $\sigma_k > 0$ mit $\nabla f(x^k + \sigma_k s^k)^T s^k = 0$ (d.h. das erste lokale Minimum $\sigma_k > 0$ von $f(x^k + \sigma s^k)$).

4. Setze $x^{k+1} = x^k + \sigma_k s^k$.
5. Wähle $\lambda_k \geq 0$ und berechne $H_{k+1} := H_{k+1}^{\lambda_k}$.

Dann sind die Iterierten x^k *unabhängig von der Wahl des Broyden-Parameters* λ_k. Diese Aussage gilt nur bei Verwendung der angegebenen lokalen Minimierungsregel. Sie wurde zuerst von Dixon [Dix72] bewiesen, siehe auch Satz 3.4 in [16].

b) Ist $f(x) = c^T x + \frac{1}{2} x^T C x$ quadratisch mit positiv definiter Hesse-Matrix C, so sind die durch den in a) angegebenen, mit $H_0 = I$ gestarteten Algorithmus erzeugten Iterierten x^k identisch mit denen, die das CG-Verfahren bei der Minimierung von f erzeugen würde. Siehe hierzu Proposition 1.7.3 in [1].

c) Ist f gleichmäßig konvex, so gilt die folgende starke globale Konvergenzaussage: Sei $f : \mathbb{R}^n \to \mathbb{R}$ zweimal stetig differenzierbar und x^0 so, dass die Niveaumenge $N_f(x^0)$ konvex und f gleichmäßig konvex auf $N_f(x^0)$ ist. Für jede beliebige symmetrische positiv definite Startmatrix B_0 terminiert dann Algorithmus 13.9 entweder mit dem globalen Minimum $\bar{x}$ von f, oder er erzeugt eine Folge, die gegen $\bar{x}$ konvergiert.

13.5 Numerische Beispiele

Wir wenden das BFGS-Verfahren mit der Powell-Wolfe-Schrittweitenregel auf zwei Testbeispiele an, die Rosenbrock-Funktion und ein Minimalflächenproblem.

Anwendung auf die Rosenbrock-Funktion

Wir verwenden als Zielfunktion die Rosenbrock-Funktion

$$f : \mathbb{R}^2 \to \mathbb{R}, \quad f(x) = 100(x_2 - x_1^2)^2 + (1 - x_1)^2.$$

Das Minimum liegt bei $\bar{x} = (0, 0)^T$ mit Funktionswert $f(\bar{x}) = 0$.

Als Abbruchbedingung benutzen wir: $\|\nabla f(x^k)\| \leq \varepsilon$. Wir verwenden ähnlich wie in Abschnitt 10.5 die folgenden Daten:

$$x^0 = \begin{pmatrix} -1.2 \\ 1.0 \end{pmatrix} \text{ (Startpunkt)}, \quad \varepsilon = 10^{-9} \text{ (Abbruchbedingung)}$$

$$\beta = \frac{1}{2}, \quad \gamma = 10^{-4}, \quad \eta = 0.9 \text{ (Powell-Wolfe-Regel)}.$$

Wie in Tabelle II.6 dargestellt konvergiert das globalisierte BFGS-Verfahren für die Rosenbrock-Funktion sehr viel schneller als das Gradientenverfahren, obwohl ebenfalls nur der Gradient benötigt wird, und kommt für dieses Beispiel mit etwa der doppelten Iterationszahl des globalisierten Newton-Verfahrens aus.

Anwendung auf ein Minimalflächenproblem

Wir wenden nun das globalisierte BFGS-Verfahren auf das im Abschnitt 7.5 auf Seite 29–30 beschriebene Minimalflächenproblem an, siehe auch die ausführliche Problembeschreibung in Kapitel I auf Seite 3–4. Die Dimension des Unbekanntenvektors

Tabelle II.6: Verlauf des BFGS-Verfahrens mit Powell-Wolfe-Schrittweitenregel bei Anwendung auf die Rosenbrock-Funktion.

k	$f(x^k)$	$\|\nabla f(x^k)\|$	σ_k
0	2.42000e+01	2.32868e+02	0.00098
1	5.10111e+00	4.38985e+01	0.12500
2	3.20842e+00	1.26642e+01	1.00000
3	3.12866e+00	1.41374e+01	1.00000
4	2.67087e+00	2.19418e+01	1.00000
5	2.28157e+00	4.04620e+00	1.00000
6	1.92423e+00	5.18454e+00	0.25000
$k = 7$–28: $18\times\ \sigma_k = 1.0$, $4\times\ \sigma_k = 0.5$			
29	2.68954e–04	1.26987e–01	1.00000
30	2.46297e–05	1.96919e–01	1.00000
31	5.52548e–07	1.17429e–02	1.00000
32	8.66331e–10	1.22180e–03	1.00000
33	1.86604e–13	1.10224e–05	1.00000
34	2.74564e–17	8.83463e–08	1.00000
35	7.66456e–25	3.14720e–11	

y ist $n = 6084$. Als Startpunkt wählen wir den gleichen wie in Abschnitt 7.5 auf Seite 29–30 beschrieben. Als Abbruchbedingung verwenden wir: $\|\nabla f(y^k)\| \le \varepsilon = 10^{-4}$. Die weiteren Powell-Wolfe-Parameter sind $\beta = 0.5$, $\gamma = 10^{-4}$ und $\eta = 0.9$. Wir wenden die inverse Aufdatierungsformel rekursiv an und speichern hierzu die für die Updates benötigten Vektoren.

Das Verhalten des globalisierten BFGS-Verfahrens ist in Tabelle II.7 dargestellt. Das Verfahren ist um Größenordnungen besser als das Gradientenverfahren (vgl. Abschnitt 7.5, Seite 29–30), benötigt aber fast das 30-Fache an Iterationen wie das globalisierte Newton-Verfahren (vgl. Abschnitt 10.5, Seite 55). Im Vergleich zum Newton-Verfahren ist aber zu sagen, dass die Berechnung des BFGS-Schritts im Allgemeinen deutlich weniger aufwendig ist als die Berechnung des Newton-Schritts und dass zur Anwendung des BFGS-Verfahrens nur f und ∇f, nicht aber $\nabla^2 f$ ausgewertet werden müssen. Insgesamt ist das BFGS-Verfahren ein sehr guter Kompromiss aus Leistungsfähigkeit und einfacher Anwendbarkeit.

Tabelle II.7: Verlauf des BFGS-Verfahrens mit Powell-Wolfe-Schrittweitenwahl bei Anwendung auf ein Minimalflächenproblem.

k	$f(y^k)$	$\|\nabla f(y^k)\|$	σ_k
0	$2.30442e+00$	$8.01288e-02$	1.00
1	$2.29879e+00$	$7.13486e-02$	1.00
2	$2.27545e+00$	$1.21529e-01$	1.00
3	$2.26037e+00$	$1.46334e-01$	1.00
4	$2.24739e+00$	$1.58831e-01$	1.00
5	$2.23394e+00$	$1.76886e-01$	1.00
6	$2.21802e+00$	$1.92457e-01$	1.00
$k = 7$–273: $138\times\ \sigma_k = 1.0$, $129\times\ \sigma_k = 0.5$			
274	$1.66274e+00$	$1.42511e-04$	0.50
275	$1.66274e+00$	$1.01542e-04$	1.00
276	$1.66274e+00$	$1.84321e-04$	1.00
277	$1.66274e+00$	$1.76308e-04$	0.50
278	$1.66274e+00$	$1.11725e-04$	0.50
279	$1.66274e+00$	$8.56229e-05$	

Übungsaufgaben

Aufgabe **Powell-Symmetric-Broyden-Formel.** Bei der Motivation von Quasi-Newton-Verfahren wurde begründet, dass es sinnvoll ist, nach Aufdatierungsformeln zu suchen, die das folgende Optimierungsproblem lösen:

$$\min_{H\in\mathbb{R}^{n\times n}} \quad \|H - H_k\|_* \quad \text{u.d.N.} \quad H = H^T, \quad Hd^k = y^k.$$

Hierbei sind die symmetrische Matrix $H_k \in \mathbb{R}^{n\times n}$, die Vektoren $d^k, y^k \in \mathbb{R}^n$ und die Matrix-Norm $\|\cdot\|_*$ gegeben. Je nach Wahl von $\|\cdot\|_*$ ergeben sich unterschiedliche Aufdatierungsformeln. Wir betrachten nun speziell die Frobenius-Norm

$$\|A\|_F = \sqrt{\langle A, A\rangle} \quad \text{mit} \quad \langle A, B\rangle = \sum_{i,j=1}^{n} A_{ij}B_{ij}.$$

Das Problem lautet dann

$$\min_{H\in\mathbb{R}^{n\times n}} \quad \frac{1}{2}\|H - H_k\|_F^2 \quad \text{u.d.N.} \quad H = H^T, \quad Hd^k = y^k, \tag{$*$}$$

wobei wir o.E. die Zielfunktion quadriert und mit $1/2$ multipliziert haben. Ziel der Aufgabe ist es, zu zeigen, dass die Lösung von $(*)$ gegeben ist durch die

Powell-Symmetric-Broyden- (PSB-) Formel:

$$H_{k+1}^{PSB} = H_k + \frac{(y^k - H_k d^k){d^k}^T + d^k(y^k - H_k d^k)^T}{\|d^k\|^2} - \frac{(y^k - H_k d^k)^T d^k}{\|d^k\|^4} d^k {d^k}^T.$$

a) Zeigen Sie, dass der zulässige Bereich $\mathcal{H} = \{H \in \mathbb{R}^{n\times n} : H = H^T,\ Hd^k = y^k\}$ von $(*)$ abgeschlossen und konvex ist.

b) Berechnen Sie den Gradienten der Zielfunktion $f: H \in \mathbb{R}^{n\times n} \mapsto \frac{1}{2}\|H - H_k\|_F^2$ und begründen Sie, dass f quadratisch und streng konvex ist.

   Bemerkung: Da H eine Matrix ist, lässt sich $\nabla f(H)$ am einfachsten ebenfalls als Matrix darstellen mit $(\nabla f(H))_{ij} = \frac{d}{dH_{ij}} f(H)$.

c) Verwenden Sie die Eigenschaften konvexer Funktionen, um zu begründen, dass $(*)$ genau eine Lösung H_* besitzt und dass diese eindeutig charakterisiert ist durch

$$H_* \in \mathcal{H}, \quad \langle \nabla f(H_*), H - H_*\rangle \geq 0 \quad \forall\, H \in \mathcal{H}. \tag{$\bullet$}$$

   Zeigen Sie weiter: $\{H - H_* : H \in \mathcal{H}\} = \{M \in \mathbb{R}^{n\times n} : M = M^T,\ Md^k = 0\}$.

d) Zeigen Sie, dass $H_* = H_{k+1}^{PSB}$ der Bedingung $(\bullet)$ genügt. Warum ist also H_{k+1}^{PSB} die eindeutige Lösung von $(*)$?

   Tip: Benutzen Sie $\langle A, uv^T\rangle = u^T A v$.

Aufgabe **SR1-Updates bei quadratischen Funktionen.** Die SR1-Update-Formel ist, wie wir wissen, gegeben durch

$$H_{k+1} = H_k + \frac{(y^k - H_k d^k)(y^k - H_k d^k)^T}{(y^k - H_k d^k)^T d^k} =: H^{SR1}(H_k, d^k, y^k).$$

Sei $f: \mathbb{R}^n \to \mathbb{R}$ eine quadratische Funktion $f(x) = \frac{1}{2}x^T Ax + b^T x + c$ mit $A \in \mathbb{R}^{n\times n}$ symmetrisch und positiv definit. Zur Minimierung dieser Funktion verwende man das lokale Quasi-Newton Verfahren in Algorithmus 13.1 mit dem SR1-Update.

Zeigen Sie folgende Aussage:
Die Iterierten x^k konvergieren für jeden Startpunkt $x^0 \in \mathbb{R}^n$ und für jede symmetrische invertierbare Startmatrix H_0 gegen den Minimalpunkt $\overline{x}$ in maximal n Schritten, sofern $(y^k - H_k d^k)^T d^k \neq 0$ und

$(d^k - H_k^{-1}y^k)^T y^k \neq 0$ für alle k gilt. Werden n Schritte benötigt und sind die erzeugten Richtungen s^k linear unabhängig, dann gilt $H_n = A$.

Zeigen Sie dazu:

a) Ist H_k invertierbar und gilt $(y^k - H_k d^k)^T d^k \neq 0$, $(d^k - H_k^{-1}y^k)^T y^k \neq 0$, dann ist H_{k+1} wohldefiniert und invertierbar mit $H_{k+1}^{-1} = H^{SR1}(H_k^{-1}, y^k, d^k)$.

b) Es gilt $(*)$ $H_k d^j = y^j$ für $j = 0, \ldots, k-1$.

c) Sind die $s^1, \ldots, s^n$ linear unabhängig, so ist $H_n = A$.

d) Ist s^k linear abhängig zu $s^1, \ldots, s^{k-1}$, so ist $H_k d^k = y^k$ und es folgt $\nabla f(x^{k+1}) = 0$.

Übergang zu schneller lokaler Konvergenz für Updates minimaler Änderung. Beweisen Sie folgende Aussage: Aufgabe

$f: \mathbb{R}^n \to \mathbb{R}$ sei zweimal stetig differenzierbar. Algorithmus 13.1 verwende Updates minimaler Änderung gemäß

$$H_{k+1} = \underset{H \in \mathbb{R}^{n \times n}}{\operatorname{argmin}} \|H - H_k\|_* \quad u.d.N. \quad H = H^T, \quad H d^k = y^k$$

mit einer Hilbertraum-Norm $\|\cdot\|_*$ (z.B. PSB-Updates).

Die erzeugte Folge (x^k) konvergiere gegen einen Punkt $\bar{x}$, der die hinreichende Bedingung zweiter Ordnung erfüllt, und $\nabla^2 f$ sei lokal Lipschitz-stetig bei $\bar{x}$. Zudem sei

$$\sum_{k=0}^{\infty} \|x^{k+1} - x^k\| < \infty$$

erfüllt (z.B. falls $x^k \to \bar{x}$ q-linear oder r-linear). Dann gilt $\lim_{k\to\infty} \|H_{k+1} - H_k\| \to 0$ und somit konvergiert $x^k \to \bar{x}$ q-superlinear nach Lemma 13.2

14 Trust-Region-Verfahren

Trust-Region Verfahren wurden in den 70er Jahren erstmals vorgestellt und zählen seitdem zu den leistungsfähigsten Globalisierungsverfahren der nichtlinearen Optimierung. Das Buch von Conn[10], Gould[11] und Toint[12] [4] gibt einen umfangreichen Überblick.

---

[10] Andrew R. Conn ist Manager der Numerical Analysis Group im Mathematical Sciences Department am IBM T.J. Watson Research Center, New York. Er hat sich in Zusammenarbeit mit Nicolas Gould und Philippe Toint sehr verdient um die Entwicklung und Implementierung leistungsfähiger Verfahren für Nichtlineare Optimierung gemacht (u.a. NLP-Löser LANCELOT, GALAHAD und die Testproblemsammlung CUTEr). Er beschäftigt sich zudem mit ableitungsfreien Verfahren und ist Mitbegründer des COIN-OR Projektes, das Open Source Optimierungs-Software entwickelt.

[11] Nicholas I. M. Gould, geb. 1957, ist Wissenschaftler in der Numerical Analysis Group des Computational Science and Engineering Department am Rutherford Appleton Laboratory, Oxfordshire, und zudem Visiting Professor in Numerical Optimisation an der Universität von Oxford. Er ist einer der führenden Wissenschaftler im Bereich der numerischen Linearen Algebra in der Optimierung und Mitentwickler von LANCELOT, GALAHAD und dem Testset CUTEr. Er erhielt 1986 den Leslie Fox Prize in Numerical Analysis, 1994 den Beale-Orchard-Hays Prize for Excellence in Computational Mathematical Programming.

[12] Philippe L. Toint ist Professor am Département de Mathématique der Universität Namur, Belgien. Er gehört zu den führenden Wissenschaftlern bei der Algorithmenentwicklung für Nichtlineare Optimierung von der Konvergenzanalyse über numerische Aspekte bis zur Softwareentwicklung (u.a. LANCELOT, GALAHAD, CUTEr). Sein Interesse gilt u.a. der ableitungsfreien Optimierung, Anwendungen und rekursiven Multilevel-Trust-Region-Verfahren. Er erhielt 2006 den Lagrange Prize der Mathematical Programming Society (MPS) und der Society for Industrial and Applied Mathematics (SIAM).

Wir betrachten das unrestringierte Optimierungsproblem

$$\min_{x \in \mathbb{R}^n} f(x) \tag{14.47}$$

mit der Zielfunktion $f: \mathbb{R}^n \to \mathbb{R}$.

Zur Motivation des Verfahrens gehen wir zunächst von einer zweimal stetig differenzierbaren Zielfunktion aus und bezeichnen mit $x^k \in \mathbb{R}^n$ die aktuelle Iterierte. Die Berechnung eines Schrittes s^k zur Bestimmung der neuen Iterierten $x^{k+1} = x^k + s^k$ basiert auf folgender Idee:

1. Durch Taylor-Entwicklung von $f(x^k + s)$ um $s = 0$ erhalten wir ein *quadratisches Modell*

$$q_k(s) = f_k + {g^k}^T s + \frac{1}{2} s^T H_k s$$

   mit $f_k = f(x^k)$, $g^k = \nabla f(x^k)$ und $H_k = \nabla^2 f(x^k)$.
   Der Schritt s^k soll nun durch (restringierte) Minimierung von q_k gewonnen werden.

2. Das Modell $q_k(s)$ stimmt in einer Umgebung von $s = 0$ gut mit $f(x^k + s)$ überein, denn nach dem Satz von Taylor gilt: $f(x^k + s) = q_k(s) + o(\|s\|^2)$.
   Ist $\|s\|$ „groß", so muss dies natürlich nicht mehr gelten.

   Daher ist es sinnvoll, dem Modell q_k nur auf einem *Vertrauensbereich* (einer *Trust-Region*) $\{s;\ \|s\| \leq \Delta_k\}$ zu „trauen". Hierbei bezeichnet $\Delta_k > 0$ den *Trust-Region-Radius.* Die Schrittberechnung erfolgt nun durch Lösen des

   Trust-Region Teilproblems:

$$\min_{s \in \mathbb{R}^n} \left\{ q_k(s)\,;\ \|s\| \leq \Delta_k \right\}. \tag{14.48}$$

3. Die Bewertung der Qualität des berechneten Schritts erfolgt durch Vergleich der Abnahme der Modellfunktion q_k (predicted reduction)

$$\text{pred}_k(s^k) \stackrel{\text{def}}{=} q_k(0) - q_k(s^k) = f_k - q_k(s^k)$$

   und der tatsächlichen Abnahme (actual reduction) der Zielfunktion

$$\text{ared}_k(s^k) \stackrel{\text{def}}{=} f_k - f(x^k + s^k).$$

   Hierzu setzen wir diese ins Verhältnis:

$$\rho_k(s^k) \stackrel{\text{def}}{=} \frac{\text{ared}_k(s^k)}{\text{pred}_k(s^k)}. \tag{14.49}$$

   Wir wählen einen Parameter $0 < \eta_1 < 1$ (etwa $\eta_1 = 0.1$) und verfahren wie folgt:

   - Ist die f-Abnahme $\text{ared}_k(s^k)$ unbefriedigend im Vergleich zur Modellabnahme $\text{pred}_k(s^k)$, d.h. gilt

$$\rho_k(s^k) \leq \eta_1,$$

     so zeigt dies, dass die Trust-Region zu groß gewählt ist. Wir verwerfen dann den Schritt s^k und reduzieren den Trust-Region-Radius: $x^{k+1} = x^k$, $\Delta_{k+1} < \Delta_k$.

   - Ist die f-Abnahme befriedigend im Vergleich zur Modellabnahme, d.h. gilt

$$\rho_k(s^k) > \eta_1,$$

     so akzeptieren wir den Schritt: $x^{k+1} = x^k + s^k$.

Der neue Trust-Region-Radius Δ_{k+1} wird dann in Abhängigkeit von $\rho_k(s^k)$ ermittelt, wobei wir stets $\Delta_{k+1} \geq \Delta_{\min}$ wählen mit $\Delta_{k+1} \geq \Delta_k$, falls $\rho_k(s^k)$ nahe bei eins liegt und $\Delta_{k+1} \leq \Delta_k$ (wenn $\Delta_k \geq \Delta_{\min}$), falls nicht. Hierbei ist $\Delta_{\min} \geq 0$ ein Parameter.

Damit sind die grundlegenden Ideen des *Trust-Region Newton Verfahrens* beschrieben. Der Name Newton weist darauf hin, dass wir mit der exakten Hesse-Matrix arbeiten. Im Falle $\|s^k\| < \Delta_k$ ist dann s^k ein globales Minimum von q_k, und s^k ist somit der Newton-Schritt:

$$s^k = -\nabla^2 f(x^k)^{-1} \nabla f(x^k).$$

Das Trust-Region Konzept lässt wesentliche Verallgemeinerungen zu:

a) Steht die Hesse-Matrix von f nicht zur Verfügung (z.B. weil f nicht zweimal differenzierbar oder die Berechnung von $\nabla^2 f$ zu aufwendig ist), so kann für die Hesse-Matrix H_k des Modells q_k eine geeignete symmetrische Approximation der Hesse-Matrix, z.B. eine Quasi-Newton-Approximation (BFGS, DFP, SR1 usw.) verwendet werden. Unsere Voraussetzungen an f und H_k zum Nachweis globaler Konvergenz sind:

Voraussetzung 14.1

Die Zielfunktion $f: \mathbb{R}^n \to \mathbb{R}$ ist stetig differenzierbar und nach unten beschränkt.

Voraussetzung 14.2

Es gibt eine Konstante $C_H > 0$, so dass für alle k gilt:

$$\|H_k\| \leq C_H.$$

b) Die Berechnung exakter Lösungen des Trust-Region-Teilproblems ist zwar relativ effizient möglich, für große Optimierungsprobleme aber häufig trotzdem zu aufwendig. Das Trust-Region-Verfahren ist aber bereits dann global konvergent, wenn alle berechneten Schritte s^k folgender Bedingung genügen:

Cauchy-Abstiegsbedingung (Fraction of Cauchy Decrease):

Es gibt von k unabhängige Konstanten $\alpha \in (0, 1]$ und $\beta \geq 1$ mit

$$\|s^k\| \leq \beta\Delta_k \quad , \quad \text{pred}_k(s^k) \geq \alpha\, \text{pred}_k(s_c^k), \tag{14.50}$$

wobei der *Cauchy-Schritt* s_c^k die eindeutige Lösung des folgenden eindimensionalen Minimierungsproblems ist:

$$\min \quad q_k(s) \quad \text{u.d.N} \quad s = -tg^k, \quad t \geq 0, \quad \|s\| \leq \Delta_k. \tag{14.51}$$

Wir behandeln gleich das in a) und b) beschriebene allgemeinere Szenario und erhalten:

Algorithmus 14.3

Trust-Region-Verfahren.
Wähle Parameter $\alpha \in (0, 1]$, $\beta \geq 1$, $0 < \eta_1 < \eta_2 < 1$, $0 < \gamma_0 < \gamma_1 < 1 < \gamma_2$ und $\Delta_{\min} \geq 0$.
Wähle einen Startpunkt $x^0 \in \mathbb{R}^n$ und einen Trust-Region-Radius $\Delta_0 > 0$ mit $\Delta_0 \geq \Delta_{\min}$.

Für $k = 0, 1, 2, \ldots$:

1. *Falls $g^k = 0$, dann STOP mit Resultat x^k.*
2. *Wähle eine symmetrische Matrix $H_k \in \mathbb{R}^{n\times n}$.*
3. *Berechne einen Schritt s^k, der die Cauchy-Abstiegsbedingung (14.50) erfüllt.*
4. *Berechne $\rho_k(s^k)$ gemäß (14.49).*
5. *Falls $\rho_k(s^k) > \eta_1$, dann* akzeptiere *den Schritt s^k, d.h. setze $x^{k+1} = x^k + s^k$.* *Andernfalls* verwerfe *den Schritt, d.h. setze $x^{k+1} = x^k$.*
6. *Berechne Δ_{k+1} gemäß Algorithmus 14.4.*

Algorithmus 14.4 **Update des Trust-Region-Radius Δ_k.**
Seien η_1, η_2 und $\gamma_0, \gamma_1, \gamma_2$ wie in Algorithmus 14.3 gewählt.

1. *Falls $\rho_k(s^k) \le \eta_1$, so wähle $\Delta_{k+1} \in [\gamma_0\Delta_k, \gamma_1\Delta_k]$.*
2. *Falls $\rho_k(s^k) \in (\eta_1, \eta_2]$, so wähle $\Delta_{k+1} \in [\max\{\Delta_{\min}, \gamma_1\Delta_k\}, \max\{\Delta_{\min}, \Delta_k\}]$.*
3. *Falls $\rho_k(s^k) > \eta_2$, so wähle $\Delta_{k+1} \in [\max\{\Delta_{\min}, \Delta_k\}, \max\{\Delta_{\min}, \gamma_2\Delta_k\}]$.*

Wir teilen die Schritte s^k in zwei Klassen ein, die erfolgreichen und die verworfenen Schritte:

Definition 14.5 Der Schritt s^k heißt *erfolgreich*, falls $\rho_k(s^k) > \eta_1$ gilt und somit $x^{k+1} = x^k + s^k$ gesetzt wird. Mit $\mathcal{S} \subset \mathbb{N}_0$ bezeichnen wir die Indexmenge aller erfolgreichen Schritte.

14.1 Globale Konvergenz

In diesem Abschnitt zeigen wir, dass Algorithmus 14.3 unter den Voraussetzungen 14.1 und 14.2 global konvergiert.

Die Cauchy-Abstiegsbedingung gestattet die folgende Abschätzung des Modellabstiegs $\mathrm{pred}_k(s^k)$:

Lemma 14.6 *Es gelten die Voraussetzungen 14.1 und 14.2. Ist dann $g^k \neq 0$ und genügt s^k der Cauchy-Abstiegsbedingung (14.50), so gilt:*

$$\mathrm{pred}_k(s^k) \ge \frac{\alpha}{2}\|g^k\| \min\left\{\Delta_k, \|g^k\|/C_H\right\}.$$

Beweis. Es gilt $\mathrm{pred}_k(s_c^k) = \phi(\tau^*)$, wobei τ^* das Maximum der Funktion

$$\phi(\tau) = \mathrm{pred}_k(-\tau g^k) = \tau\|g^k\|^2 - \frac{1}{2}\tau^2 {g^k}^T H_k g^k$$

auf $[0, \kappa]$, $\kappa = \Delta_k/\|g^k\|$ ist.

Im Fall ${g^k}^T H_k g^k \le 0$ folgt $\tau^* = \kappa$ und

$$\phi(\tau^*) \ge \kappa \|g^k\|^2 = \|g^k\| \Delta_k.$$

Im Falle ${g^k}^T H_k g^k > 0$ ist entweder $\tau^* = \kappa \le \|g^k\|^2/({g^k}^T H_k g^k)$ und

$$\phi(\tau^*) = \kappa \|g^k\|^2 - \frac{1}{2}\kappa^2 {g^k}^T H_k g^k \ge \frac{1}{2}\kappa \|g^k\|^2 = \frac{1}{2}\|g^k\| \Delta_k$$

oder $\tau^* = \|g^k\|^2/({g^k}^T H_k g^k) < \kappa$ und

$$\phi(\tau^*) = \frac{1}{2}\frac{\|g^k\|^4}{{g^k}^T H_k g^k} \ge \frac{1}{2}\frac{\|g^k\|^2}{\|H_k\|} \ge \frac{1}{2}\frac{\|g^k\|^2}{C_H}.$$

Wegen $\mathrm{pred}_k(s^k) \ge \alpha\, \mathrm{pred}_k(s_c^k) = \alpha \phi(\tau^*)$ ist damit das Lemma bewiesen. □

Als Nächstes zeigen wir, dass die Suche nach einem erfolgreichen Schritt stets erfolgreich ist. Hierzu benötigen wir das folgende Lemma, das auch später noch hilfreich sein wird:

Lemma 14.7 *Sei f stetig differenzierbar und $x \in \mathbb{R}^n$ ein Punkt mit $\nabla f(x) \ne 0$. Dann gibt es zu jedem $\eta \in (0,1)$ Konstanten $\delta = \delta(x,\eta) > 0$ und $\Delta = \Delta(x,\eta) > 0$, so dass*

$$\rho_k(s^k) > \eta$$

gilt für alle $x^k \in \mathbb{R}^n$ mit $\|x^k - x\| \le \delta$ und alle $\Delta_k \in (0, \Delta]$, $s^k \in \mathbb{R}^n$ und $H_k = H_k^T \in \mathbb{R}^{n\times n}$, die den Voraussetzungen 14.2 und der Bedingung (14.50) genügen.

Beweis. Nach dem Mittelwertsatz gibt es $\tau \in [0,1]$ mit

$$\begin{aligned}\mathrm{pred}_k(s^k) - \mathrm{ared}_k(s^k) &= f(x^k + s^k) - q_k(s^k)\\ &= \nabla f(x^k + \tau s^k)^T s^k - {g^k}^T s^k - \frac{1}{2}{s^k}^T H_k s^k\\ &\le \beta \|\nabla f(x^k + \tau s^k) - g^k\| \Delta_k + \frac{\beta^2 C_H}{2}\Delta_k^2,\end{aligned}$$

wobei die Voraussetzungen verwendet wurden. Weiter ergeben (14.50) und Lemma 14.6:

$$\mathrm{pred}_k(s^k) \ge \frac{\alpha}{2}\|g^k\| \min\left\{\Delta_k, \|g^k\|/C_H\right\}.$$

Aufgrund der Stetigkeit von ∇f können wir $\delta > 0$ so klein wählen, dass $\|g^k\| \ge \varepsilon := \|\nabla f(x)\|/2$ gilt für alle x^k mit $\|x^k - x\| \le \delta$. Für $0 < \Delta \le \varepsilon/C_H$ und alle $\Delta_k \le \Delta$ ergibt sich somit

$$\mathrm{pred}_k(s^k) \ge \frac{\alpha}{2}\|g^k\|\Delta_k \ge \frac{\alpha}{2}\varepsilon \Delta_k.$$

Wegen

$$\|x^k - x\| \le \delta, \quad \|x^k + \tau s^k - x\| \le \|x^k - x\| + \|s^k\| \le \delta + \beta\Delta_k \le \delta + \beta\Delta$$

konvergieren für $\delta + \Delta \to 0$ sowohl $g^k = \nabla f(x^k)$ als auch $\nabla f(x^k + \tau s^k)$ gegen $\nabla f(x)$. Wählen wir also δ und Δ hinreichend klein, so gilt:

$$\beta \|\nabla f(x^k + \tau s^k) - g^k\| + \frac{\beta^2 C_H}{2}\Delta_k < (1-\eta)\frac{\alpha}{2}\varepsilon.$$

Wir erhalten dann

$$\rho_k(s^k) = 1 - \frac{\operatorname{pred}_k(s^k) - \operatorname{ared}_k(s^k)}{\operatorname{pred}_k(s^k)} > 1 - \frac{(1-\eta)\frac{\alpha}{2}\varepsilon\Delta_k}{\frac{\alpha}{2}\varepsilon\Delta_k} = \eta. \qquad \square$$

Daraus ergibt sich unmittelbar:

Korollar 14.8 *Algorithmus* 14.3 *terminiere nicht endlich und es gelten die Voraussetzungen* 14.1 *und* 14.2. *Dann erzeugt der Algorithmus unendlich viele erfolgreiche Schritte.*

Beweis. Angenommen, die Aussage ist falsch. Dann gibt es $l \geq 0$ mit $x^k = x^l$ und $\rho_k(s^k) \leq \eta_1$ für alle $k \geq l$. Weiter haben wir

$$\Delta_k \leq \gamma_1 \Delta_{k-1} \leq \cdots \leq \gamma_1^{k-l}\Delta_l \to 0 \quad \text{für } k \to \infty.$$

Da $g_l \neq 0$ gilt, können wir Lemma 14.7 anwenden mit $x = x^l$ sowie $\eta = \eta_1$ und erhalten ein $\Delta > 0$, so dass $\rho_k(s^k) > \eta_1$ gilt für alle $k \geq l$ mit $\Delta_k \leq \Delta$ (beachte $x^k = x^l$ für alle $k \geq l$). Wegen $\Delta_k \to 0$ existiert ein kleinstes solches k. Der Schritt s^k wäre dann erfolgreich, im Widerspruch zur Annahme. $\square$

Als Nächstes stellen wir fest:

Lemma 14.9 *Wir betrachten Algorithmus* 14.3 *unter den Voraussetzungen* 14.1 *und* 14.2. *Ist dann $\mathcal{K} \subset \mathcal{S}$ eine unendliche Menge mit $\|g^k\| \geq \varepsilon > 0$ für alle $k \in \mathcal{K}$, dann gilt*

$$\sum_{k\in\mathcal{K}} \Delta_k < \infty.$$

Beweis. Für alle $k \in \mathcal{K} \subset \mathcal{S}$ ist der Schritt s^k erfolgreich und daher gilt:

$$\begin{aligned} f(x^k) - f(x^{k+1}) &= \operatorname{ared}_k(s^k) > \eta_1 \operatorname{pred}_k(s^k) \geq \eta_1 \frac{\alpha}{2}\|g^k\| \min\left\{\Delta_k, \|g^k\|/C_H\right\} \\ &\geq \eta_1 \frac{\alpha}{2}\varepsilon \min\{\Delta_k, \varepsilon/C_H\}. \end{aligned}$$

Wegen $f(x^k) \geq f(x^{k+1})$ für alle k ergibt sich

$$\begin{aligned} f(x^0) - f(x^k) &= \sum_{l\in\mathcal{S},\, l<k} (f(x^l) - f(x^{l+1})) \geq \sum_{l\in\mathcal{K},\, l<k} (f(x^l) - f(x^{l+1})) \\ &\geq \eta_1 \frac{\alpha}{2}\varepsilon \sum_{l\in\mathcal{K},\, l<k} \min\{\Delta_l, \varepsilon/C_H\} =: S_k. \end{aligned}$$

Im Falle $\sum_{l\in\mathcal{K}} \Delta_l = \infty$ wäre die Folge (S_k) unbeschränkt und wir würden $f(x^k) \to -\infty$ erhalten, im Widerspruch zur Voraussetzung 14.1. $\square$

Nun können wir die globale Konvergenz des Verfahrens beweisen:

Satz 14.10 *Unter den Voraussetzungen* 14.1 *und* 14.2 *terminiert Algorithmus* 14.3 *entweder mit einem stationären Punkt x^k, oder er erzeugt eine unendliche Folge (x^k) mit*

$$\liminf_{k\to\infty} \|g^k\| = 0. \tag{14.52}$$

Ist zudem ∇f gleichmäßig stetig auf einer Menge $\Omega \subset \mathbb{R}^n$ mit $(x^k) \subset \Omega$, dann gilt sogar:

$$\lim_{k\to\infty} \|g^k\| = 0. \tag{14.53}$$

Beweis. Aus Korollar 14.8 wissen wir, dass der Algorithmus wohldefiniert ist und unendlich viele erfolgreiche Schritte erzeugt, falls er nicht endlich terminiert.

Nachweis von (14.52): Angenommen, (14.52) gilt nicht. Dann gibt es $\varepsilon > 0$ mit $\|g^k\| \geq \varepsilon$ für alle $k \geq 0$. Aus Lemma 14.9 folgt dann

$$\sum_{k\in\mathcal{S}} \Delta_k < \infty.$$

Insbesondere liefert dies $\Delta_k \to 0$ für $\mathcal{S} \ni k \to \infty$. Darüber hinaus gilt für alle $k > l$

$$\|x^k - x^l\| \leq \sum_{i\in\mathcal{S},\ l\leq i<k} \|s^i\| \leq \beta \sum_{i\in\mathcal{S},\ l\leq i<k} \Delta_i \leq \beta \sum_{i\in\mathcal{S},\ i\geq l} \Delta_i \to 0 \quad (\text{für } l \to \infty).$$

Somit ist (x^k) eine Cauchy-Folge und konvergiert daher gegen einen Grenzwert $\bar{x}$. Aus Stetigkeitsgründen gilt $\|\nabla f(\bar{x})\| \geq \varepsilon$.

Anwenden von Lemma 14.7 mit $x = \bar{x}$ und $\eta = \eta_2$ liefert dann (wegen $x^k \to \bar{x}$) Konstanten $L > 0$ und $\Delta > 0$ so dass $\rho_k(s^k) > \eta_2$ für alle $k \geq L$ mit $\Delta_k \leq \Delta$.

Wir zeigen nun induktiv, dass daraus folgt:

$$\Delta_k \geq \min\{\Delta_L, \gamma_0\Delta\} \quad \forall\, k \geq L. \tag{14.54}$$

Im Falle $k = L$ ist dies klar. Sei nun $k \geq L$ und es gelte (14.54).

Gilt $\Delta_k > \Delta$, so erhalten wir $\Delta_{k+1} \geq \gamma_0\Delta_k > \gamma_0\Delta$.

Ist andererseits $\Delta_k \leq \Delta$, so haben wir $\rho_k(s^k) > \eta_2$ und deshalb $\Delta_{k+1} \geq \Delta_k \geq \min\{\Delta_L, \gamma_0\Delta\}$.

Damit ist (14.54) nachgewiesen, im Widerspruch zu $\lim_{\mathcal{S}\ni k\to\infty} \Delta_k = 0$.

Nachweis von (14.53): Sei nun ∇f gleichmäßig stetig auf einer Menge $\Omega \supset (x^k)$. Wie bereits gezeigt, gibt es unendlich viele erfolgreiche Schritte, und es gilt (14.52).
Angenommen, (14.53) gilt nicht. Dann gibt es $\varepsilon > 0$ mit $\|g^k\| \geq 2\varepsilon$ für unendlich viele $k \in \mathcal{S}$. Wegen (14.52) gilt aber auch $\|g^k\| < \varepsilon$ für unendlich viele $k \in \mathcal{S}$. Wir können daher aufsteigende Folgen (k_i), $(l_i) \subset \mathcal{S}$ wählen mit

$$k_1 < l_1 < k_2 < l_2 < \ldots, \quad \|g_{k_i}\| \geq 2\varepsilon, \quad \|g^k\| \geq \varepsilon,\ \ k \in \mathcal{K}_i, \quad \|g_{l_i}\| < \varepsilon,$$

wobei $\mathcal{K}_i = \{k_i, \ldots, l_i - 1\} \cap \mathcal{S}$ ist. Die Menge $\mathcal{K} = \bigcup_{i=1}^{\infty} \mathcal{K}_i$ umfasst unendlich viele erfolgreiche Indizes, und es gilt $\|g^k\| \geq \varepsilon$ für alle $k \in \mathcal{K}$. Daher ist Lemma 14.9 anwendbar und liefert:

$$\sum_{k\in\mathcal{K}} \Delta_k < \infty.$$

Da $\mathcal{K}$ die disjunkte Vereinigung der Mengen $\mathcal{K}_i$ ist, folgt $\sum_{k\in\mathcal{K}_i} \Delta_k \to 0$ für $i \to \infty$. Dies ergibt

$$\|x^{l_i} - x^{k_i}\| \leq \sum_{k\in\mathcal{K}_i} \|s^k\| \leq \beta \sum_{k\in\mathcal{K}_i} \Delta_k \to 0 \quad (i \to \infty).$$

Andererseits gilt aber $\|g_{l_i} - g_{k_i}\| \geq \big| \|g_{l_i}\| - \|g_{k_i}\| \big| > \varepsilon$ für alle i im Widerspruch zur gleichmäßigen Stetigkeit von ∇f. □

Wir geben noch ein weiteres Konvergenzresultat an, das die Wahl $\Delta_{\min} > 0$ erfordert:

Satz 14.11 *Es gelten die Voraussetzungen 14.1 und 14.2, und es sei $\Delta_{\min} > 0$. Dann terminiert Algorithmus 14.3 entweder mit einem stationären Punkt x^k, oder er erzeugt eine unendliche Folge (x^k), deren Häufungspunkte stationäre Punkte sind.*

Beweis. Im Falle, dass der Algorithmus nicht terminiert, werden unendlich viele erfolgreiche Schritte durchgeführt. Sei nun $\bar{x}$ ein Häufungspunkt und $\mathcal{K} \subset \mathcal{S}$ so, dass $(x^k)_{\mathcal{K}}$ gegen $\bar{x}$ konvergiert. Angenommen, es gilt $\nabla f(\bar{x}) \neq 0$. Dann gibt es $l > 0$ und $\varepsilon > 0$ mit $\|g^k\| \geq \varepsilon$ für alle $k \in \mathcal{K}$ mit $k \geq l$. Insbesondere gilt dann nach Lemma 14.9

$$\sum_{k \in \mathcal{K}} \Delta_k < \infty.$$

Weiter gibt es nach Lemma 14.7 Zahlen $\delta > 0$ und $\Delta > 0$ mit $k \in \mathcal{S}$, falls $x^k \in \bar{B}_\delta(\bar{x})$ und $\Delta_k \leq \Delta$.

Sei nun $k \in \mathcal{K}$ hinreichend groß. Dann gilt $x^k \in \bar{B}_\delta(\bar{x})$. Im Falle $k-1 \in \mathcal{S}$ haben wir dann $\Delta_k \geq \Delta_{\min} > 0$. Ist andererseits $k-1 \notin \mathcal{S}$, dann gilt $x^{k-1} = x^k$ und daher muss $\Delta_{k-1} > \Delta$ sein (sonst wäre s^{k-1} erfolgreich). Dies ergibt

$$\Delta_k \geq \gamma_0 \Delta_{k-1} > \gamma_0 \Delta.$$

Für große $k \in \mathcal{K}$ ist daher $\Delta_k \geq \min\{\gamma_0 \Delta, \Delta_{\min}\}$ im Widerspruch zu $(\Delta_k)_{\mathcal{K}} \to 0$. □

14.2 Charakterisierung der Lösungen des Teilproblems

Der folgende Satz gibt notwendige und hinreichende Bedingungen dafür an, dass s^k eine Lösung des Problems (14.48) ist.

Satz 14.12

1. *Das Problem (14.48) besitzt mindestens eine (globale) Lösung.*
2. *Der Vektor $s^k \in \mathbb{R}^n$ ist Lösung von (14.48) genau dann, wenn es $\lambda \in \mathbb{R}$ gibt, so dass gilt:*

$$\|s^k\| \leq \Delta_k, \tag{14.55}$$

$$\lambda \geq 0, \quad \lambda(\|s^k\| - \Delta_k) = 0 \tag{14.56}$$

$$(H_k + \lambda I)s^k = -g^k \tag{14.57}$$

$$H_k + \lambda I \text{ ist positiv semidefinit.} \tag{14.58}$$

3. *Gilt (14.55) – (14.57) und ist die Matrix $H_k + \lambda I$ positiv definit, so ist s^k die eindeutige Lösung von (14.48).*

Beweis. zu 1.: Die Trust-Region ist kompakt und die Funktion q_k ist stetig. Somit besitzt (14.48) eine Lösung.

zu 2. „$\Longrightarrow$": Sei s^k globale Lösung von (14.48). Wir setzen $y^k = \nabla q_k(s^k) = H_k s^k + g^k$. Offensichtlich ist (14.55) erfüllt.

zu (14.56) und (14.57): Im Falle $\|s^k\| < \Delta_k$ ist s^k lokales Minimum von q_k und daher gelten (14.56) und (14.57) mit $\lambda = 0$. Nebenbei bemerkt: q_k ist dann also konvex und s^k ist globales Minimum von q_k auf $\mathbb{R}^n$.

Sei nun $\|s^k\| = \Delta_k$. Angenommen, es gibt kein λ, für das (14.56) und (14.57) gelten. Dann gilt $y^k \neq 0$ und $\alpha_k := \angle(y^k, s^k) \neq \pi$, also

$$\cos \alpha_k = \frac{{y^k}^T s^k}{\|y^k\| \, \|s^k\|} > -1.$$

Wir setzen $v^k = -\dfrac{y^k}{\|y^k\|} - \dfrac{s^k}{\|s^k\|}$ („Winkelhalbierende" zwischen $-y^k$ und $-s^k$) und berechnen

$${y^k}^T v^k = -\frac{{y^k}^T y^k}{\|y^k\|} - \frac{{y^k}^T s^k}{\|s^k\|} = -\|y^k\|(1 + \cos \alpha_k) < 0.$$

Somit ist v^k eine Abstiegsrichtung für q_k im Punkt s^k. Weiter gilt

$$\left[\frac{d}{dt}\frac{1}{2}\|s^k + tv^k\|^2\right]_{t=0} = {v^k}^T s^k = -\left(\frac{{y^k}^T s^k}{\|y^k\|} + \|s^k\|\right) = -\|s^k\|(\cos \alpha_k + 1) < 0.$$

Damit ergibt sich $\|s^k + tv^k\| < \|s^k\| \leq \Delta_k$ für kleine $t > 0$. Da v^k eine Abstiegsrichtung ist, erhalten wir einen Widerspruch zur Optimalität von s^k.

zu (14.58): Es genügt zu zeigen, dass

$$d^T(H_k + \lambda I)d \geq 0 \quad \forall\, d \in \mathbb{R}^n \text{ mit } d^T s^k < 0$$

gilt, da es auf das Vorzeichen von d nicht ankommt und der Fall $d^T s^k = 0$ aus Stetigkeitsgründen folgt (denn ist $d^T s^k = 0$ und $d^T(H_k + \lambda I)d < 0$ so gilt für $d(t) = d - ts^k$ und kleine $t > 0$: $d(t)^T(H_k + \lambda I)d(t) < 0$ sowie $d(t)^T s^k < 0$).

Wir betrachten ein beliebiges d mit $d^T s^k < 0$ und setzen $t = -\dfrac{2d^T s^k}{\|d\|^2} > 0$. Dann gilt

$$\|s^k + td\|^2 = \|s^k\|^2 + 2t{s^k}^T d + t^2\|d\|^2 = \|s^k\|^2 \leq \Delta_k^2$$

und wir erhalten

$$\begin{aligned} 0 &\leq q_k(s^k + td) - q_k(s^k) = t{y^k}^T d + \frac{t^2}{2} d^T H_k d = -t\lambda {s^k}^T d + \frac{t^2}{2} d^T H_k d \\ &= \frac{t^2}{2}\lambda\|d\|^2 + \frac{t^2}{2} d^T H_k d = \frac{t^2}{2} d^T(H_k + \lambda I)d. \end{aligned}$$

Damit ist auch (14.58) nachgewiesen.
zu 2. „$\Longleftarrow$": Für $s^k \in \mathbb{R}^n$ und $\lambda \in \mathbb{R}$ seien (14.55)–(14.58) erfüllt.

Sei $h \in \mathbb{R}^n$ beliebig mit $\|h\| \leq \Delta_k$. Wir setzen $d = h - s^k$ und wie oben $y^k = H_k s^k + g^k$ und erhalten

$$\begin{aligned} q_k(h) - q_k(s^k) &= {y^k}^T d + \frac{1}{2} d^T H_k d = -\lambda {s^k}^T d + \frac{1}{2} d^T H_k d \geq -\lambda {s^k}^T d - \frac{1}{2}\lambda \|d\|^2 \\ &= -\frac{\lambda}{2}(2{s^k}^T d + \|d\|^2) = -\frac{\lambda}{2}(\|d + s^k\|^2 - \|s^k\|^2) \\ &= -\frac{\lambda}{2}(\|h\|^2 - \|s^k\|^2) \overset{(*)}{\geq} 0. \end{aligned} \tag{14.59}$$

Die Abschätzung $(*)$ ist für $\lambda = 0$ klar. Im Falle $\lambda > 0$ haben wir $\|h\| \leq \Delta_k = \|s^k\|$ und $(*)$ gilt wiederum. Damit ist s Lösung von (14.48).

zu 3.: Es gelte (14.55)–(14.57) und $H_k + \lambda I$ sei positiv definit. Wir erhalten dann in (14.59):

$$q_k(h) - q_k(s^k) = \ldots = -\lambda {s^k}^T d + \frac{1}{2} d^T H_k d > -\lambda {s^k}^T d - \frac{1}{2}\lambda \|d\|^2 = \ldots \geq 0. \qquad \square$$

Bemerkung. Die Aussage, dass (14.55) – (14.58) notwendig für die Optimalität von s^k sind, könnte man auch durch Karush-Kuhn-Tucker-Optimalitätstheorie (siehe Abschnitt 16) nachweisen. Eine Besonderheit des Trust-Region-Teilproblems besteht jedoch darin, dass diese Bedingungen auch hinreichend sind. Die Charakterisierung (14.55) – (14.58) kann verwendet werden, um Lösungen von (14.48) zu berechnen.

14.3 Schnelle lokale Konvergenz

Wir wollen nun untersuchen, unter welchen Voraussetzungen schnelle Konvergenz zu erwarten ist. Wie üblich betrachten wir hierzu das Verhalten des Verfahrens nahe eines stationären Punktes $\bar{x}$, der die hinreichende Optimalitätsbedingungen 2. Ordnung erfüllt, d.h. $\nabla f(\bar{x}) = 0$, $\nabla^2 f(\bar{x})$ positiv definit. Wir beschränken uns hier auf den Fall, dass die exakte Hesse-Matrix für das Modell herangezogen wird, und verwenden stets den Newton-Schritt, falls dieser wohldefiniert ist und der Cauchy-Abstiegsbedingung genügt:

Algorithmus 14.13 **Trust-Region-Newton-Verfahren.**
Algorithmus 14.3, wobei die Schritte 2 und 3 wie folgt implementiert sind:

2. *Berechne $H_k = \nabla^2 f(x^k)$.*
3. *Falls der Newton-Schritt $s_n^k = -H_k^{-1} g^k$ existiert und die Cauchy-Abstiegsbedingung (14.50) erfüllt, so wähle $s^k = s_n^k$. Sonst bestimme einen Schritt s^k, der (14.50) genügt.*

Satz 14.14 *Die Funktion f sei zweimal stetig differenzierbar und die Niveaumenge*

$$N_0 = \{x\,;\, f(x) \leq f(x^0)\}$$

sei kompakt. Algorithmus 14.13 erzeuge eine Folge, die einen Häufungspunkt $\bar{x}$ besitzt, in dem die Hesse-Matrix $\nabla^2 f(\bar{x})$ positiv definit ist. Dann gilt:

a) $x^k \to \bar{x}$, $g^k \to 0$ $(k \to \infty)$, $\nabla f(\bar{x}) = 0$.

b) *Es gibt $l \geq 0$, so dass für alle $k \geq l$ jeder Schritt s^k erfolgreich ist und $\Delta_k \geq \Delta_l > 0$ gilt.*

c) *Es gibt $l' \geq l$ mit $s^k = s_n^k$ für alle $k \geq l'$, und all diese Schritte sind erfolgreich. Algorithmus 14.13 geht also für $k \geq l'$ über in das Newton-Verfahren. Insbesondere konvergiert (x^k) q-superlinear gegen $\bar{x}$ und sogar q-quadratisch, falls $\nabla^2 f$ Lipschitz-stetig in einer Umgebung von $\bar{x}$ ist.*

Beweis. Die stetige Funktion f ist auf der kompakten Niveaumenge N_0 nach unten beschränkt. Somit gilt Voraussetzung 14.1.

Nach Konstruktion des Verfahrens haben wir $f_{k+1} \leq f_k$ für alle k und somit $(x^k) \subset N_0$. Da die stetige Funktion $\nabla^2 f$ auf dem Kompaktum N_0 beschränkt ist, gilt wegen $H_k = \nabla^2 f(x^k)$ auch Voraussetzung 14.2.

Schließlich ist die stetige Funktion ∇f gleichmäßig stetig auf dem Kompaktum N_0.

Somit ist Satz 14.10 anwendbar und liefert

$$\lim_{k \to \infty} g^k = 0.$$

Da $\bar{x}$ ein Häufungspunkt von (x^k) ist, folgt $\nabla f(\bar{x}) = 0$ wegen der Stetigkeit von ∇f.

Da $\nabla^2 f(\bar{x})$ positiv definit ist, gibt es wegen Lemma 10.7 $\varepsilon > 0$ und $\mu > 0$, so dass gilt:

$$d^T \nabla^2 f(x) d \geq \mu \|d\|^2 \quad \forall\, x \in \bar{B}_\varepsilon(\bar{x}), \quad \forall\, d \in \mathbb{R}^n.$$

Somit gilt wegen Lemma 10.4

$$\nabla f(x) \neq 0 \text{ für alle } x \in \bar{B}_\varepsilon(\bar{x}) \setminus \{\bar{x}\}. \tag{14.60}$$

Wegen $g^k \to 0$ zeigt dies, dass $\bar{x}$ der einzige Häufungspunkt von (x^k) in $\bar{B}_\varepsilon(\bar{x})$ ist. Weiter gilt für alle $x^k \in \bar{B}_\varepsilon(\bar{x})$

$$0 > -\text{pred}_k(s^k) = {g^k}^T s^k + \frac{1}{2} {s^k}^T H_k s^k \geq \left(-\|g^k\| + \frac{\mu}{2}\|s^k\|\right)\|s^k\|,$$

also

$$0 < \frac{\mu}{2}\|s^k\| < \|g^k\|. \tag{14.61}$$

Ist $(x^k)_\mathcal{K}$ eine Teilfolge mit $(x^k)_\mathcal{K} \to \bar{x}$, so folgt $(g^k)_\mathcal{K} \to 0$ und daher wegen (14.61) auch $(s^k)_\mathcal{K} \to 0$. Da stets $x^{k+1} - x^k \in \{0, s^k\}$ gilt, folgern wir $(x^{k+1} - x^k)_\mathcal{K} \to 0$. Damit liefert Lemma 10.11:

$$\lim_{k \to \infty} x^k = \bar{x}.$$

b) Wir zeigen nun $\rho_k(s^k) \to 1$ $(k \to \infty)$. Nach a) bleibt (x^k) schließlich in $\bar{B}_\varepsilon(\bar{x})$. Sei also $x^k \in \bar{B}_\varepsilon(\bar{x})$. Nun gilt:

$$\text{pred}_k(s^k) \geq \frac{\alpha}{2}\|g^k\| \min\left\{\Delta_k, \frac{\|g^k\|}{C_H}\right\} \geq \frac{\alpha\mu}{4}\|s^k\| \min\left\{\frac{\|s^k\|}{\beta}, \frac{\mu}{2C_H}\|s^k\|\right\} = c\|s^k\|^2$$

mit $c = \frac{\alpha\mu}{4}\min\left\{\frac{1}{\beta}, \frac{\mu}{2C_H}\right\}$. Weiter gilt mit geeignetem $\xi_k \in [x^k, x^k + s^k]$

$$|\rho_k(s^k) - 1| = \frac{|\mathrm{ared}_k(s^k) - \mathrm{pred}_k(s^k)|}{\mathrm{pred}_k(s^k)} \le \frac{|s^{k^T}(\nabla^2 f(x^k) - \nabla^2 f(\xi_k))s^k|}{2c\|s^k\|^2}$$
$$\le \frac{1}{2c}\|\nabla^2 f(x^k) - \nabla^2 f(\xi_k)\| \longrightarrow 0 \;\; (k \to \infty),$$

da $x^k \to \bar{x}$ und $s^k \to 0$ nach a).

Daher gibt es $l > 0$ mit $\rho_k(s^k) > \eta_2$ für alle $k \ge l$. Dies zeigt, dass für alle $k \ge l$ der Schritt s^k erfolgreich ist und dass $\Delta_k \ge \Delta_l > 0$ gilt.

c) Für hinreichend große k gilt $x^k \in \bar{B}_\varepsilon(\bar{x})$ und somit ist H_k invertierbar mit $\|H_k^{-1}\| \le 1/\mu$. Für den Newton-Schritt s_n^k ergibt sich also:

$$\|s_n^k\| \le \|H_k^{-1}\|\,\|g^k\| \to 0 \quad (k \to \infty).$$

Daher existiert $l' \ge l$ mit

$$x^k \in B_\varepsilon(\bar{x}), \qquad \|s_n^k\| \le \Delta_l \le \Delta_k$$

für alle $k \ge l'$. Somit ist dann s_n^k die Lösung von (14.48) und erfüllt also insbesondere die Cauchy-Abstiegsbedingung. Daher wird für $k \ge l'$ stets $s^k = s_n^k$ gewählt und nach b) ist der Schritt erfolgreich. Wir führen also für $k \ge l'$ das Newton-Verfahren durch. Die lokalen Konvergenzaussagen folgen nun aus Satz 10.8. □

Übungsaufgabe

Aufgabe **ℓ^∞-Trust-Region.** Einige Trust-Region-Verfahren verwenden eine ℓ^∞-Trust-Region $\{s\colon \|s\|_\infty \le \Delta\}$. Hierbei ist $\|s\|_\infty = \max_{1\le i\le n} |s_i|$.

Bestimmen Sie eine quadratische Funktion $q\colon \mathbb{R}^n \to \mathbb{R}$ und $\Delta > 0$, so dass das Teilproblem mit ℓ^∞-Trust-Region mindestens 2^n lokale Lösungen mit paarweise verschiedenen Funktionswerten besitzt.

III Restringierte Optimierung

15 Einführung

Wir betrachten das allgemeine nichtlineare Optimierungsproblem (NLP)

$$\min_{x\in\mathbb{R}^n} f(x) \quad \text{u.d.N.} \quad g(x) \le 0, \quad h(x) = 0 \tag{15.1}$$

mit stetig differenzierbaren Funktionen $f: \mathbb{R}^n \to \mathbb{R}$, $g: \mathbb{R}^n \to \mathbb{R}^m$, $h: \mathbb{R}^n \to \mathbb{R}^p$.

Wir beginnen mit einigen Bezeichnungen und Notationen:

Definition 15.1

Die Menge

$$X = \left\{x \in \mathbb{R}^n;\ g(x) \le 0,\ h(x) = 0\right\} \tag{15.2}$$

heißt *zulässiger Bereich* von (15.1).
Ein Punkt $x \in \mathbb{R}^n$ heißt *zulässig*, wenn $x \in X$ gilt. Für zulässige Punkte $x \in X$ definieren wir die *Indexmenge aktiver Ungleichungsnebenbedingungen* $\mathcal{A}(x)$ und entsprechend die *Indexmenge inaktiver Ungleichungsnebenbedingungen* $\mathcal{I}(x)$:

$$\mathcal{A}(x) = \left\{i;\ 1 \le i \le m,\ g_i(x) = 0\right\},$$

$$\mathcal{I}(x) = \{1, \dots, m\} \setminus \mathcal{A}(x) = \left\{i;\ 1 \le i \le m,\ g_i(x) < 0\right\}.$$

Weiter setzen wir zur Abkürzung:

$$\mathcal{U} = \{1, \dots, m\}, \quad \mathcal{G} = \{1, \dots, p\}.$$

Die folgende intuitive Notation ist hilfreich.

Definition 15.2

Zu jedem Vektor $v \in \mathbb{R}^n$ und jeder Indexmenge $J \subset \{1, \dots, n\}$ bezeichnet $v_J \in \mathbb{R}^{|J|}$ den aus den Komponenten v_j, $j \in J$, bestehenden Vektor.

Zur Geometrie von Nebenbedingungen lässt sich Folgendes sagen: Ist $\bar{x} \in X$, $g_i(\bar{x}) = 0$, g_i stetig differenzierbar und $\nabla g_i(\bar{x}) \ne 0$, dann ist die Menge

$$M_i = \left\{x \in \mathbb{R}^n;\ g_i(x) = 0\right\}$$

in einer Umgebung von $\bar{x}$ eine C^1-Untermannigfaltigkeit des $\mathbb{R}^n$ der Dimension $n-1$, also eine $(n-1)$-dimensionale Fläche, die sich lokal als Graph einer stetig differenzierbaren Funktion $\mathbb{R}^{n-1} \to \mathbb{R}$ darstellen lässt. Ist z.B. $n = 2$, $g_i(x) = x_1^2 + x_2^2 - 1$ und $\bar{x} = (1, 0)^T$, dann wird M_i lokal durch $x_1 = \sqrt{1 - x_2^2}$ beschrieben. Der Vektor $\nabla g_i(\bar{x})$ steht in $\bar{x}$ senkrecht auf M_i (genauer: auf dem Tangentialraum) und zeigt in Richtung zunehmender g_i-Werte. Daraus folgt, dass $\nabla g_i(\bar{x})$ im Punkt $\bar{x}$ senkrecht aus der Menge $\{x \in \mathbb{R}^n;\ g_i(x) \leq 0\}$ herauszeigt. Insbesondere ergibt sich, dass $\nabla g_i(\bar{x})$ im Punkt $\bar{x}$ senkrecht aus X herauszeigt. Kehren wir zurück zum obigen Beispiel $n = 2$, $g_i(x) = x_1^2 + x_2^2 - 1$ und $\bar{x} = (1, 0)^T$, dann ist M_i der Kreis um Null mit Radius 1, und es gilt $\nabla g_i(x) = 2x$, insbesondere also $\nabla g_i(\bar{x}) = 2\bar{x} = (2, 0)^T$. Dies ist offensichtlich die Richtung der äußeren Normalen an die Einheitskreisscheibe $\{x \in \mathbb{R}^2;\ g_i(x) \leq 0\} = \{x \in \mathbb{R}^2;\ x_1^2 + x_2^2 - 1 \leq 0\}$.

In ähnlicher Weise wie M_i können die Gleichungsnebenbedingungen $h_i(x) = 0$ diskutiert werden.

16 Optimalitätsbedingungen

In diesem Kapitel entwickeln wir notwendige und hinreichende Optimalitätsbedingungen für (15.1).

16.1 Notwendige Optimalitätsbedingungen erster Ordnung

Sei $\bar{x}$ eine lokale Lösung von (15.1). Wir suchen nach Bedingungen, die $\bar{x}$ notwendigerweise erfüllen muss. Bei unseren Untersuchungen spielen Richtungskegel eine wichtige Rolle.

Definition 16.1 Die Menge $K \subset \mathbb{R}^n$ heißt *Kegel*, falls gilt:

$$\lambda x \in K \quad \forall \lambda > 0,\ x \in K.$$

Definition 16.2 Sei $M \subset \mathbb{R}^n$ eine nichtleere Menge. Als *Tangentialkegel* an M im Punkt $x \in M$ bezeichnen wir die Menge

$$T(M, x) = \left\{ d \in \mathbb{R}^n;\ \exists\, \eta_k > 0,\ x^k \in M\colon\ \lim_{k\to\infty} x^k = x,\ \lim_{k\to\infty} \eta_k (x^k - x) = d \right\}.$$

Wir können nun eine erste notwendige Optimalitätsbedingung formulieren:

Satz 16.3 *Sei $\bar{x}$ eine lokale Lösung von* (15.1). *Dann gilt*

a) $\bar{x} \in X$,

b) $\nabla f(\bar{x})^T d \geq 0$ *für alle* $d \in T(X, \bar{x})$.

Beweis. Natürlich gilt a). Zum Nachweis von b) gelte

$$X \ni x^k \to \bar{x}, \quad \eta_k > 0, \quad d^k := \eta_k(x^k - \bar{x}) \to d.$$

Da $\bar{x}$ ein lokales Minimum von f auf X ist, erhalten wir $f(x^k) - f(\bar{x}) \geq 0$ für große k und weiter nach dem Satz von Taylor:

$$\begin{aligned} 0 &\leq \eta_k(f(x^k) - f(\bar{x})) = \eta_k \nabla f(\bar{x})^T (x^k - \bar{x}) + \eta_k o(\|x^k - \bar{x}\|) \\ &= \nabla f(\bar{x})^T d^k + \|d^k\| \frac{o(\|x^k - \bar{x}\|)}{\|x^k - \bar{x}\|} \to \nabla f(\bar{x})^T d. \end{aligned}$$

□

Diese notwendige Optimalitätsbedingung ist ebenso allgemein wie unhandlich. Zu bevorzugen wäre ein Kriterium, das sich ausschließlich auf die Problemfunktionen f, g, h und ihre Ableitungen abstützt. Die Taylor-Entwicklung der Nebenbedingungsfunktionen legt eine lokale Approximation des zulässigen Bereichs X bei $x \in X$ durch Linearisierung der Nebenbedingungen nahe:

Definition 16.4

Bezeichne

$$T_l(g, h, x) = \left\{d \in \mathbb{R}^n ;\ \nabla g_i(x)^T d \leq 0,\ i \in \mathcal{A}(x),\ \nabla h(x)^T d = 0\right\}$$

den *linearisierten Tangentialkegel* bei $x \in X$ zur Darstellung (15.2) von X.

Da die inaktiven Nebenbedingungen lokal keine Rolle spielen, werden sie bei der Definition des linearisierten Tangentialkegels nicht einbezogen.

Bemerkung. Man kann T_l auch wie folgt interpretieren: Linearisieren wir in der Definition von X alle Nebenbedingungen im Punkt $\bar{x}$, dann erhalten wir die polyedrische Menge

$$X_l(\bar{x}) = \left\{x;\ g(\bar{x}) + \nabla g(\bar{x})^T (x - \bar{x}) \leq 0,\ h(\bar{x}) + \nabla h(\bar{x})^T (x - \bar{x}) = 0\right\}.$$

Man kann nun Folgendes zeigen:

$$T(X_l(\bar{x}), \bar{x}) = T_l(g, h, \bar{x}).$$

Man beachte, dass der Tangentialkegel $T(X, x)$ nur von der Menge X abhängt, während $T_l(g, h, x)$ von der Darstellung von X in der Form (15.2) abhängt, die alles andere als eindeutig ist:

Beispiel

Die Menge $X = \left\{x \in \mathbb{R}^2 ;\ -x_1 - 1 \leq 0,\ x_1 - 1 \leq 0,\ x_2 = 0\right\}$ wird beschrieben durch die Nebenbedingungen

$$g(x) = \begin{pmatrix} -x_1 - 1 \\ x_1 - 1 \end{pmatrix}, \quad h(x) = x_2.$$

Im Punkt $\bar{x} = (-1, 0)^T$ gilt $\mathcal{A}(\bar{x}) = \{1\}$ und

$$\nabla g_1(\bar{x}) = \begin{pmatrix} -1 \\ 0 \end{pmatrix}, \quad \nabla h(\bar{x}) = \begin{pmatrix} 0 \\ 1 \end{pmatrix}.$$

Damit ist $T_l(g, h, \bar{x}) = \left\{d \in \mathbb{R}^2 ;\ (-1, 0)d \leq 0,\ (0, 1)d = 0\right\} = \left\{(t, 0)^T ;\ t \geq 0\right\}$. Dieser Kegel stimmt offensichtlich mit $T(X, \bar{x})$ überein. Die Menge X lässt sich aber z.B. auch darstellen in der Form

$$X = \left\{x \in \mathbb{R}^2 ;\ x_2 - (x_1 + 1)^3 \leq 0,\ x_1 - 1 \leq 0,\ x_2 = 0\right\}.$$

Dann gilt

$$g(x) = \begin{pmatrix} x_2 - (x_1+1)^3 \\ x_1 - 1 \end{pmatrix}, \qquad h(x) = x_2,$$

$\mathcal{A}(\bar{x}) = \{1\}$ und

$$\nabla g_1(\bar{x}) = \begin{pmatrix} -3(\bar{x}_1+1)^2 \\ 1 \end{pmatrix} = \begin{pmatrix} 0 \\ 1 \end{pmatrix}, \qquad \nabla h(\bar{x}) = \begin{pmatrix} 0 \\ 1 \end{pmatrix}.$$

Dies liefert $T_l(g,h,\bar{x}) = \{d \in \mathbb{R}^2\,;\ (0,1)d \le 0,\ (0,1)d = 0\} = \{(t,0) \in \mathbb{R}^2\,;\ t \in \mathbb{R}\}$. Dieser Kegel ist größer als $T(X,x)$.

Während die Zugehörigkeit einer Richtung $d \in \mathbb{R}^n$ zum Tangentialkegel $T(X,x)$ i.A. nur schwer überprüfbar ist, kann man ohne Weiteres entscheiden, ob $d \in T_l(g,h,x)$ gilt oder nicht. Um zu einer algorithmisch überprüfbaren notwendigen Optimalitätsbedingung zu kommen, möchten wir daher in Satz 16.3 den „komplizierten" Richtungskegel $T(X,\bar{x})$ durch den „einfacheren" Kegel $T_l(g,h,\bar{x})$ ersetzen. Wir stellen zunächst fest, dass dies zu keiner Abschwächung des Satzes führen würde, da $T_l(g,h,\bar{x})$ mindestens so groß ist wie $T(X,\bar{x})$:

Lemma 16.5 *Für alle $x \in X$ ist*

$$T(X,x) \subset T_l(g,h,x).$$

Beweis. Sei $d = \lim_{k\to\infty} d^k$ mit $d^k = \eta_k(x^k - x)$, $\eta_k > 0$ und $x^k \in X$, $\lim_{k\to\infty} x^k = x$. Dann folgt aus

$$0 \ge \eta_k(g_i(x^k) - g_i(x)) = \nabla g_i(x)^T d^k + \eta_k o(\|x^k - x\|)\,, \quad i \in \mathcal{A}(x),$$
$$0 = \eta_k(h_i(x^k) - h_i(x)) = \nabla h_i(x)^T d^k + \eta_k o(\|x^k - x\|)\,, \quad i \in \mathcal{G},$$

für $k \to \infty$ dass

$$\nabla g_i(x)^T d \le 0\,,\ i \in \mathcal{A}(x)\ ,\quad \nabla h(x)^T d = 0.$$

Somit gilt für jedes $d \in T(X,x)$ auch $d \in T_l(g,h,x)$. □

Die umgekehrte Inklusion gilt i.A. nicht, wie das Beispiel auf Seite 91 zeigt.

Definition 16.6 Die Bedingung

$$T_l(g,h,x) = T(X,x) \qquad \text{(ACQ)}$$

heißt *Abadie Constraint Qualification* für $x \in X$.

Aus Satz 16.3 erhalten wir sofort

Satz 16.7 *Es sei $\bar{x}$ eine lokale Lösung von* (15.1), *und es gelte die Abadie Constraint Qualification* (ACQ) *für $\bar{x}$. Dann gilt:*

a) $\bar{x} \in X$,

b) $\nabla f(\bar{x})^T d \ge 0$ *für alle $d \in T_l(g,h,\bar{x})$.*

Wir können (ACQ) noch etwas abschwächen, so dass dieser Satz trotzdem gilt. Hierzu definieren wir

Definition 16.8 Sei $K \subset \mathbb{R}^n$ ein nichtleerer Kegel. Dann ist der *Polarkegel von K* definiert gemäß

$$K^\circ = \left\{ v \in \mathbb{R}^n \,;\; v^T d \leq 0 \;\forall\, d \in K \right\}.$$

Die Bedingung in Satz 16.3 b) ist äquivalent zu $-\nabla f(\bar{x}) \in T(X, \bar{x})^\circ$, und die Bedingung in Satz 16.7 b) ist äquivalent zu $-\nabla f(\bar{x}) \in T_l(g, h, \bar{x})^\circ$.

Satz 16.7 a), b) folgt also auch dann aus Satz 16.3, wenn lediglich $T_l(g, h, \bar{x})^\circ = T(X, \bar{x})^\circ$ gilt. Dies führt zu folgender Bedingung:

Definition 16.9 Die Bedingung

$$T_l(g, h, x)^\circ = T(X, x)^\circ \tag{GCQ}$$

heißt *Guignard Constraint Qualification* für $x \in X$.

Folgendes ist offensichtlich:

Lemma 16.10 *Gilt in $x \in X$ die ACQ, dann gilt auch die GCQ.*

Weiter folgt aufgrund der Überlegung, welche zur Formulierung der GCQ geführt hat, und aus Satz 16.3 unmittelbar:

Satz 16.11 *Es sei $\bar{x}$ eine lokale Lösung von* (15.1) *und es gelte die Guignard Constraint Qualification* (GCQ) *für $\bar{x}$. Dann gilt:*

a) $\bar{x} \in X$,

b) $\nabla f(\bar{x})^T d \geq 0$ *für alle $d \in T_l(g, h, \bar{x})$.*

Wir werden sehen, dass die Bedingungen (ACQ) bzw. (GCQ) nur in relativ konstruierten Fällen verletzt sind. Des Weiteren werden wir später andere Constraint Qualifications, d.h. Bedingungen, die (GCQ) implizieren, angeben.

Definition 16.12 Sei $x \in X$. Eine Bedingung, die (GCQ) impliziert, nennen wir *Constraint Qualification* für x.

Die einfache Struktur des Kegels $T_l(g, h, \bar{x})$ erlaubt die Anwendung des folgenden wichtigen Resultats über lineare Ungleichungen:

Lemma 16.13 **Lemma von Farkas.** *Seien $A \in \mathbb{R}^{n \times m}$, $B \in \mathbb{R}^{n \times p}$, $c \in \mathbb{R}^n$. Dann sind die beiden folgenden Aussagen äquivalent:*

i) *Für alle* $d \in \mathbb{R}^n$ *mit* $A^T d \leq 0$ *und* $B^T d = 0$ *gilt* $c^T d \leq 0$.

ii) *Es gibt* $u \in \mathbb{R}^m$, $u \geq 0$, *und* $v \in \mathbb{R}^p$ *mit* $c = Au + Bv$.

Dies gilt bei sinngemäßer Interpretation auch für $m = 0$ *(entspricht* $A = 0$*) oder* $p = 0$ *(entspricht* $B = 0$*).*

Beweis. Siehe Abschnitt 16.5. □

Wir können nun die Standardform der notwendigen Optimalitätsbedingungen erster Ordnung für das Problem (15.1) angeben:

Satz 16.14 **Notwendige Optimalitätsbedingungen erster Ordnung, Karush[1]-Kuhn[2]-Tucker[3]-Bedingungen.** *Sei* $\bar{x} \in \mathbb{R}^n$ *eine lokale Lösung von (15.1), in der eine Constraint Qualification gilt.*

Dann gelten die **Karush-Kuhn-Tucker-Bedingungen (KKT-Bedingungen):**

Es gibt Lagrange-Multiplikatoren $\bar{\lambda} \in \mathbb{R}^m$ *und* $\bar{\mu} \in \mathbb{R}^p$ *mit:*

a) $\nabla f(\bar{x}) + \nabla g(\bar{x})\bar{\lambda} + \nabla h(\bar{x})\bar{\mu} = 0$ *(Multiplikatorregel)*

b) $h(\bar{x}) = 0$,

c) $\bar{\lambda} \geq 0, \quad g(\bar{x}) \leq 0, \quad \bar{\lambda}^T g(\bar{x}) = 0$ *(Komplementaritätsbedingung).*

Beweis. Sei $\bar{x} \in \mathbb{R}^n$ eine lokale Lösung von (15.1), in der eine Constraint Qualification gilt. Laut Satz 16.7 sind dann b) und $g(\bar{x}) \leq 0$ erfüllt, und es gilt $-\nabla f(\bar{x})^T d \leq 0$ für alle $d \in \mathbb{R}^n$ mit $\nabla g_i(\bar{x})^T d \leq 0$, $i \in \mathcal{A}(\bar{x})$ und $\nabla h(\bar{x})^T d = 0$. Somit gibt es nach dem Lemma von Farkas (wähle $c = -\nabla f(\bar{x})$, $A = \nabla g_{\mathcal{A}(\bar{x})}(\bar{x})$, $B = \nabla h(\bar{x})$) Vektoren $u \geq 0$ und $v \in \mathbb{R}^p$ mit

$$c = Au + Bv.$$

Wählen wir nun $\bar{\lambda} \in \mathbb{R}^m$, $\bar{\lambda}_{\mathcal{A}(\bar{x})} = u$, $\bar{\lambda}_{\mathcal{I}(\bar{x})} = 0$ und $\bar{\mu} = v$, so ergibt sich die Multiplikatorregel a). Nach Wahl von $\bar{\lambda}$ ist auch die Komplementaritätsbedingung c) erfüllt. □

[1]William Karush (1917–1997) war Professor Emeritus an der California State University at Northridge. Er hat bereits 1939 in seiner Master's thesis notwendige Optimalitätsbedingungen für ungleichungsrestringierte Optimierungsprobleme angegeben, die jedoch erst 1951 durch eine Arbeit von Harold W. Kuhn and Albert W. Tucker allgemein bekannt wurden.

[2]Harold William Kuhn (geboren 1925) ist Professor Emeritus of Mathematical Economics an der Princeton University. 1980 erhielt er gemeinsam mit David Gale and Albert W. Tucker den John von Neumann Theory Prize der INFORMS für ihre fundamentalen Beiträge zur Spieltheorie sowie zur linearen und nichtlinearen Optimierung. Gale, Kuhn und Tucker gaben den ersten rigorosen Beweis für den Dualitätssatz der linearen Optimierung.

[3]Albert William Tucker (1905–1995) war Albert Baldwin Dod Professor of Mathematics an der Princeton University, seit 1974 als Emeritus. Er wurde 1968 mit dem Distinguished Service Award der Mathematical Association of America (MAA) ausgezeichnet und erhielt 1980 gemeinsam mit David Gale und Harold W. Kuhn den John von Neumann Theory Prize. Er war eine treibende Kraft bei der Entwicklung der Spieltheorie und der Optimierung. Insbesondere formalisierte er eines der wichtigsten Paradoxa der Spieltheorie und prägte dessen Namen *Gefangenendilemma*. A. W. Tucker ist der Doktorvater des späteren Nobelpreisträgers John F. Nash.

Definition 16.15

Erfüllt das Tripel $(\bar{x}, \bar{\lambda}, \bar{\mu}) \in \mathbb{R}^n \times \mathbb{R}^m \times \mathbb{R}^p$ die KKT-Bedingungen, so nennen wir $\bar{x}$ einen *KKT-Punkt* von (15.1) und $(\bar{x}, \bar{\lambda}, \bar{\mu})$ ein *KKT-Tripel* von (15.1).

Bemerkung. Wie man leicht einsieht, kann die Komplementaritätsbedingung 16.14c) gleichbedeutend ersetzt werden durch eine der folgenden Bedingungen:

c)′ $\bar{\lambda}_i \geq 0, \quad g_i(\bar{x}) \leq 0, \quad \bar{\lambda}_i g_i(\bar{x}) = 0, \quad i \in \mathcal{U}.$

c)″ $g(\bar{x}) \leq 0, \quad \bar{\lambda}_i \geq 0, \quad i \in \mathcal{A}(\bar{x}), \quad \bar{\lambda}_i = 0, \quad i \in \mathcal{I}(\bar{x}).$

Die Komplementaritätsbedingung stellt sicher, dass mindestens eine der beiden Zahlen $\bar{\lambda}_i$ und $g_i(\bar{x})$ gleich Null ist. Somit verschwinden die Lagrange-Multiplikatoren zu inaktiven Ungleichungsnebenbedingungen.

Definition 16.16

Sei $(\bar{x}, \bar{\lambda}, \bar{\mu})$ ein KKT-Tripel für (15.1).

a) Die strikte Komplementaritätsbedingung ist erfüllt, wenn gilt

$$\bar{\lambda}_i > 0 \quad \forall\, i \in \mathcal{A}(\bar{x}),$$

b) Gibt es hingegen mindestens ein $i \in \mathcal{U}$ mit

$$\bar{\lambda}_i = g_i(\bar{x}) = 0,$$

so ist die strikte Komplementaritätsbedingung verletzt.

Teil a) der Karush-Kuhn-Tucker-Bedingungen (KKT-Bedingungen) kann mithilfe der Lagrange-Funktion in kompakter Form geschrieben werden.

Definition 16.17

Die Funktion $L\colon \mathbb{R}^n \times \mathbb{R}^m \times \mathbb{R}^p \to \mathbb{R}$,

$$L(x, \lambda, \mu) = f(x) + \lambda^T g(x) + \mu^T h(x)$$

heißt *Lagrange-Funktion* für das Problem (15.1).

Die Bedingung 16.14a) ist somit dieselbe wie

a)′ $\quad \nabla_x L(\bar{x}, \bar{\lambda}, \bar{\mu}) = 0.$

Die Multiplikatorregel 16.14a) besagt zusammen mit der Komplementaritätsbedingung 16.14c), dass der negative Gradient der Zielfunktion im Kegel der Gradienten aktiver Nebenbedingungen liegt. Für den Fall von zwei Ungleichungsnebenbedingungen ist dies in Abb. 16.1 illustriert.

16.2 Constraint Qualifications

In diesem Abschnitt leiten wir die wichtigsten Constraint Qualifications her. Wohl eine der einfachsten ist die Bedingung, dass die aktiven Ungleichungsnebenbedingungen *konkav* und die Gleichungsnebenbedingungen *linear* sind.

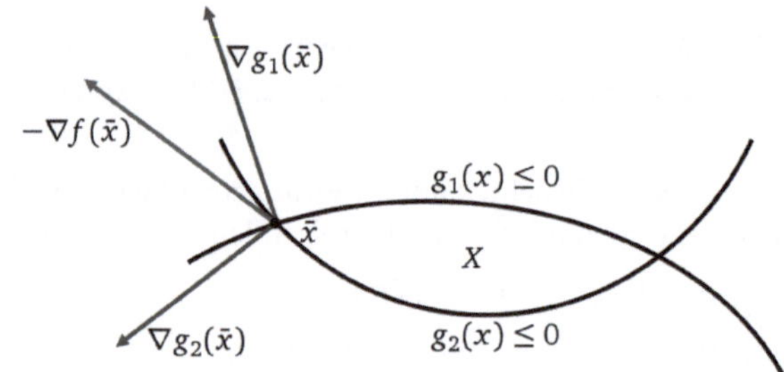

Abb. 16.1: Der Punkt $\bar{x}$ erfüllt die KKT-Bedingungen, da der negative Gradient $-\nabla f(\bar{x})$ im Kegel der Gradienten aktiver Nebenbedingungen liegt.

Satz 16.18 *Die folgende Bedingung ist eine Constraint Qualification für $x \in X$:*

$$g_i \text{ konkav}, \ i \in \mathcal{A}(x), \quad h \text{ affin linear.} \tag{16.3}$$

Beweis. Sei $x \in X$, und es gelte (16.3). Ferner sei $d \in T_l(g, h, x)$ beliebig. Zu $\alpha > 0$ definiere (α_k), $\alpha_k = \alpha/k$. Ist α hinreichend klein, so gilt

$$g_i(x + \alpha_k d) \leq 0 \, , \ i \in \mathcal{I}(x) \, , \ k \geq 1.$$

Aus der Konkavität von g_i, $i \in \mathcal{A}(x)$, folgt

$$g_i(x + \alpha_k d) \leq g_i(x) + \alpha_k \nabla g_i(x)^T d = \alpha_k \nabla g_i(x)^T d \leq 0$$

nach Definition von $T_l(g, h, x)$. Ebenso ergibt die Linearität von h

$$h(x + \alpha_k d) = h(x) + \alpha_k \nabla h(x)^T d = \alpha_k \nabla h(x)^T d = 0.$$

Dies zeigt $x^k = x + \alpha_k d \in X$, $k \geq 1$ und somit $d \in T(X, x)$ (wähle $\eta_k = 1/\alpha_k$). □

Wir wenden uns nun allgemeineren Constraint Qualifications zu. Die folgende CQ (und die dazu äquivalente PLICQ, siehe Definition 16.21) findet man in der Literatur am häufigsten.

Definition 16.19 Der Punkt $x \in X$ genügt der *Mangasarian-Fromovitz Constraint Qualification* (MFCQ), wenn gilt

a) $\nabla h(x)$ hat vollen Spaltenrang,

b) es gibt $d \in \mathbb{R}^n$ mit

$$\nabla g_i(x)^T d < 0 \, , \ i \in \mathcal{A}(x) \, , \ \ \nabla h(x)^T d = 0.$$

Im Falle $m = 0$ oder $\mathcal{A}(x) = \emptyset$ entfällt b), im Fall $p = 0$ entfallen a) und die Bedingung $\nabla h(x)^T d = 0$ in b).

Satz 16.20 *Erfüllt $x \in X$ die Mangasarian-Fromovitz-Bedingung* (MFCQ) *bzw. deren Verallgemeinerung (MFCQ′), so gilt auch* (ACQ), *mit anderen Worten,* (MFCQ) *bzw.* (MFCQ′) *sind Constraint Qualifications für x.*

Bemerkung. Die (MFCQ) bleibt eine CQ, wenn wir a) verallgemeinern zu

a)′ $\nabla h(x)$ hat vollen Spaltenrang oder h ist affin linear.

Wir nennen diese Bedingung (MFCQ′).

Beweis. Sei $x \in X$ gegeben. Wir zeigen zunächst, dass es $\rho > 0$ und eine stetig differenzierbare Funktion $\phi\colon B_\rho(0) \to \mathbb{R}^n$ gibt mit

$$\begin{aligned} h(x + w + \phi(w)) &= 0 \quad \text{für alle } w \in B_\rho(0) \cap \operatorname{Kern}(h'(x)),\\ \phi(0) &= 0\\ \phi'(0)z &= 0 \quad \text{für alle } z \in \operatorname{Kern}(h'(x)). \end{aligned}$$

Insbesondere gilt dann für alle $w \in B_\rho(0) \cap \operatorname{Kern}(h'(x))$:

$$\phi(w) = \phi(0) + \phi'(0)w + o(\|w\|) = o(\|w\|) \quad (\|w\| \to 0). \tag{16.4}$$

Ist h affin linear, so leistet offensichtlich $\phi \equiv 0$ das Gewünschte. Andernfalls hat nach a) die Matrix $h'(x) = \nabla h(x)^T$ vollen Zeilenrang. Seien die Spalten von $A \in \mathbb{R}^{n\times(n-p)}$ eine Basis von $\operatorname{Kern}(h'(x))$. Die Abbildung

$$\psi(w, y) = \begin{pmatrix} h(x + w + y) \\ A^T y \end{pmatrix}$$

ist stetig differenzierbar in einer Umgebung der Null. Ferner gilt $\psi(0, 0) = 0$ und

$$\psi_y(0, 0) = \begin{pmatrix} h'(x) \\ A^T \end{pmatrix}$$

ist invertierbar. Nach dem Satz über implizite Funktionen gibt es daher $\rho > 0$ und eine stetig differenzierbare Funktion $\phi\colon B_\rho(0) \to \mathbb{R}^n$ mit $\phi(0) = 0$ und $\psi(w, \phi(w)) = 0$ für alle $w \in B_\rho(0)$. Des Weiteren gilt für alle $z \in \operatorname{Kern}(h'(x))$

$$\phi'(0)z = -\psi_y(0, 0)^{-1}\psi_w(0, 0)z = -\psi_y(0, 0)^{-1}\begin{pmatrix} h'(x) \\ 0 \end{pmatrix} z = 0.$$

Somit ist die Existenz einer solchen Funktion ϕ nachgewiesen.

Es erweist sich als günstig, $0 < \rho \le 2/3$ so zu wählen, dass gilt:

$$\|\phi(w)\| \le \frac{\|w\|}{2} \le \frac{1}{3} \quad \forall\, w \in B_\rho(0) \cap \operatorname{Kern}(h'(x)).$$

Dies ist aufgrund von (16.4) möglich.

Sei nun $s \in T_l(g, h, x)$ beliebig. Wir zeigen $s \in T(X, x)$. Wegen $0 \in T(X, x)$ (wähle $x^k = x$ für alle k und η_k beliebig) können wir $s \ne 0$ voraussetzen. Da $T(X, x)$ ein Kegel ist, können wir zudem o.E. $\|s\| \le \rho/2$ annehmen.

Sei weiter d die Richtung aus der MFCQ, für die wir ebenfalls o.E. $\|d\| \le \rho/2$ voraussetzen können.

Für alle $i \in \mathcal{A}(x)$ gilt

$$\lim_{\|v\|\to 0} \frac{|g_i(x + v) - g_i(x) - \nabla g_i(x)^T v|}{\|v\|} = 0.$$

Ebenso gilt

$$\lim_{w\in\operatorname{Kern}(h'(x)),\ \|w\|\to 0} \frac{\|\phi(w)\|}{\|w\|} = 0.$$

Es gibt daher $l > 0$ und eine Nullfolge $(\alpha_k)_{k\geq l} \subset (0,1)$ mit

$$\alpha_k^2 \geq r_i(v) := \frac{|g_i(x+v) - g_i(x) - \nabla g_i(x)^T v|}{\|v\|} \qquad \forall\, \|v\| \leq 1/k, \;\; \forall\, k \geq l, \;\; \forall\, i \in \mathcal{A}(x)$$

und gleichzeitig

$$\alpha_k^2 \geq \frac{\|\phi(w)\|}{\|w\|} \qquad \forall\, w \in \mathrm{Kern}(h'(x)), \; \|w\| \leq 1/k, \;\; \forall\, k \geq l.$$

Für $k \geq l$ betrachte nun $w^k = (s + \alpha_k d)/k$. Wir haben dann

$$\|w^k\| \leq \frac{\|s\|}{k} + \frac{\alpha_k}{k}\|d\| \leq \frac{\rho}{2k} + \frac{\rho}{2k} = \frac{\rho}{k} \leq \frac{1}{k}.$$

Außerdem folgt aus $s \in \mathrm{Kern}(h'(x))$ und $d \in \mathrm{Kern}(h'(x))$, dass $w^k \in \mathrm{Kern}(h'(x))$.

Damit können wir $s^k := w^k + \phi(w^k)$, $k \geq l$ definieren und erhalten

$$\|s^k\| \leq \|w^k\| + \|\phi(w^k)\| \leq \frac{3}{2}\|w^k\| \leq \frac{3\rho}{2k} \leq \frac{1}{k}.$$

Damit ergibt sich mit $v = s^k$

$$\alpha_k^2 \geq r_i(s^k) = \frac{|g_i(x+s^k) - g_i(x) - \nabla g_i(x)^T s^k|}{\|s^k\|} \qquad \forall\, k \geq l, \;\; \forall\, i \in \mathcal{A}(x).$$

Zudem erhalten wir mit $w = w^k$

$$\alpha_k^2 \geq \frac{\|\phi(w^k)\|}{\|w^k\|} \qquad \forall\, k \geq l.$$

Daraus folgt für alle $i \in \mathcal{A}(x)$ und alle $k \geq l$

$$\begin{aligned} g_i(x+s^k) &\leq g_i(x) + \nabla g_i(x)^T s^k + r_i(s^k)\|s^k\| \\ &= \frac{1}{k}\nabla g_i(x)^T s + \frac{\alpha_k}{k}\nabla g_i(x)^T d + \nabla g_i(x)^T \phi(w^k) + r_i(s^k)\|s^k\|) \\ &\leq \frac{\alpha_k}{k}\nabla g_i(x)^T d + \alpha_k^2 \|\nabla g_i(x)\|\,\|w^k\| + \alpha_k^2\|s^k\| \\ &\leq \frac{\alpha_k}{k}\nabla g_i(x)^T d + (1 + \|\nabla g_i(x)\|)\frac{\alpha_k^2}{k}. \end{aligned}$$

Wegen $\nabla g_i(x)^T d < 0$ folgt $g_i(x+s^k) \leq 0$ für alle $k \geq l'$ und $l' \geq l$ hinreichend groß. Nach eventuell noch größerer Wahl von l' haben wir zudem für alle $i \in \mathcal{I}(x)$:

$$g_i(x+s^k) < 0 \qquad \forall\, k \geq l', \;\; \forall\, i \in \mathcal{I}(x),$$

da $g_i(x+s^k) \to g_i(x) < 0$ für $k \to \infty$.

Nach Wahl von s^k gilt außerdem

$$h(x+s^k) = h(x + w^k + \phi(w^k)) = 0 \qquad \forall\, k \geq l'.$$

Insgesamt ist somit $x^k := x + s^k \in X$ gezeigt für alle $k \geq l'$.

Weiter haben wir $x^k = x + s^k \to x$ für $k \to \infty$, da $s^k \to 0$. Setzen wir $\eta_k = k$, so gilt schließlich

$$\|\eta_k(x^k - x) - s\| = \|\alpha_k d + k\phi(w^k)\| \leq \frac{\alpha_k}{2} + k\,o(\|w^k\|) = \frac{\alpha_k}{2} + k\,o(1/k) \to 0. \quad \square$$

Bemerkung. Dieser recht technische Beweis führt im Wesentlichen folgende Konstruktion durch: Am einfachsten wäre es, wenn $x + s/k \in X$ gelten würde für k hinreichend groß. Eventuell können aber aktive Ungleichungen durch $x + s/k$ verletzt sein. Wir ziehen daher $x + s/k$ bzgl. X nach innen, indem wir die Richtung d der MFCQ geeignet dazu addieren: $x + w^k$ mit $w^k = (s + \alpha_k d)/k$. Hierbei ist α_k eine geeignete Nullfolge. Es gilt dann immer noch

$$k([x + w^k] - x) \to s.$$

Das einzige Problem ist nun noch, dass $x+w^k$ eventuell die Gleichungsnebenbedingungen verletzt. Wir verwenden daher eine kleine Korrektur $\phi(w^k)$ der Größenordnung $o(\|w^k\|)$, so dass schließlich mit $s^k = w^k + \phi(w^k)$ gilt: $x^k = x + s^k \in X$, $x^k \to x$ und $k(x^k - x) \to s$.

Eine zur MFCQ äquivalente CQ ist die folgende PLICQ.

Definition 16.21

$x \in X$ genügt der Positive Linear Independence Constraint Qualification (PLICQ), wenn gilt

a) $\nabla h(x)$ hat vollen Spaltenrang,

b) es gibt *keine* Vektoren $u \in \mathbb{R}^m$, $v \in \mathbb{R}^p$ mit

$$\nabla g(x)u + \nabla h(x)v = 0, \quad u_{\mathcal{A}(x)} \geq 0, \quad u_{\mathcal{A}(x)} \neq 0, \quad u_{\mathcal{I}(x)} = 0.$$

Im Falle $m = 0$ oder $\mathcal{A}(x) = \emptyset$ entfällt b), im Fall $p = 0$ entfallen a) und der Term $\nabla h(x)v$ in b).

Bemerkung. Die (PLICQ) bleibt eine CQ, wenn wir a) verallgemeinern zu

a)′ $\nabla h(x)$ hat vollen Spaltenrang oder h ist affin linear.

Wir nennen diese Bedingung (PLICQ′).

Wir zeigen nun, dass (MFCQ) und (PLICQ) äquivalent sind. Ebenso sind (MFCQ′) und (PLICQ′) äquivalent. Zum Nachweis benötigen wir das folgende

Lemma 16.22

Alternativlemma. *Seien $A \in \mathbb{R}^{n\times m}$, $B \in \mathbb{R}^{n\times p}$. Dann sind folgende Aussagen äquivalent:*

i) *Es gibt keine Vektoren $u \in \mathbb{R}^m$, $v \in \mathbb{R}^p$ mit $Au + Bv = 0$, $u \geq 0$ und $u \neq 0$.*

ii) *Es gibt $d \in \mathbb{R}^n$ mit $A^T d < 0$ und $B^T d = 0$.*

Dies stimmt bei sinngemäßer Interpretation auch für $p = 0$ (entspricht $B = 0$).

Beweis. Wir zeigen zunächst, dass i) stets aus ii) folgt. Ist ii) erfüllt, so gibt es $d \in \mathbb{R}^n$ mit $A^T d < 0$ und $B^T d = 0$. Seien nun $u \in \mathbb{R}^m$ und $v \in \mathbb{R}^p$ beliebig mit $u \geq 0$, $u \neq 0$. Dann folgt

$$(Au + Bv)^T d = u^T(A^T d) + v^T(B^T d) = u^T(A^T d) < 0$$

und daher $Au + Bv \neq 0$. Also gilt i).

Bleibt zu zeigen, dass i) nicht gilt, wenn ii) verletzt ist. Sei also Aussage ii) falsch. Wir schreiben $A = (a_1, \ldots, a_m)$, $A_i = (a_1, \ldots, a_i)$, und definieren

$$M_0 = \left\{d \in \mathbb{R}^n\,;\, B^T d = 0\right\}\ ,\quad M_i = \left\{d \in \mathbb{R}^n\,;\, A_i^T d < 0,\ B^T d = 0\right\}\ ,\quad 1 \le i \le m.$$

$M_0 \supset \{0\}$ ist nicht leer und nach Voraussetzung gilt $M_m = \emptyset$. Daher gibt es $0 \le j < m$ mit $M_j \ne \emptyset$, $M_{j+1} = \emptyset$. Im Falle $j = 0$ gilt $-a_1^T d \le 0$ für alle $d \in \mathbb{R}^n$ mit $B^T d = 0$ und damit nach dem Lemma von Farkas $-a_1 = Bv$ für geeignetes $v \in \mathbb{R}^p$. Mit $u = (1, 0, \ldots, 0)^T$ ist also i) verletzt. Ist $j > 0$, so gibt es $y \in \mathbb{R}^n$ mit $A_j^T y < 0$ und $B^T y = 0$. Sei nun $d \in \mathbb{R}^n$ beliebig mit $A_j^T d \le 0$ und $B^T d = 0$. Für alle $k \ge 1$ gilt dann $d^k = d + y/k \in M_j$ und folglich, da $M_{j+1} = \emptyset$, auch $a_{j+1}^T d^k \ge 0$. Übergang zum Limes $k \to \infty$ ergibt $-a_{j+1}^T d \le 0$. Daher ist wiederum das Lemma von Farkas anwendbar, d.h., es gibt $w \in \mathbb{R}^j$, $w \ge 0$, und $v \in \mathbb{R}^p$ mit $-a_{j+1} = A_j w + Bv$. Die Wahl $u = (w^T, 1, 0, \ldots, 0)^T$ zeigt somit, dass i) nicht zutrifft. □

Satz 16.23 *Der Punkt $x \in X$ genügt der Mangasarian-Fromovitz Bedingung* (MFCQ) *genau dann, wenn* (PLICQ) *erfüllt ist. Ebenso erfüllt x genau dann* (MFCQ′), *wenn* (PLICQ′) *erfüllt ist. Insbesondere sind* (PLICQ) *bzw.* (PLICQ′) *Constraint Qualifications.*

Beweis. Die Teile a) bzw. a)′ in beiden Bedingungen sind gleichlautend. Im Falle $m = 0$ oder $\mathcal{A}(x) = \emptyset$ ist daher nichts zu zeigen. Sei daher $m \ge 1$ und $\mathcal{A}(x) \ne \emptyset$. Wir setzen $A = \nabla g_{\mathcal{A}(x)}(x)$, $B = \nabla h(x)$ und stellen fest, dass (PLICQ) b) äquivalent ist zu Lemma 16.22 i) und (MFCQ) b) äquivalent zu Lemma 16.22 ii). Lemma 16.22 liefert nun die Äquivalenz von (MFCQ) b) und (PLICQ) b).
Insbesondere ist (PLICQ) nach Satz 16.20 eine Constraint Qualification. □

Häufig fordert man eine strengere Constraint Qualification als (PLICQ), nämlich die Regularität von $\bar{x}$:

Definition 16.24 Der Punkt $x \in X$ heißt *regulär*, wenn die Spalten der Matrix

$$(\nabla g_{\mathcal{A}(x)}(x),\ \nabla h(x))$$

linear unabhängig sind. Man sagt auch, dass in einem regulären Punkt $x \in X$ die Linear Independence Constraint Qualification (LICQ) erfüllt ist.

Natürlich gilt

Lemma 16.25 *Die Regularität ist eine Constraint Qualification.*

16.3 Karush-Kuhn-Tucker-Bedingungen bei konvexen Problemen

Das nichtlineare Optimierungsproblem (15.1) heißt *konvex*, falls die Funktionen f sowie g_i, $i \in \mathcal{U}$, konvex sind und h affin linear ist. Der zulässige Bereich ist dann konvex, denn für $x, y \in X$ und $t \in [0, 1]$ gilt

$$
\begin{aligned}
g_i(tx + (1-t)y) &\le tg_i(x) + (1-t)g_i(y) \le 0\,, \quad i \in \mathcal{U},\\
h(tx + (1-t)y) &= th(x) + (1-t)h(y) = 0.
\end{aligned}
$$

Am bemerkenswertesten jedoch ist, dass für konvexe Probleme die KKT-Bedingungen, wie bei der linearen Programmierung auch, nicht nur notwendig, sondern auch *hinreichend* sind.

Satz 16.26 *Das Problem* (15.1) *sei konvex. Dann ist jede lokale Lösung von* (15.1) *eine globale Lösung. Gilt in $\bar{x} \in X$ eine Constraint Qualification, so sind in $\bar{x}$ die KKT-Bedingungen aus Satz* 16.14 *erfüllt. Gelten umgekehrt in $\bar{x}$ die KKT-Bedingungen, dann ist $\bar{x}$ eine globale Lösung von* (15.1).

Beweis. Sei $\bar{x}$ eine lokale Lösung von (15.1) und $x \in X$ beliebig. Mit $d = x - \bar{x}$ und $t \in [0, 1]$ ist dann $\bar{x} + td \in X$ und somit für kleine $t > 0$

$$0 \le f(\bar{x} + td) - f(\bar{x}) \le (1-t)f(\bar{x}) + tf(x) - f(\bar{x}) = t(f(x) - f(\bar{x})).$$

Dies beweist die globale Optimalität der lokalen Lösung $\bar{x}$. Die Gültigkeit der KKT-Bedingungen unter einer CQ folgt aus Satz 16.14.

Sei nun umgekehrt $\bar{x}$ ein KKT-Punkt, $x \in X$ beliebig und $d = x - \bar{x}$. Für $i \in \mathcal{U}$ erhalten wir wegen c)

$$\bar{\lambda}_i \nabla g_i(\bar{x})^T d \le \bar{\lambda}_i (g_i(x) - g_i(\bar{x})) = \bar{\lambda}_i g_i(x) \le 0,$$

wobei Satz 6.3 benutzt wurde. Weiter ist $\nabla h(\bar{x})^T d = h(x) - h(\bar{x}) = 0$. Die Konvexität von f sowie a)–c) ergeben jetzt die Behauptung

$$f(x) - f(\bar{x}) \ge \nabla f(\bar{x})^T d = -\bar{\lambda}^T \nabla g(\bar{x})^T d - \bar{\mu}^T \nabla h(\bar{x})^T d = -\bar{\lambda}^T \nabla g(\bar{x})^T d \ge 0. \qquad \square$$

16.4 Optimalitätsbedingungen zweiter Ordnung

Wir wollen nun Optimalitätsbedingungen herleiten, bei denen auch die zweiten Ableitungen der Zielfunktion und der Nebenbedingungen einfließen. Ähnlich wie bei der unrestringierten Minimierung wird man erwarten, dass gewisse Definitheitsanforderungen erfüllt sein müssen. Allerdings gelten diese hier nicht für die Hesse-Matrix von f, sondern für die der Lagrange-Funktion.

Hinreichende Optimalitätsbedingungen zweiter Ordnung

Wir suchen nun nach einer Bedingung an $(\bar{x}, \bar{\lambda}, \bar{\mu})$, die sicherstellt, dass $\bar{x}$ eine lokale Lösung von (15.1) ist.

Um diese anzugeben, definieren wir zunächst einen weiteren Kegel.

Definition 16.27 Zu $x \in X$ und $\lambda \in [0, \infty)^m$ definieren wir den Kegel

$$T_+(g, h, x, \lambda) = \left\{ d;\ \nabla g_i(x)^T d \begin{cases} = 0 & \text{, falls } i \in \mathcal{A}(x) \text{ und } \lambda_i > 0 \\ \leq 0 & \text{, falls } i \in \mathcal{A}(x) \text{ und } \lambda_i = 0 \end{cases},\ \nabla h(x)^T d = 0 \right\}.$$

Bemerkung. Der Kegel $T_+(g, h, x, \lambda)$ ist enthalten im linearisierten Tangentialkegel $T_l(g, h, x)$ und umfasst den Tangentialraum

$$T_a(g, h, x) = \left\{ d;\ \nabla g_i(x)^T d = 0,\ i \in \mathcal{A}(x),\ \nabla h(x)^T d = 0 \right\}$$

der aktiven Nebenbedingungen:

$$T_a(g, h, x) \subset T_+(g, h, x, \lambda) \subset T_l(g, h, x).$$

Zudem gilt $T_a(g, h, x) = T_+(g, h, x, \lambda)$, falls die strikte Komplementaritätsbedingung erfüllt ist.

Satz 16.28 **Hinreichende Optimalitätsbedingungen 2. Ordnung.** *$\bar{x} \in \mathbb{R}^n$ genüge den KKT-Bedingungen* 16.14 a)–c) *mit Multiplikatoren $\bar{\lambda} \in \mathbb{R}^m$ und $\bar{\mu} \in \mathbb{R}^p$. Ferner gelte*

$$d^T \nabla^2_{xx} L(\bar{x}, \bar{\lambda}, \bar{\mu}) d > 0 \quad \forall\, d \in T_+(g, h, \bar{x}, \bar{\lambda}) \setminus \{0\}.$$

Dann ist $\bar{x}$ eine isolierte lokale Lösung von (15.1).

Beweis. Angenommen, $\bar{x}$, $\bar{\lambda}$ und $\bar{\mu}$ erfüllen die Voraussetzungen, aber $\bar{x}$ ist keine isolierte lokale Lösung von (15.1). Dann gibt es eine Folge (x^k), $x^k \in X$, $x^k \neq \bar{x}$, $x^k \to \bar{x}$, $f(x^k) \leq f(\bar{x})$. Setze $d^k = x^k - \bar{x}$. Eventuell durch Übergang auf eine Teilfolge erzielen wir, dass (y^k), $y^k = d^k / \|d^k\|$ konvergiert. Der Grenzwert heiße y. Aus

$$\frac{f(x^k) - f(\bar{x})}{\|d^k\|} = \nabla f(\bar{x})^T y^k + \frac{o(\|d^k\|)}{\|d^k\|} \to \nabla f(\bar{x})^T y \quad (k \to \infty)$$

und ebenso

$$\frac{g_i(x^k) - g_i(\bar{x})}{\|d^k\|} \to \nabla g_i(\bar{x})^T y, \qquad \frac{h_i(x^k) - h_i(\bar{x})}{\|d^k\|} \to \nabla h_i(\bar{x})^T y \quad (k \to \infty)$$

ergibt sich

$$\nabla f(\bar{x})^T y \leq 0, \quad \nabla g_i(\bar{x})^T y \leq 0,\ i \in \mathcal{A}(\bar{x}), \quad \nabla h(\bar{x})^T y = 0.$$

Aus den KKT-Bedingungen folgt

$$0 = \nabla_x L(\bar{x}, \bar{\lambda}, \bar{\mu})^T y = \underbrace{\nabla f(\bar{x})^T y}_{\leq 0} + \sum_{i \in \mathcal{A}(\bar{x})} \bar{\lambda}_i \underbrace{\nabla g_i(\bar{x})^T y}_{\leq 0} + \sum_{i=1}^{p} \bar{\mu}_i \underbrace{\nabla h_i(\bar{x})^T y}_{=0}.$$

Für alle $i \in \mathcal{A}(\bar{x})$ mit $\bar{\lambda}_i > 0$ folgt daher $\nabla g_i(\bar{x})^T y = 0$, denn sonst wäre die rechte Seite negativ. Dies zeigt $y \in T_+(g, h, \bar{x}, \bar{\lambda})$.

Anhand der Eigenschaften von $\bar{\lambda}$ sehen wir

$$L(x^k, \bar{\lambda}, \bar{\mu}) = f(x^k) + \sum_{i \in \mathcal{A}(\bar{x})} \bar{\lambda}_i g_i(x^k) \leq f(x^k) \leq f(\bar{x}) = L(\bar{x}, \bar{\lambda}, \bar{\mu}).$$

Damit und wegen $\nabla_x L(\bar{x}, \bar{\lambda}, \bar{\mu}) = 0$ liefert Taylor-Entwicklung

$$\begin{aligned} 0 &\geq \frac{L(x^k, \bar{\lambda}, \bar{\mu}) - L(\bar{x}, \bar{\lambda}, \bar{\mu})}{\|d^k\|^2} \\ &= \frac{1}{2} y_k^T \nabla_{xx}^2 L(\bar{x}, \bar{\lambda}, \bar{\mu}) y_k + \frac{o(\|d^k\|^2)}{\|d^k\|^2} \\ &\to \frac{1}{2} y^T \nabla_{xx}^2 L(\bar{x}, \bar{\lambda}, \bar{\mu}) y \quad (k \to \infty). \end{aligned}$$

Dieser Widerspruch beendet den Beweis. □

Das folgende Beispiel zeigt, dass auch in dem Fall, dass $\bar{x}$ eine globale Lösung ist, in der die hinreichenden Optimalitätsbedingungen 2. Ordnung gelten, die Hesse-Matrix von f ohne weiteres indefinit auf $T_+(g, h, \bar{x}, \bar{\lambda})$ sein kann. Der Grund ist, dass $\nabla^2 f(\bar{x})$ zwar das Krümmungsverhalten von f, nicht aber das Krümmungsverhalten der Nebenbedingungen berücksichtigt. Diese Information ist in $\nabla_{xx}^2 L(\bar{x}, \bar{\lambda}, \bar{\mu})$ auf geeignete Weise enthalten.

Beispiel

$n = 2, m = 1, p = 0, f(x) = -x_1^2 + 2x_2, g(x) = x_1^2 - x_2$. Dann ist $\bar{x} = 0$ die eindeutige globale Lösung von (15.1), denn für $x \in X, x \neq 0$, ist $x_2 > 0$ und $x_1^2 \leq x_2$, also

$$f(x) = -x_1^2 + 2x_2 \geq -x_2 + 2x_2 = x_2 > 0 = f(0).$$

Nun gilt

$$\nabla f(\bar{x}) = \begin{pmatrix} 0 \\ 2 \end{pmatrix}, \quad \nabla^2 f(\bar{x}) = \begin{pmatrix} -2 & 0 \\ 0 & 0 \end{pmatrix}, \quad \nabla g(\bar{x}) = \begin{pmatrix} 0 \\ -1 \end{pmatrix}, \quad \nabla^2 g(\bar{x}) = \begin{pmatrix} 2 & 0 \\ 0 & 0 \end{pmatrix}.$$

Insbesondere ist $\bar{x}$ regulär (dies ist eine CQ nach Lemma 16.25 und impliziert auch CQ2, siehe Lemma 16.30), da $\nabla g(\bar{x}) \neq 0$ gilt. Offensichtlich ist $\bar{\lambda} = 2$ der eindeutig bestimmte Lagrange-Multiplikator, denn

$$-\nabla f(\bar{x}) = \begin{pmatrix} 0 \\ -2 \end{pmatrix} = 2\nabla g(\bar{x}).$$

Wegen $\bar{\lambda} > 0$ gilt strikte Komplementarität, und daher haben wir

$$T_+(g, h, \bar{x}, \bar{\lambda}) = T_a(g, h, \bar{x}) = \left\{ \begin{pmatrix} \sigma \\ 0 \end{pmatrix}; \sigma \in \mathbb{R} \right\}.$$

Die hinreichende Bedingung 2. Ordnung ist erfüllt, denn für alle $d = (\sigma, 0)^T, \sigma \neq 0$ gilt

$$d^T \nabla_{xx}^2 L(\bar{x}, \bar{\lambda}) d = \sigma^2 \frac{d^2 L}{dx_1^2}(\bar{x}, \bar{\lambda}) = \sigma^2(-2 + 4) = 2\sigma^2 > 0.$$

Die Matrix $\nabla^2 f(\bar{x})$ hingegen ist negativ definit auf $T_+(g,h,\bar{x})$, denn für alle $d = (\sigma, 0)^T$, $\sigma \neq 0$ ergibt sich

$$d^T \nabla^2 f(\bar{x}) d = \sigma^2 \frac{d^2 f}{dx_1^2}(\bar{x}) = -2\sigma^2 < 0.$$

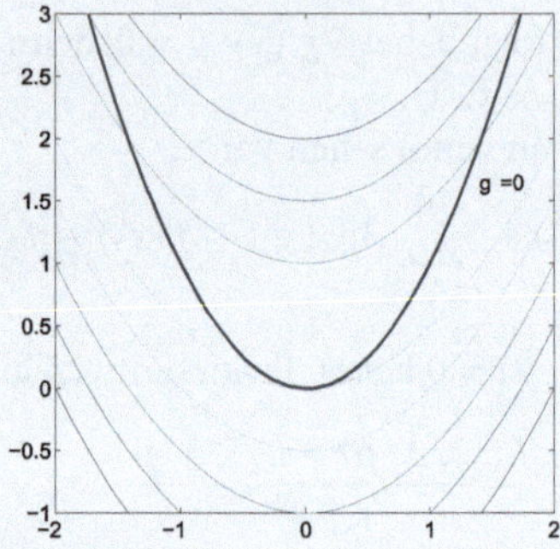

Abb. 16.2: Illustration zum Beispiel auf Seite 103: Höhenlinien-Plot der Funktion f. Der zulässige Bereich liegt auf/oberhalb der dick eingezeichneten Parabel.

Wir hatten festgestellt, dass der Kegel $T_+(g,h,\bar{x},\bar{\lambda})$ den Tangentialraum $T_a(g,h,\bar{x})$ der in $\bar{x}$ aktiven Nebenbedingungen enthält (mit Gleichheit bei strikter Komplementarität). Das folgende Beispiel jedoch zeigt, dass im Fall $T_+(g,h,\bar{x},\bar{\lambda}) \neq T_a(g,h,\bar{x})$ die positive Definitheit von $\nabla^2_{xx} L(\bar{x},\bar{\lambda},\bar{\mu})$ auf diesem Tangentialraum nicht genügt, um lokale Optimalität von $\bar{x}$ zu garantieren. Dies liefert eine zusätzliche Rechtfertigung für die etwas kompliziertere Definition des Kegels $T_+(g,h,\bar{x},\bar{\lambda})$.

Beispiel $n = 2, m = 1, p = 0, f(x) = x_1^2 - x_2^2, g(x) = x_1^2 - x_2$. Dann gilt mit $\bar{x} = 0$

$$\nabla f(\bar{x}) = 0 \ , \quad \nabla^2 f(\bar{x}) = \begin{pmatrix} 2 & 0 \\ 0 & -2 \end{pmatrix}.$$

Offensichtlich ist mit $\bar{\lambda} = 0$ der Lagrange-Multiplikator eindeutig gegeben. Für beliebiges $d = (\sigma, 0)^T \in T_a(g,h,\bar{x}), \sigma \neq 0$, ergibt sich $d^T \nabla^2_{xx} L(\bar{x},\bar{\lambda}) d = 2\sigma^2 > 0$.
Aber $\bar{x} = 0$ ist keine lokale Lösung von (15.1), denn für $x = (0, \tau)^T, \tau > 0$ gilt $x \in X$ und $f(x) = -\tau^2 < 0 = f(0)$.

Notwendige Optimalitätsbedingungen zweiter Ordnung

Zur Herleitung notwendiger Optimalitätsbedingungen 2. Ordnung benötigen wir eine weitere Constraint Qualification.

Definition 16.29 In $(x, \lambda, \mu) \in X \times [0, \infty)^m \times \mathbb{R}^p$ ist die *Constraint Qualification 2. Ordnung* (CQ2) erfüllt, falls zu jedem $d \in T_+(g,h,x,\lambda)$ eine auf einem offenen Intervall $J \supset \{0\}$ zweimal stetig differenzierbare Kurve $\gamma : J \to \mathbb{R}^n$ existiert, so dass

$$\gamma(0) = x, \quad \gamma'(0) = d,$$
$$g_{\mathcal{A}_0(x,d)}(\gamma(t)) = 0, \quad h(\gamma(t)) = 0 \quad \forall\, t \in J,\ t \geq 0,$$

gilt mit $\mathcal{A}_0(x,d) = \{i \in \mathcal{A}(x)\,;\ \nabla g_i(x)^T d = 0\}$.

Seien g und h zweimal stetig differenzierbar und $(x, \lambda, \mu) \in X \times [0, \infty)^m \times \mathbb{R}^p$. Ist dann $x \in X$ regulär, so gilt (CQ2). **Lemma 16.30**

Beweis. Sei $d \in T_+(g, h, x, \lambda)$ beliebig, $\mathcal{A}_0 = \mathcal{A}_0(x, d) = \{i \in \mathcal{A}(x)\,;\ \nabla g_i(x)^T d = 0\}$ und $l = |\mathcal{A}_0| + p$. Wir definieren $G: \mathbb{R}^l \to \mathbb{R}^l$,

$$G(y) = \begin{pmatrix} g_{\mathcal{A}_0}(y) \\ h(y) \end{pmatrix}$$

sowie $\psi: \mathbb{R} \times \mathbb{R}^l \to \mathbb{R}^l$, $\psi(t, z) = G(x + td + \nabla G(x) z)$.

Die Funktion ψ ist zweimal stetig differenzierbar mit $\psi(0, 0) = 0$ und wegen der Regularität von x ist die partielle Ableitung

$$\psi_z'(0, 0) = \nabla G(x)^T \nabla G(x)$$

invertierbar. Der Satz über implizite Funktionen liefert eine auf einem offenen Intervall $J \supset \{0\}$ definierte C^2-Funktion $z(t)$ mit

$$z(0) = 0, \quad \psi(t, z(t)) = 0, \quad t \in J, \quad z'(t) = -\psi_z'(t, z(t))^{-1} \psi_t'(t, z(t)).$$

Nun gilt wegen $d \in T_+(g, h, x, \lambda)$:

$$z'(0) = -\big(\nabla G(x)^T \nabla G(x)\big)^{-1} \nabla G(x)^T d = 0.$$

Die C^2-Kurve $\gamma(t) = x + td + \nabla G(x) z(t)$ hat nun alle gewünschten Eigenschaften:

$$\gamma(0) = x, \quad \begin{pmatrix} g_{\mathcal{A}_0} \\ h \end{pmatrix}(\gamma(t)) = \psi(t, z(t)) = 0, \quad t \in J, \quad \gamma'(0) = d + \nabla G(x) z'(0) = d. \quad \square$$

Die hinreichende Optimalitätsbedingung 2. Ordnung wird notwendig, wenn (CQ2) gilt und wenn die strikte positive Definitheitsforderung zu positiver Semidefinitheit abgeschwächt wird.

Notwendige Optimalitätsbedingungen 2. Ordnung. *Seien f, g und h zweimal stetig differenzierbar. Weiter sei $\bar{x}$ eine lokale Lösung von (15.1), in der (GCQ) erfüllt ist. Dann gibt es Lagrange-Multiplikatoren $\bar{\lambda} \in \mathbb{R}^m$ und $\bar{\mu} \in \mathbb{R}^p$ mit:* **Satz 16.31**

a) $\nabla_x L(\bar{x}, \bar{\lambda}, \bar{\mu}) = 0$ *(Multiplikatorregel)*

b) $h(\bar{x}) = 0$,

c) $\bar{\lambda} \geq 0, \quad g(\bar{x}) \leq 0, \quad \bar{\lambda}^T g(\bar{x}) = 0$ *(Komplementaritätsbedingung).*

Erfüllt $(\bar{x}, \bar{\lambda}, \bar{\mu})$ zusätzlich (CQ2), so gilt

d) $d^T \nabla_{xx}^2 L(\bar{x}, \bar{\lambda}, \bar{\mu}) d \geq 0$ *für alle* $d \in T_+(g, h, \bar{x}, \bar{\lambda})$.

Beweis. Sei $\bar{x}$ eine lokale Lösung von (15.1), und es gelte dort (GCQ). Mit Satz 16.14 folgt dann die Gültigkeit von a)–c).

Zum Nachweis von d) gelte nun zusätzlich (CQ2), und $d \in T_+(g, h, \bar{x}, \bar{\lambda})$ sei beliebig. Sei γ die zugehörige Kurve gemäß (CQ2) und

$$\mathcal{A}_0 = \mathcal{A}_0(\bar{x}, d) = \left\{i \in \mathcal{A}(\bar{x});\ \nabla g_i(\bar{x})^T d = 0\right\}.$$

Ist nun $\tau > 0$ hinreichen klein, so gilt für alle $t \in [0, \tau]$:

$$\begin{aligned}
&g_{\mathcal{I}(\bar{x})}(\gamma(t)) < 0, \quad g_{\mathcal{A}_0}(\gamma(t)) = 0, \quad h(\gamma(t)) = 0,\\
&g_i(\gamma(t)) = g_i(\bar{x}) + t\nabla g_i(\bar{x})^T d + o(t) = t \underbrace{\nabla g_i(\bar{x})^T d}_{<0} + o(t) \leq 0 \quad \forall\, i \in \mathcal{A}(\bar{x}) \setminus \mathcal{A}_0.
\end{aligned}$$

Daher folgt $\gamma([0, \tau]) \subset X$.

Für $i \notin \mathcal{A}_0$ gilt entweder $i \in \mathcal{I}(\bar{x})$ oder $i \in \mathcal{A}(\bar{x})$ und $\nabla g_i(\bar{x})^T d < 0$. Im ersten Fall folgt $\bar{\lambda}_i = 0$ wegen c). Im zweiten Fall gilt wegen $d \in T_+(g, h, \bar{x}, \bar{\lambda})$ ebenfalls $\bar{\lambda}_i = 0$. Dies zeigt

$$\bar{\lambda}_i = 0 \quad \forall\, i \notin \mathcal{A}_0.$$

Damit ergibt sich aus a) und der Definition von $\mathcal{A}_0$:

$$\begin{aligned}
\left.\frac{d}{dt} f(\gamma(t))\right|_{t=0} &= \nabla f(\bar{x})^T d = \nabla f(\bar{x})^T d + \bar{\lambda}_{\mathcal{A}_0}^T \nabla g_{\mathcal{A}_0}(\bar{x})^T d + \bar{\mu}^T \nabla h(\bar{x})^T d\\
&= \nabla_x L(\bar{x}, \bar{\lambda}, \bar{\mu})^T d = 0.
\end{aligned}$$

Nach eventuellem Verkleinern von τ ist $t = 0$ ein globales Minimum von $f(\gamma(t))$ auf $[0, \tau]$ und wegen $\frac{d}{dt} f(\gamma(t))|_{t=0} = 0$ gilt daher

$$\left.\frac{d^2}{dt^2} f(\gamma(t))\right|_{t=0} \geq 0.$$

Wir berechnen

$$\begin{aligned}
\frac{d}{dt} f(\gamma(t)) &= \nabla f(\gamma(t))^T \gamma'(t),\\
\frac{d^2}{dt^2} f(\gamma(t)) &= \gamma'(t)^T \nabla^2 f(\gamma(t))\gamma'(t) + \nabla f(\gamma(t))^T \gamma''(t).
\end{aligned}$$

Daher ergibt sich mit $v = \gamma''(0)$

$$d^T \nabla^2 f(\bar{x}) d + \nabla f(\bar{x})^T v \geq 0.$$

Für $i \in \mathcal{A}_0$ folgt für $t \in (0, \tau]$ durch Taylor-Entwicklung

$$\begin{aligned}
0 = g_i(\gamma(t)) &= g_i(\gamma(0)) + t\nabla g_i(\gamma(0))^T \gamma'(0) + \frac{t^2}{2}\gamma'(0)^T \nabla^2 g_i(\gamma(0))\gamma'(0)\\
&+ \frac{t^2}{2}\nabla g_i(\gamma(0))^T \gamma''(0) + o(t^2) = \frac{t^2}{2}\left(d^T \nabla^2 g_i(\bar{x}) d + \nabla g_i(\bar{x})^T v\right) + o(t^2).
\end{aligned}$$

Multiplikation mit $2/t^2$ und Grenzübergang $t \to 0^+$ ergibt

$$d^T \nabla^2 g_i(\bar{x}) d + \nabla g_i(\bar{x})^T v = 0, \quad i \in \mathcal{A}_0.$$

Ebenso erhalten wir für alle $i \in \{1, \ldots, p\}$ und $t \in (0, \tau]$:

$$0 = h_i(\gamma(t)) = \frac{t^2}{2}\left(d^T \nabla^2 h_i(\bar{x})d + \nabla h_i(\bar{x})^T v\right) + o(t^2),$$

also

$$d^T \nabla^2 h_i(\bar{x})d + \nabla h_i(\bar{x})^T v = 0, \quad i \in \{1, \ldots, p\}.$$

Somit ergibt sich wegen $\bar{\lambda}_i = 0, i \notin \mathcal{A}_0$, und a)

$$\begin{aligned} d^T \nabla_{xx}^2 L(\bar{x}, \bar{\lambda}, \bar{\mu})d &= d^T \nabla_{xx}^2 L(\bar{x}, \bar{\lambda}, \bar{\mu})d + \nabla_x L(\bar{x}, \bar{\lambda}, \bar{\mu})^T v \\ &= d^T \nabla^2 f(\bar{x})d + \nabla f(\bar{x})^T v + \sum_{i \in \mathcal{A}_0} \bar{\lambda}_i (d^T \nabla^2 g_i(\bar{x})d + \nabla g_i(\bar{x})^T v) \\ &\quad + \sum_{i=1}^{p} \bar{\mu}_i (d^T \nabla^2 h_i(\bar{x})d + \nabla h_i(\bar{x})^T v) \\ &= d^T \nabla^2 f(\bar{x})d + \nabla f(\bar{x})^T v \geq 0, \end{aligned}$$

wobei b) benutzt wurde. □

16.5 Beweis des Lemmas von Farkas

Ziel dieses Abschnitts ist der Beweis des Lemmas von Farkas. Als Hilfsmittel benötigen wir den auch in anderem Zusammenhang wertvollen Trennungssatz von Hahn-Banach.

Satz 16.32

Trennungssatz von Hahn-Banach. *Sei $M \subset \mathbb{R}^n$ nichtleer, abgeschlossen und konvex sowie $c \in \mathbb{R}^n \setminus M$. Dann gibt es $v \in \mathbb{R}^n$ und $\alpha \in \mathbb{R}$ mit*

$$\begin{aligned} v^T c &> \alpha \\ v^T x &\leq \alpha \quad \forall\, x \in M\,. \end{aligned}$$

Zusatz: *Ist M zusätzlich ein Kegel, d.h. $x \in M \Longrightarrow \lambda x \in M \;\forall\, \lambda > 0$, so kann $\alpha = 0$ gewählt werden.*

Beweis. Wegen $M \neq \emptyset$ gibt es einen Punkt $x_0 \in M$. Die Menge

$$\hat{M} := \{x \in M\,;\; \|x - c\| \leq \|x_0 - c\|\}$$

enthält x_0 und ist kompakt. Weiter gilt

$$\inf_{x \in M} \|x - c\| = \inf_{x \in \hat{M}} \|x - c\| = \|\bar{x} - c\|$$

mit einem $\bar{x} \in \hat{M} \subset M$, da $\hat{M}$ kompakt ist und $\|\,.\,\|$ stetig. Setze $v = c - \bar{x}$ und $\alpha = v^T \bar{x}$, dann gilt wegen $c \notin M$

$$0 < \|v\|^2 = v^T (c - \bar{x}) = v^T c - \alpha, \;\text{ d.h. } v^T c > \alpha\,.$$

Sei nun $x \in M$ beliebig. Aus der Konvexität von M folgt für

$$\varphi: t \in [0,1] \mapsto \|c - (tx + (1-t)\bar{x})\|^2$$

nach Wahl von $\bar{x}$

$$\varphi(0) = \|c - \bar{x}\|^2 = \min_{0 \le t \le 1} \varphi(t)$$

und daher $\varphi'(0) \geq 0$, d.h.

$$0 \leq 2\,(c - \bar{x})^T(\bar{x} - x) = 2v^T(\bar{x} - x) = 2(\alpha - v^T x)\,.$$

Also gilt $v^T x \leq \alpha$ für alle $x \in M$.

Beweis des Zusatzes:

Sei M zusätzlich ein Kegel. Da M abgeschlossen ist, gilt dann $0 \in M$, da $M \ni tx_0 \to 0$ für $t \to 0^+$. Damit folgt $0 = v^T 0 \leq \alpha$, also $\alpha \geq 0$. Ist nun $x \in M$ beliebig, dann folgt auch $\lambda x \in M$ für alle $\lambda > 0$ und daher $\lambda v^T x \leq \alpha$. Durch Grenzwertbildung $\lambda \to \infty$ ergibt sich $v^T x \leq 0$. Somit gilt

$$v^T x \leq 0 \quad \forall\, x \in M$$

$$v^T c > \alpha \geq 0\,.$$

□

Lemma 16.33 *Seien $A \in \mathbb{R}^{n\times m}$ and $B \in \mathbb{R}^{n\times p}$. Dann ist die Menge*

$$K = \left\{x \in \mathbb{R}^n\,;\; x = Au + Bv,\; u \in \mathbb{R}^m,\; u \geq 0,\; v \in \mathbb{R}^p\right\}$$

ein abgeschlossener konvexer Kegel.

Beweis. Wegen $K = \left\{x \in \mathbb{R}^n\,;\; x = (A, B, -B)u,\; u \in \mathbb{R}^{m+2p},\; u \geq 0\right\}$ können wir den Beweis ohne Einschränkung für den Kegel K führen mit

$$K = \{x \in \mathbb{R}^n\,;\; x = Au,\; u \in \mathbb{R}^m,\; u \geq 0\}\,. \tag{16.5}$$

K ist offensichtlich ein konvexer Kegel.

Wir zeigen nun durch vollständige Induktion nach m:
Für alle $m \geq 1$ und alle $A \in \mathbb{R}^{n\times m}$ ist der in (16.5) definierte Kegel K abgeschlossen.
Bezeichne a_i die i-te Spalte von A.
Im Fall $m = 1$ haben wir $K = \{ta_1\,;\; t \geq 0\}$ und diese Menge ist offensichtlich abgeschlossen.

Seien nun alle von $< m$ Vektoren aufgespannten Kegel abgeschlossen. Weiter sei $A \in \mathbb{R}^{n\times m}$ beliebig und $(x^k) \subset K$ eine Folge mit $x^k \to x$. Wir müssen $x \in K$ zeigen. Nun gibt es $u^k \in [0,\infty)^m$ mit $x^k = Au^k$. Sind die Spalten von A linear unabhängig, so gilt

$$u^k = (A^T A)^{-1} A^T x^k$$

und daher konvergiert (u^k) gegen $u = (A^T A)^{-1} A^T x$. Wegen $u^k \geq 0$ ergibt sich $u \geq 0$. Weiter haben wir

$$x = \lim_{k\to\infty} x^k = \lim_{k\to\infty} Au^k = Au \in K.$$

Sind die Spalten von A linear abhängig, dann gibt es $w \in \mathbb{R}^n \setminus \{0\}$ mit

$$Aw = 0.$$

Sei α_k die betragskleinste Zahl, so dass mindestens eine Komponente des Vektors $\tilde{u}^k = u^k + \alpha_k w$ gleich Null ist ($\alpha_k = 0$, falls u^k bereits eine Nullkomponente besitzt). Bezeichne i_k den Index einer solchen Komponente.

Die Folge $(i_k) \subset \{1, \ldots, m\}$ nimmt mindestens einen Wert $i \in \{1, \ldots, m\}$ unendlich oft an. Sei $L = \{k;\ i_k = i\}$. Dann ist $\tilde{u}_i^k = 0$ für alle $k \in L$ und mit

$$\bar{A} = (a_1, \ldots, a_{i-1}, a_{i+1}, \ldots, a_m), \qquad \bar{u}^k = (\tilde{u}_1, \ldots, \tilde{u}_{i-1}, \tilde{u}_{i+1}, \ldots, \tilde{u}_m)^T$$

gilt $(x^k)_L \subset K' := \left\{x;\ x = \bar{A}\bar{u},\ \bar{u} \in \mathbb{R}^{m-1},\ \bar{u} \geq 0\right\}$, denn wir haben

$$x^k = Au^k = Au^k + \alpha_k Aw = A\tilde{u}^k = \bar{A}\bar{u}^k, \qquad k \in L.$$

Nach Konstruktion gilt $K' \subset K$ und nach Induktionsvoraussetzung ist K' abgeschlossen. Daher folgt $x \in K' \subset K$, und die Induktion ist beendet. □

Beweis von Lemma 16.13. ii) $\Longrightarrow$ i): Sei $c = Au + Bv$ mit $u \geq 0$. Dann gilt für alle $d \in \mathbb{R}^n$ mit $A^T d \leq 0$ und $B^T d = 0$:

$$c^T d = (Au + Bv)^T d = u^T (A^T d) + v^T (B^T d) = u^T (A^T d) \leq 0.$$

i) $\Longrightarrow$ ii): Der Kegel $K = \{x;\ x = Au + Bv,\ u \geq 0\}$ ist nach Lemma 16.33 abgeschlossen. Gilt ii) nicht, dann haben wir $c \notin K$ und können den Trennungssatz 16.32 samt Zusatz anwenden. Es gibt also $v \in \mathbb{R}^n$ mit

$$\begin{aligned} v^T c &> 0 \\ v^T x &\leq 0 \quad \forall\, x \in K. \end{aligned}$$

Sei a_i die i-te Spalte von A. Dann gilt $a_i \in K$ und somit $v^T a_i \leq 0$. Für die j-te Spalte b_j von B erhalten wir $\pm b_j \in K$ und daher $\pm v^T b_j \leq 0$, also $v^T b_j = 0$. Dies zeigt:

$$A^T v \leq 0, \qquad B^T v = 0, \qquad c^T v > 0.$$

Daher gilt i) nicht. □

Übungsaufgaben

KKT-Bedingungen für Trust-Region-Probleme. Sei $q: \mathbb{R}^n \to \mathbb{R}$, $q(s) = g^T s + \frac{1}{2} s^T H s$, quadratisch mit $g \in \mathbb{R}^n$ und $H = H^T \in \mathbb{R}^{n \times n}$. Für $\Delta > 0$ betrachten wir das Trust-Region-Problem Aufgabe

$$\min\ q(s) \quad \text{u.d.N.} \quad \|s\| \leq \Delta. \tag{TR}$$

Sei nun $\bar{s} \in \mathbb{R}^n$ eine globale Lösung von (TR).

a) Zeigen Sie, dass bei geeigneter Umformulierung der Nebenbedingung $\|s\| \leq \Delta$ im Punkt $\bar{s}$ die KKT-Bedingungen gelten und dass diese die folgende Form haben:

Es gibt $\lambda \geq 0$ mit

(1) $(H + \lambda I)\bar{s} = -g$.

(2) entweder $\|\bar{s}\| = \Delta$ oder $\|\bar{s}\| < \Delta$ und $\lambda = 0$.

b) Zeigen Sie, dass in $\bar{s}$ die notwendigen Optimalitätsbedingungen 2. Ordnung gelten und geben Sie diese an. Inwiefern sind diese schwächer als die in Satz 14.12 bewiesene Charakterisierung von $\bar{s}$?

Aufgabe Geometrisches und arithmetisches Mittel.

a) Berechnen Sie die globale Lösung $\bar{x} \in \mathbb{R}^n$ des Optimierungsproblems

$$\min \sum_{j=1}^{n} x_j \quad \text{u.d.N.} \quad \prod_{j=1}^{n} x_j = 1, \quad x \geq 0.$$

Zeigen Sie zunächst, dass $\bar{x} > 0$ gelten muss und dass in $\bar{x}$ die KKT-Bedingungen erfüllt sind. Verwenden Sie diese dann, um $\bar{x}$ zu berechnen.

b) Verwenden Sie a), um die folgende Ungleichung zwischen dem geometrischen und dem arithmetischen Mittel nachzuweisen:

$$\left(\prod_{j=1}^{n} x_j\right)^{1/n} \leq \frac{1}{n}\sum_{j=1}^{n} x_j \quad \text{für alle } x \in \mathbb{R}^n,\ x > 0.$$

Aufgabe Slater-Bedingung. Gegeben ist das (konvexe) Optimierungsproblem

$$\min f(x) \quad \text{u.d.N.} \quad g(x) \leq 0 \tag{P}$$

mit konvexen C^1-Funktionen $f, g_i\colon \mathbb{R}^n \to \mathbb{R}$, $i = 1, \ldots, m$.

Die *Slater-Bedingung* lautet: Es gibt ein $y \in \mathbb{R}^n$ mit $g_i(y) < 0$, $i = 1, \ldots, m$.

Zeigen Sie, dass die Slater-Bedingung eine Constraint Qualification für jeden zulässigen Punkt von (P) ist.

Aufgabe Augmented-Lagrange-Funktion. Für das gleichungsrestringierte Optimierungsproblem

$$\min f(x) \quad \text{u.d.N.} \quad h(x) = 0 \tag{$*$}$$

mit C^2-Funktionen $f\colon \mathbb{R}^n \to \mathbb{R}$, $h\colon \mathbb{R}^n \to \mathbb{R}^p$ ist die Augmented-Lagrange-Funktion definiert gemäß

$$L_\alpha(x, \mu) := L(x, \mu) + \frac{\alpha}{2}\|h(x)\|^2 = f(x) + \mu^T h(x) + \frac{\alpha}{2}\|h(x)\|^2,$$

wobei $\alpha > 0$. Zeigen Sie:

Sei $(\bar{x}, \bar{\mu})$ ein reguläres KKT-Paar von $(*)$, in dem die hinreichenden Optimalitätsbedingungen 2. Ordnung gelten. Dann gibt es $\bar{\alpha} > 0$, so dass für alle $\alpha \geq \bar{\alpha}$ der Punkt $\bar{x}$ ein isoliertes lokales Minimum von $L_\alpha(\cdot, \bar{\mu})$ auf $\mathbb{R}^n$ ist, in dem die hinreichenden Optimalitätsbedingungen 2. Ordnung für $L_\alpha(\cdot, \bar{\mu})$ gelten.

Aufgabe Trust-Region- und Proximalpunkt-Probleme. Wir betrachten die folgenden Probleme:

$$\min_{x \in \mathbb{R}^n} f(x) \quad \text{u.d.N.} \quad \|x\|^2 \leq \Delta^2 \tag{T_Δ}$$

$$\min_{x \in \mathbb{R}^n} f(x) + \alpha\|x\|^2 \tag{P_α}$$

mit einer stetig differenzierbaren Funktion $f\colon \mathbb{R}^n \to \mathbb{R}$, $\Delta \geq 0$ und $\alpha \geq 0$. Zeigen Sie:

a) Ist $\bar{x}$ eine Lösung von (P_α), dann gibt es $\Delta \geq 0$, so dass $\bar{x}$ eine Lösung von (T_Δ) ist. Wie ist Δ zu wählen?

b) Ist $\bar{x}$ ein KKT-Punkt von (T_Δ), dann gibt es $\alpha \geq 0$, so dass $\bar{x}$ ein stationärer Punkt von (P_α) ist. Wie ist α zu wählen?

c) Ist $\Delta > 0$ und $\bar{x}$ eine Lösung von (T_Δ), dann gibt es $\alpha \geq 0$, so dass $\bar{x}$ ein stationärer Punkt von (P_α) ist.

d) Im Allgemeinen gilt c) nicht mehr, wenn wir statt der Stationarität von $\bar{x}$ bez. (P_α) fordern, dass $\bar{x}$ eine Lösung von (P_α) sein soll.

17 Dualität

Wir betrachten wieder das nichtlineare Optimierungsproblem (NLP)

$$\min_{x\in\mathbb{R}^n} f(x) \quad \text{u.d.N.} \quad g(x) \leq 0, \quad h(x) = 0 \tag{17.6}$$

mit zugehöriger Lagrange-Funktion

$$L(x, \lambda, \mu) = f(x) + \lambda^T g(x) + \mu^T h(x).$$

17.1 Das duale Problem

Wir wollen (17.6) ein duales Problem zuordnen, das in gewissen Fällen äquivalent zu (17.6) ist, aber in jedem Fall Unterschranken für den Optimalwert von (17.6) liefert.

Die Konstruktion eines dualen Problems für (17.6) beruht auf der Beobachtung, dass gilt

$$p(x) := \sup_{\lambda\in\mathbb{R}^m_+, \mu\in\mathbb{R}^p} L(x, \lambda, \mu) = \begin{cases} f(x) & \text{falls } x \in X, \\ +\infty & \text{sonst.} \end{cases}$$

Damit ist unser primales Problem (17.6) äquivalent zu

$$\min_{x\in\mathbb{R}^n} \sup_{\lambda\in\mathbb{R}^m_+, \mu\in\mathbb{R}^p} L(x, \lambda, \mu). \tag{17.6}$$

Nun liegt es nahe, ein duales Problem durch Vertauschen von min und sup zu gewinnen:

Definition 17.1

Das folgende Problem heißt *zu* (17.6) *duales Problem*:

$$\sup_{\lambda\in\mathbb{R}^m_+, \mu\in\mathbb{R}^p} \inf_{x\in\mathbb{R}^n} L(x, \lambda, \mu). \tag{17.7}$$

Die Funktion $d(\lambda, \mu) = \inf_{x\in\mathbb{R}^n} L(x, \lambda, \mu)$ heißt *duale Zielfunktion*, die Funktion $p(x) = \sup_{\lambda\in\mathbb{R}^m_+, \mu\in\mathbb{R}^p} L(x, \lambda, \mu)$ heißt *primale Zielfunktion*.

Bemerkung. Für jedes feste x ist $(\lambda, \mu) \to L(x, \lambda, \mu)$ eine lineare Funktion. Daher ist $d(\lambda, \mu)$ als Infimum von linearen Funktionen konkav. Also ist das duale Problem ein Maximierungsproblem einer konkaven Funktion auf einer konvexen Menge, also äquivalent zu einem konvexen Optimierungsproblem.

17.2 Schwacher Dualitätssatz und Sattelpunkte der Lagrange-Funktion

Der folgende wichtige Satz zeigt, dass das duale Problem (17.7) eine Unterschranke für den Optimalwert des primalen Problems (17.6) liefert.

Satz 17.2 **Schwacher Dualitätssatz.** *Ist $\tilde{x}$ zulässig für das primale Problem* (17.6) *und* $(\tilde{\lambda}, \tilde{\mu})$ *zulässig für das duale Problem* (17.7)*, dann gilt*

$$p(\tilde{x}) = f(\tilde{x}) \geq d(\tilde{\lambda}, \tilde{\mu}).$$

Beweis. Wegen $\tilde{\lambda} \geq 0, g(\tilde{x}) \leq 0, h(\tilde{x}) = 0$ gilt

$$d(\tilde{\lambda}, \tilde{\mu}) = \inf_{x \in \mathbb{R}^n} L(x, \tilde{\lambda}, \tilde{\mu}) \leq L(\tilde{x}, \tilde{\lambda}, \tilde{\mu}) = f(\tilde{x}) + \tilde{\lambda}^T g(\tilde{x}) + \tilde{\mu}^T h(\tilde{x}) \leq f(\tilde{x}) = p(\tilde{x}). \square$$

In vielen Fällen sind die Optimalwerte von (17.6) und (17.7) gleich, und zwar genau dann, wenn die Lagrange-Funktion einen Sattelpunkt besitzt.

Definition 17.3 Der Punkt $(\bar{x}, \bar{\lambda}, \bar{\mu}) \in \mathbb{R}^n \times \mathbb{R}^m_+ \times \mathbb{R}^p$ heißt *Sattelpunkt der Lagrange-Funktion*, falls

$$L(\bar{x}, \lambda, \mu) \leq L(\bar{x}, \bar{\lambda}, \bar{\mu}) \leq L(x, \bar{\lambda}, \bar{\mu}) \quad \forall x \in \mathbb{R}^n, \lambda \in \mathbb{R}^m_+, \mu \in \mathbb{R}^p.$$

Satz 17.4 *Die folgenden Aussagen sind äquivalent:*

i) $(\bar{x}, \bar{\lambda}, \bar{\mu})$ *ist Sattelpunkt der Lagrange-Funktion.*

ii) $\bar{x}$ *ist globales Optimum von* (17.6), $(\bar{\lambda}, \bar{\mu})$ *ist globales Optimum von* (17.7) *und* $f(\bar{x}) = d(\bar{\lambda}, \bar{\mu})$.

Der Beweis verwendet die Tatsache, dass für jede Funktion $L: \mathbb{R}^n \times \mathbb{R}^m_+ \times \mathbb{R}^p \to \mathbb{R}$ gilt

$$\sup_{\lambda \in \mathbb{R}^m_+, \mu \in \mathbb{R}^p} \inf_{x \in \mathbb{R}^n} L(x, \lambda, \mu) \leq \inf_{x \in \mathbb{R}^n} \sup_{\lambda \in \mathbb{R}^m_+, \mu \in \mathbb{R}^p} L(x, \lambda, \mu). \quad (17.8)$$

Tatsächlich gilt für jedes $\tilde{x} \in \mathbb{R}^n$

$$\sup_{\lambda \in \mathbb{R}^m_+, \mu \in \mathbb{R}^p} \inf_{x \in \mathbb{R}^n} L(x, \lambda, \mu) \leq \sup_{\lambda \in \mathbb{R}^m_+, \mu \in \mathbb{R}^p} L(\tilde{x}, \lambda, \mu).$$

Da $\tilde{x}$ beliebig war, folgt (17.8).

Beweis. i) $\Longrightarrow$ ii): Wir haben mit (17.8)

$$\begin{aligned} L(\bar{x}, \bar{\lambda}, \bar{\mu}) &= \inf_{x \in \mathbb{R}^n} L(x, \bar{\lambda}, \bar{\mu}) \le \sup_{\lambda \in \mathbb{R}^m_+, \mu \in \mathbb{R}^p} \inf_{x \in \mathbb{R}^n} L(x, \lambda, \mu) \\ &\le \inf_{x \in \mathbb{R}^n} \sup_{\lambda \in \mathbb{R}^m_+, \mu \in \mathbb{R}^p} L(x, \lambda, \mu) \\ &\le \sup_{\lambda \in \mathbb{R}^m_+, \mu \in \mathbb{R}^p} L(\bar{x}, \lambda, \mu) \\ &= L(\bar{x}, \bar{\lambda}, \bar{\mu}). \end{aligned}$$

Damit folgt

$$L(\bar{x}, \bar{\lambda}, \bar{\mu}) = \inf_{x \in \mathbb{R}^n} L(x, \bar{\lambda}, \bar{\mu}) = d(\bar{\lambda}, \bar{\mu}) = \sup_{\lambda \in \mathbb{R}^m_+, \mu \in \mathbb{R}^p} L(\bar{x}, \lambda, \mu) = p(\bar{x}) < \infty.$$

Also ist $\bar{x}$ zulässig, $p(\bar{x}) = f(\bar{x})$ und wegen $d(\bar{\lambda}, \bar{\mu}) = p(\bar{x})$ folgt die Optimalität von $\bar{x}$ und $(\bar{\lambda}, \bar{\mu})$ aus dem schwachen Dualitätssatz.

ii) $\Longrightarrow$ i): Es folgt

$$L(\bar{x}, \bar{\lambda}, \bar{\mu}) \le f(\bar{x}) = p(\bar{x}) = \sup_{\lambda \in \mathbb{R}^m_+, \mu \in \mathbb{R}^p} L(\bar{x}, \lambda, \mu) = d(\bar{\lambda}, \bar{\mu}) = \inf_{x \in \mathbb{R}^n} L(x, \bar{\lambda}, \bar{\mu}) \le L(\bar{x}, \bar{\lambda}, \bar{\mu}).$$

Daraus ist die Sattelpunkteigenschaft abzulesen. □

Bemerkung. Für stetig differenzierbare konvexe Probleme (17.6) lässt sich das duale Problem (17.7) meist in expliziter Form schreiben. Tatsächlich ist dann für jedes $(\lambda, \mu) \in \mathbb{R}^m_+ \times \mathbb{R}^p$ die Funktion

$$x \mapsto L(x, \lambda, \mu)$$

konvex. Wird nun $\inf_{x \in \mathbb{R}^n} L(x, \lambda, \mu)$ angenommen, existiert also $\min_{x \in \mathbb{R}^n} L(x, \lambda, \mu)$ für alle (λ, μ), dann sind die Minimalpunkte genau alle x mit $\nabla_x L(x, \lambda, \mu) = 0$. Wir können dann (17.6) schreiben in der Form

$$\sup L(x, \lambda, \mu) \quad \text{u.d.N.} \quad \lambda \ge 0, \quad \nabla_x L(x, \lambda, \mu) = 0.$$

Dieses Problem heißt *Wolfe-Dualproblem.*

Übungsaufgabe

Lagrange-Dualität bei linearen und quadratischen Programmen. Stellen Sie die dualen Probleme zu folgenden (primalen) Problemen auf: Aufgabe

$$\min c^T x \quad \text{u.d.N.} \quad Ax = a, x \ge 0 \qquad \text{(LP)}$$

$$\min \frac{1}{2} x^T Q x + c^T x \quad \text{u.d.N.} \quad Ax \le a, \ Bx = b \qquad \text{(QP)}$$

mit einer symmetrisch positiv definiten Matrix $Q \in \mathbb{R}^{n \times n}$, Matrizen $A \in \mathbb{R}^{m \times n}$, $B \in \mathbb{R}^{p \times n}$ und Vektoren $a \in \mathbb{R}^m$, $b \in \mathbb{R}^p$.

Ersetzen Sie hierbei das innere Infimum (des dualen Problems) durch geeignete Nebenbedingungen.

18
Penalty-Verfahren

Penalty-Verfahren gehören zu den klassischen Verfahren der nichtlinearen Optimierung. Die Standardreferenz ist [6]. Die Idee von Penalty-Verfahren besteht darin, ein nichtlineares Optimierungsproblem durch Lösen einer Folge unrestringierter Optimierungsprobleme zu behandeln. Diese unrestringierten Probleme entstehen durch Hinzunahme von Straftermen (Penalty-Termen; penalty heißt auf englisch Strafe) zur Zielfunktion. Diese Strafterme werden durch einen positiven Parameter, den *Penalty-Parameter*, gewichtet. Die Penalty-Teilprobleme haben die Form

$$\min_x \ f(x) + \alpha\pi(x)$$

mit dem Penalty-Parameter $\alpha > 0$ und der Straffunktion $\pi\colon \mathbb{R}^n \to \mathbb{R}$, $\pi(x) = 0$ auf X und $\pi(x) > 0$ auf $\mathbb{R}^n \setminus X$.

Je größer der Penalty-Parameter, desto genauer approximieren Lösungen des Penalty-Problems jene des Ausgangsproblems. Leider wird aber die numerische Behandlung der Penalty-Probleme umso schwieriger, je größer der Penalty-Parameter ist. Daher löst man eine Sequenz von Penalty-Problemen, die zu einer monoton wachsenden Folge von Penalty-Parametern gehören, und verwendet die Lösung x^k jedes Teilproblems als Startpunkt für das nächste Teilproblem.

18.1
Das quadratische Penalty-Verfahren

Das *quadratische* Penalty-Verfahren für das Problem (15.1) verwendet die quadratische Penalty-Funktion

$$\begin{aligned} P_\alpha(x) &= f(x) + \frac{\alpha}{2}\sum_{i=1}^{m} \max^2\{0, g_i(x)\} + \frac{\alpha}{2}\sum_{i=1}^{p} h_i(x)^2 \\ &= f(x) + \frac{\alpha}{2}\|(g(x))_+\|^2 + \frac{\alpha}{2}\|h(x)\|^2. \end{aligned}$$

Hierbei bezeichnen wir für $v \in \mathbb{R}^n$ mit $(v)_+ \in \mathbb{R}^n$ den Vektor mit den Komponenten $((v)_+)_i = \max\{0, v_i\}$. Der Skalar $\alpha > 0$ ist der *Penalty-Parameter*.

Wir haben zwei verschiedene Strafterme verwendet: für Ungleichungen $g_i(x) \leq 0$ die Funktion $p_u(g_i(x))$ mit $p_u(t) = (t)_+^2 = \max^2\{0, t\}$ (siehe Abb. 18.1) und für Gleichungen $h_i(x) = 0$ die Funktion $p_g(h_i(x))$ mit $p_g(t) = t^2$. Die Funktionen p_u und p_g sind stetig differenzierbar, so dass dies auch für die Penalty-Funktion P_α gilt, falls die Problemfunktionen C^1 sind. Diese Glattheit von P_α erkauft man sich aber durch einen Nachteil: Wegen $p_u'(t) = 2(t)_+$ und $p_g'(0) = 0$ ist die Steigung der Strafterme auf dem zulässigen Bereich (einschließlich Rand) gleich Null. Genauer gilt:

$$\nabla P_\alpha(x) = \nabla f(x) + \alpha\sum_{i=1}^{m}(g_i(x))_+\nabla g_i(x) + \alpha\sum_{i=1}^{p} h_i(x)\nabla h_i(x)$$

und somit

$$P_\alpha(x) = f(x), \quad \nabla P_\alpha(x) = \nabla f(x) \quad \forall\, x \in X.$$

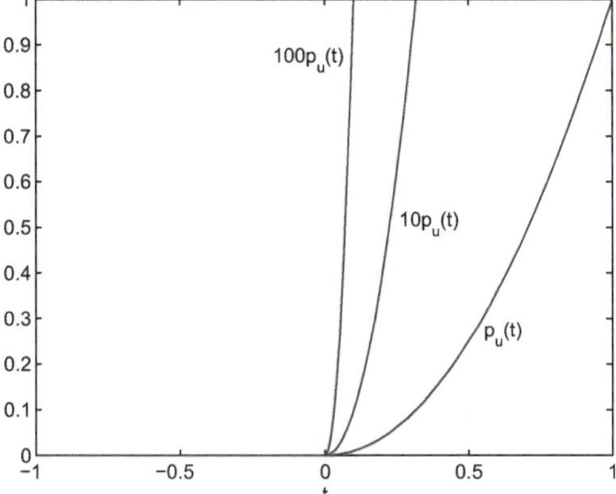

Abb. 18.1: Penalty-Term $\frac{\alpha}{2} p_u(t)$ für $\alpha = 2, 20, 200$.

Der Strafterm hat also beim Verlassen des zulässigen Bereichs zunächst Steigung Null und wirkt daher nicht sofort, sondern erst mit Verzögerung. Insbesondere ist ein Punkt $x \in X$ (und somit jeder KKT-Punkt) von (15.1) höchstens dann ein stationärer Punkt von P_α, wenn $\nabla f(x) = 0$ gilt. Dies ist aber in der Regel nicht der Fall, so dass die Minimierung der Penalty-Funktion normalerweise einen Punkt $\bar{x}_\alpha$ liefert, der nicht in X liegt.

Das Penalty-Verfahren lautet nun:

Algorithmus 18.1

Penalty-Verfahren.

0. *Wähle* $\alpha_0 > 0$.

Für $k = 0, 1, 2, \ldots$:

1. *Bestimme die globale Lösung* x^k *des Penalty-Problems* $\min_{x \in \mathbb{R}^n} P_{\alpha_k}(x)$.
   Hierbei wird im Fall $k > 0$ *meist* x^k *als Startpunkt verwendet.*
2. *STOP, falls* $x^k \in X$.
3. *Wähle* $\alpha_{k+1} > \alpha_k$.

Satz 18.2

Seien f, g *und* h *stetig und der zulässige Bereich* X *sei nicht leer. Die Folge* $(\alpha_k) \subset (0, \infty)$ *strebe streng monoton wachsend gegen unendlich. Algorithmus* 18.1 *erzeuge die Folge* (x^k) *(von deren Existenz wir ausgehen). Dann gilt:*

1. *Die Folge* $(P_{\alpha_k}(x^k))$ *ist monoton wachsend.*
2. *Die Folge* $(\|(g(x^k))_+\|^2 + \|h(x^k)\|^2)$ *ist monoton fallend.*
3. *Die Folge* $(f(x^k))$ *ist monoton wachsend.*
4. *Es gilt* $\lim_{k\to\infty} (g(x^k))_+ = 0, \quad \lim_{k\to\infty} h(x^k) = 0.$
5. *Jeder Häufungspunkt der Folge* (x^k) *ist eine globale Lösung von* (15.1).

Beweis. Zur Abkürzung sei $\pi(x) := \frac{1}{2}\left(\|(g(x))_+\|^2 + \|h(x)\|^2\right)$.

zu 1: Aus der Optimalität von x^k und $\alpha_k < \alpha_{k+1}$ folgt

$$\begin{aligned} P_{\alpha_k}(x^k) &\leq P_{\alpha_k}(x^{k+1}) = f(x^{k+1}) + \alpha_k \pi(x^{k+1}) \\ &\leq f(x^{k+1}) + \alpha_{k+1}\pi(x^{k+1}) = P_{\alpha_{k+1}}(x^{k+1}). \end{aligned}$$

zu 2: Addieren von $P_{\alpha_k}(x^k) \leq P_{\alpha_k}(x^{k+1})$ und $P_{\alpha_{k+1}}(x^{k+1}) \leq P_{\alpha_{k+1}}(x^k)$ ergibt

$$\alpha_k\pi(x^k) + \alpha_{k+1}\pi(x^{k+1}) \leq \alpha_k\pi(x^{k+1}) + \alpha_{k+1}\pi(x^k).$$

Wegen $\alpha_k < \alpha_{k+1}$ liefert dies

$$\pi(x^k) \geq \pi(x^{k+1}).$$

zu 3: Aus 2 folgt

$$0 \leq P_{\alpha_k}(x^{k+1}) - P_{\alpha_k}(x^k) = f(x^{k+1}) - f(x^k) + \alpha_k(\pi(x^{k+1}) - \pi(x^k)) \leq f(x^{k+1}) - f(x^k).$$

zu 4: Wir zeigen $\pi(x^k) \to 0$. Wegen $X \neq \emptyset$ gibt es $\hat{x} \in X$ und somit

$$P_{\alpha_k}(x^k) \leq P_{\alpha_k}(\hat{x}) = f(\hat{x}).$$

Weiter gilt nach 3:

$$f(\hat{x}) \geq P_{\alpha_k}(x^k) = f(x^k) + \alpha_k\pi(x^k) \geq f(x^0) + \alpha_k\pi(x^k).$$

Wegen $\alpha_k \to \infty$ folgt daraus $\pi(x^k) \to 0$.

zu 5: Sei $\bar{x}$ ein Häufungspunkt von (x^k). Dann gilt $\bar{x} \in X$ wegen 4 und der Stetigkeit von $(g)_+$ und h. Bezeichne $(x^k)_K$ eine gegen $\bar{x}$ konvergente Teilfolge. Wir erhalten für alle $x \in X$ und $k \in K$

$$f(x^k) \leq P_{\alpha_k}(x^k) \leq P_{\alpha_k}(x) = f(x).$$

Dies zeigt $f(\bar{x}) = \lim_{K \ni k \to \infty} f(x^k) \leq f(x)$ für alle $x \in X$. □

Wir hatten vorausgesetzt, dass Algorithmus 18.1 eine unendliche Folge (x^k) erzeugt. Ist dies nicht der Fall, dann ist entweder eines der Teilprobleme nicht lösbar, oder der Algorithmus bricht in Schritt 2 ab, weil $x^k \in X$ gilt. Letzteres ist sinnvoll, da dann x^k eine globale Lösung des Ausgangsproblems (15.1) ist. Denn wegen $x^k \in X$ folgt für alle $x \in X$:

$$f(x) = P_{\alpha_k}(x) \geq P_{\alpha_k}(x^k) = f(x^k).$$

Seien nun f, g und h stetig differenzierbar. Wir betrachten einen Häufungspunkt $\bar{x}$ der durch Algorithmus 18.1 erzeugten Folge (x^k), wobei wir $\alpha_k \to \infty$ voraussetzen. Wegen Satz 18.2, Teil 5 ist dann $\bar{x}$ ein globales Minimum von (15.1). Weiter ist jedes x^k ein stationärer Punkt von P_{α_k}, und daher ergibt sich

$$\begin{aligned} 0 = \nabla P_{\alpha_k}(x^k) &= \nabla f(x^k) + \sum_{i=1}^{m} \alpha_k \max\{0, g_i(x^k)\}\nabla g_i(x^k) + \sum_{i=1}^{p} \alpha_k h_i(x^k)\nabla h_i(x^k) \\ &= \nabla f(x^k) + \nabla g(x^k)\lambda^k + \nabla h(x^k)\mu^k \end{aligned}$$

mit

$$\lambda_i^k = \alpha_k \max\{0, g_i(x^k)\}, \quad \mu_i^k = \alpha_k h_i(x^k). \tag{18.9}$$

Wir können dies auch schreiben als

$$\nabla_x L(x^k, \lambda^k, \mu^k) = 0. \tag{18.10}$$

Gibt es nun eine Teilfolge mit $(x^k)_K \to \bar{x}$, $(\lambda^k)_K \to \bar{\lambda}$ und $(\mu^k)_K \to \bar{\mu}$, so ist $(\bar{x}, \bar{\lambda}, \bar{\mu})$ ein KKT-Tripel von (15.1). Wir präzisieren dies im folgenden Satz:

Satz 18.3

Seien f, g und h stetig differenzierbar, und der zulässige Bereich X sei nicht leer. Die Folge $(\alpha_k) \subset (0, \infty)$ strebe streng monoton wachsend gegen unendlich. Algorithmus 18.1 erzeuge die Folge (x^k) (von deren Existenz wir ausgehen). Wir definieren die Folgen (λ^k) und (μ^k) gemäß (18.9). Dann gilt:

1. *Ist $(x^k, \lambda^k, \mu^k)_K$ eine konvergente Teilfolge von (x^k, λ^k, μ^k) mit Grenzwert $(\bar{x}, \bar{\lambda}, \bar{\mu})$, dann ist $\bar{x}$ eine globale Lösung von (15.1), und $(\bar{x}, \bar{\lambda}, \bar{\mu})$ ist ein KKT-Tripel von (15.1).*
2. *Sei $\bar{x}$ ein Häufungspunkt von (x^k) und $(x^k)_K$ eine gegen $\bar{x}$ konvergente Teilfolge. Weiter sei der Punkt $\bar{x}$ regulär. Dann konvergiert die Folge $(x^k, \lambda^k, \mu^k)_K$ gegen ein KKT-Tripel von (15.1) und $\bar{x}$ ist eine globale Lösung von (15.1).*

Beweis. zu 1: Nach Satz 18.2,5 ist $\bar{x}$ eine globale Lösung von (15.1). Weiter liefert Grenzübergang $K \ni k \to \infty$ in (18.10) die Multiplikatorregel

$$\nabla_x L(\bar{x}, \bar{\lambda}, \bar{\mu}) = \lim_{K \ni k \to \infty} \nabla_x L(x^k, \lambda^k, \mu^k) = 0.$$

Da wir bereits wissen, dass $\bar{x}$ zulässig ist, müssen wir nur noch die Komplementaritätsbedingung überprüfen: Nach Definition gilt $\lambda^k \geq 0$ und daher $\bar{\lambda} \geq 0$. Aus $g_i(\bar{x}) < 0$ folgt weiter $g_i(x^k) < 0$ für große $k \in K$ und daher

$$\lambda_i^k = \alpha_k \max\{0, g_i(x^k)\} = 0,$$

also $\bar{\lambda}_i = 0$. Damit ist auch die Komplementaritätsbedingung nachgewiesen.

zu 2: Wie in Teil 1 folgt, dass $\bar{x}$ globale Lösung von (15.1) ist. Daher müssen wir nur noch die Konvergenz von $(x^k, \lambda^k, \mu^k)_K$ nachweisen, der Rest folgt dann aus Teil 1. Für $i \in \mathcal{I}(\bar{x})$ gilt $g_i(\bar{x}) < 0$ und daher $g_i(x^k) < 0$ für große $k \in K$. Dies liefert für große $k \in K$:

$$\lambda_i^k = \alpha_k \max\{0, g_i(x^k)\} = 0.$$

Somit folgt

$$\bar{\lambda}_{\mathcal{I}(\bar{x})} := \lim_{K \ni k \to \infty} \lambda^k_{\mathcal{I}(\bar{x})} = 0.$$

Nach Voraussetzung hat $A_* = (\nabla g_{\mathcal{A}(\bar{x})}(\bar{x}), \nabla h(\bar{x}))$ vollen Spaltenrang, und somit ist $A_*^T A_*$ invertierbar. Aus Stetigkeitsgründen ist dann für große $k \in K$ auch die Matrix $A_k^T A_k$ invertierbar (Lemma 10.3), wobei wir $A_k = (\nabla g_{\mathcal{A}(\bar{x})}(x^k), \nabla h(x^k))$ gesetzt haben. Ist $k \in K$ hinreichend groß, so folgt daraus

$$0 = A_k^T \nabla_x L(x^k, \lambda^k, \mu^k) = A_k^T \nabla f(x^k) + A_k^T A_k \begin{pmatrix} \lambda^k_{\mathcal{A}(\bar{x})} \\ \mu^k \end{pmatrix}$$

und daher

$$\begin{pmatrix} \lambda^k_{\mathcal{A}(\bar{x})} \\ \mu^k \end{pmatrix} = -(A_k^T A_k)^{-1} A_k^T \nabla f(x^k) \overset{K \ni k \to \infty}{\longrightarrow} -(A_*^T A_*)^{-1} A_*^T \nabla f(\bar{x}).$$

Wiederum haben wir hier das Lemma 10.3 verwendet. Damit ist die Konvergenz von $(x^k, \lambda^k, \mu^k)_K$ gezeigt und Teil 1 liefert die Behauptung. □

Wir haben gesehen, dass, abgesehen vom unwahrscheinlichen Fall des endlichen Abbruchs, beim quadratischen Penalty-Verfahren die Folge der Penalty-Parameter gegen unendlich streben muss. Dies führt zu einer zunehmenden Verschlechterung der Kondition der Penalty-Probleme.

Um dies zu erläutern, betrachten wir ein gleichungsrestringiertes Problem mit zweimal stetig differenzierbaren Funktionen f und h. Wir haben dann

$$\nabla^2 P_\alpha(x) = \nabla^2 f(x) + \alpha \nabla h(x) \nabla h(x)^T + \alpha \sum_{i=1}^{p} h_i(x) \nabla^2 h_i(x).$$

Zur weiteren Vereinfachung sei h affin linear, d.h. $h(x) = A^T x + b$, $A \in \mathbb{R}^{n \times p} \setminus \{0\}$, $b \in \mathbb{R}^p$. Dann ergibt sich

$$\nabla^2 P_\alpha(x) = \nabla^2 f(x) + \alpha A A^T.$$

Für beliebiges v mit $A^T v \neq 0$ gilt dann:

$$v^T \nabla^2 P_\alpha(x) v = v^T \nabla^2 f(x) v + \alpha \|A^T v\|^2 = O(\alpha) \quad (\alpha \to \infty).$$

Andererseits gilt für $w \neq 0$ mit $A^T w = 0$ (existiert ein solches w nicht, so besteht X aus höchstens einem Punkt):

$$w^T \nabla^2 P_\alpha(x) w = w^T \nabla^2 f(x) w = O(1) \quad (\alpha \to \infty).$$

Daher hat die Konditionszahl von $\nabla^2 P_\alpha(x)$ für $\alpha \to \infty$ die Größenordnung $O(\alpha)$. Dies bereitet Gradienten-basierten Verfahren erhebliche Schwierigkeiten und führt bei Newton-artigen Verfahren zu einer zunehmenden Verkleinerung des Bereichs schneller lokaler Konvergenz.

18.2 Exakte Penalty-Verfahren

Exakte Penalty-Verfahren verwenden Penalty-Funktionen mit folgender Eigenschaft:

Definition 18.4 Sei $\bar{x} \in \mathbb{R}^n$ eine lokale Lösung von (15.1). Die Penalty-Funktion $P\colon \mathbb{R}^n \to \mathbb{R}$ heißt *exakt* im Punkt $\bar{x}$, falls $\bar{x}$ ein lokales Minimum von P ist.

Unter gewissen Voraussetzungen ist die folgende ℓ_1-*Penalty-Funktion* exakt, falls $\alpha > 0$ hinreichend groß ist:

$$P_\alpha^1(x) = f(x) + \alpha \sum_{i=1}^{m} (g_i(x))_+ + \alpha \sum_{i=1}^{p} |h_i(x)| = f(x) + \alpha(\|(g(x))_+\|_1 + \|h(x)\|_1).$$

Ein Nachteil der ℓ_1-Penalty-Funktion besteht jedoch darin, dass sich die Nichtdifferenzierbarkeit der Funktionen $(\cdot)_+$ und $|\cdot|$ auf P_α^1 überträgt.

Wir weisen die Exaktheit von P_α^1 für konvexe Optimierungsprobleme nach:

Satz 18.5

Sei $(\bar{x}, \bar{\lambda}, \bar{\mu})$ *ein KKT-Paar des Optimierungsproblems* (15.1) *mit* konvexen C^1-*Funktionen* $f, g_i: \mathbb{R}^n \to \mathbb{R}$, $i = 1, \ldots, m$ *und affin linearer Funktion* $h: \mathbb{R}^n \to \mathbb{R}^p$.

Dann ist $\bar{x}$ *eine globale Lösung von* (15.1), *und zudem ist* $\bar{x}$ *für alle*

$$\alpha \geq \max\{\bar{\lambda}_1, \ldots, \bar{\lambda}_m, |\bar{\mu}_1|, \ldots, |\bar{\mu}_p|\}$$

auch ein globales Minimum von P_α^1 *auf* $\mathbb{R}^n$.

Beweis. Die globale Optimalität von $\bar{x}$ für (15.1) folgt aus Satz 16.26.

Wegen $\bar{\lambda} \geq 0$ ist $L(\cdot, \bar{\lambda}, \bar{\mu})$ konvex. Aus $\nabla_x L(\bar{x}, \bar{\lambda}, \bar{\mu}) = 0$ und Satz 6.3 folgt damit für alle $x \in \mathbb{R}^n$:

$$L(x, \bar{\lambda}, \bar{\mu}) \geq L(\bar{x}, \bar{\lambda}, \bar{\mu}) + \nabla_x L(\bar{x}, \bar{\lambda}, \bar{\mu})^T (x - \bar{x}) = L(\bar{x}, \bar{\lambda}, \bar{\mu}).$$

Somit ist $\bar{x}$ globales Minimum von $L(\cdot, \bar{\lambda}, \bar{\mu})$.

Für alle $x \in \mathbb{R}^n$ gilt wegen $(g(\bar{x}))_+ = 0$, $h(\bar{x}) = 0$, $\bar{\lambda}^T g(\bar{x}) = 0$, $\bar{\lambda} \geq 0$ und $\alpha \geq \max_i \bar{\lambda}_i$:

$$\begin{aligned} P_\alpha^1(\bar{x}) &= f(\bar{x}) + \alpha \|(g(\bar{x}))_+\|_1 + \alpha \|h(\bar{x})\|_1 = f(\bar{x}) = f(\bar{x}) + \bar{\lambda}^T g(\bar{x}) + \bar{\mu}^T h(\bar{x}) \\ &= L(\bar{x}, \bar{\lambda}, \bar{\mu}) \leq L(x, \bar{\lambda}, \bar{\mu}) = f(x) + \sum_{i=1}^m \bar{\lambda}_i g_i(x) + \sum_{i=1}^p \bar{\mu}_i h_i(x) \\ &\leq f(x) + \sum_{i=1}^m \bar{\lambda}_i (g_i(x))_+ + \sum_{i=1}^p |\bar{\mu}_i| |h_i(x)| \\ &\leq f(x) + \sum_{i=1}^m \alpha (g_i(x))_+ + \sum_{i=1}^p \alpha |h_i(x)| = P_\alpha^1(x). \end{aligned}$$

□

Die häufigste Anwendung exakter Penalty-Funktionen besteht in der Verwendung als Zielfunktion bei der Globalisierung von lokalen Verfahren zur Lösung von (15.1) (z.B. des SQP-Verfahrens).

Übungsaufgabe

Aufgabe

Trajektorie des Penalty-Verfahrens. Gegeben sei das Optimierungsproblem

$$\min_{x \in \mathbb{R}^2} f(x) \quad \text{u.d.N.} \quad g(x) \leq 0 \tag{P}$$

mit $f(x) = x_1^2 + 4x_2 + x_2^2$, $g(x) = -x_2$. Beim quadratischen Penalty-Verfahren für (P) berechnet man für eine gegen unendlich strebende Folge positiver α-Werte jeweils eine globale Lösung $x(\alpha)$ des unrestringierten Problems $\min_{x \in \mathbb{R}^n} P_\alpha(x)$ mit der Penalty-Funktion $P_\alpha(x) = f(x) + \dfrac{\alpha}{2} \max^2\{0, g(x)\}$.

a) Bestimmen Sie die Lösung $\bar{x}$ von (P) und den zugehörigen Lagrange-Multiplikator $\bar{\lambda}$.

b) Berechnen Sie für $\alpha > 0$ das globale Minimum $x(\alpha)$ von P_α. Begründen Sie hierfür zunächst, dass $x(\alpha)$ nicht in X liegt und diskutieren Sie dann P_α auf $\mathbb{R}^2 \setminus X$.

c) Zeigen Sie $\bar{x} = \lim_{\alpha \to \infty} x(\alpha)$ und $\bar{\lambda} = \lim_{\alpha \to \infty} \alpha \max\{0, g(x(\alpha))\}$.

d) Wie verhält sich die Konditionszahl der Hesse-Matrix $\nabla^2 P_\alpha(x(\alpha))$ für $\alpha \to \infty$?

19 Sequential Quadratic Programming

Sequential Quadratic Programming (SQP) Verfahren gehören anerkanntermaßen zu den effizientesten mathematischen Optimierungsverfahren. Sie bilden die Grundlage vieler sehr guter Optimierungs-Software (z.B. DONLP2, FilterSQP, KNITRO, SNOPT). Einen guten Überblick geben

- *NEOS, http://www-neos.mcs.anl.gov/neos/,*
- *Decision Tree for Optimization Software, http://plato.la.asu.edu/guide.html.*

Es ist günstig, das SQP-Verfahren zunächst nur für gleichungsrestringierte Probleme

$$\min f(x) \quad \text{u.d.N.} \quad h(x) = 0. \tag{19.11}$$

einzuführen.

19.1 Lagrange-Newton-Verfahren bei Gleichungsrestriktionen

Ist $\bar{x}$ eine lokale Lösung von (19.11), in der eine CQ gilt (h affin linear oder Rang $\nabla h(\bar{x}) = p$), so gelten die KKT-Bedingungen:

Es gibt $\bar{\mu} \in \mathbb{R}^p$ mit

$$\begin{aligned} \nabla_x L(\bar{x}, \bar{\mu}) &= 0, \\ h(\bar{x}) &= 0. \end{aligned}$$

Dieses System besteht aus $n + p$ Unbekannten $(\bar{x}, \bar{\mu})$ und $n + p$ Gleichungen. Es liegt daher nahe, zur Bestimmung von $(\bar{x}, \bar{\mu})$ auf das Gleichungssystem

$$F(x, \mu) := \begin{pmatrix} \nabla_x L(x, \mu) \\ h(x) \end{pmatrix} = 0 \tag{19.12}$$

das Newton-Verfahren anzuwenden, um $(\bar{x}, \bar{\mu})$ zu bestimmen.

Um dies durchzuführen, setzen wir voraus, dass f und h zweimal stetig differenzierbar sind. Dann ist nämlich F stetig differenzierbar mit

$$F'(x, \mu) = \begin{pmatrix} \nabla^2_{xx} L(x, \mu) & \nabla^2_{x\mu} L(x, \mu) \\ \nabla h(x)^T & 0 \end{pmatrix} = \begin{pmatrix} \nabla^2_{xx} L(x, \mu) & \nabla h(x) \\ \nabla h(x)^T & 0 \end{pmatrix}.$$

Bezeichnet (x^k, μ^k) die aktuelle Iterierte, so ist der Newton-Schritt d^k für (19.12) gegeben durch

$$F'(x^k, \mu^k) d^k = -F(x^k, \mu^k).$$

Ausgeschrieben ergibt sich

$$\begin{pmatrix} \nabla^2_{xx} L(x^k, \mu^k) & \nabla h(x^k) \\ \nabla h(x^k)^T & 0 \end{pmatrix} \begin{pmatrix} d^k_x \\ d^k_\mu \end{pmatrix} = \begin{pmatrix} -\nabla_x L(x^k, \mu^k) \\ -h(x^k) \end{pmatrix}, \quad \text{mit } d^k = \begin{pmatrix} d^k_x \\ d^k_\mu \end{pmatrix} \in \mathbb{R}^n \times \mathbb{R}^p. \tag{19.13}$$

Diese Überlegungen führen auf das folgende Verfahren:

Algorithmus 19.1

Lagrange-Newton-Verfahren.

0. Wähle $x^0 \in \mathbb{R}^n$ und $\mu^0 \in \mathbb{R}^p$.

Für $k = 0, 1, 2, \dots$:

1. Gilt $h(x^k) = 0$ und $\nabla_x L(x^k, \mu^k) = 0$, STOP ($(x^k, \mu^k)$ ist KKT-Paar).

2. Berechne $d^k = \begin{pmatrix} d_x^k \\ d_\mu^k \end{pmatrix}$ durch Lösen von (19.13).

3. Setze $x^{k+1} = x^k + d_x^k$, $\mu^{k+1} = \mu^k + d_\mu^k$.

Da wir keinerlei Maßnahmen zur Globalisierung getroffen haben, ist dieser Algorithmus natürlich nur in der Umgebung eines regulären KKT-Paars von (19.11) sinnvoll. Zur lokalen Konvergenzanalyse verwenden wir Satz 10.5 über die lokalen Konvergenzeigenschaften des Newton-Verfahrens.

Der wesentliche Punkt zur Anwendung von Satz 10.5 auf das Lagrange-Newton-Verfahren besteht im Nachweis, dass die Matrix

$$F'(\bar{x}, \bar{\mu}) = \begin{pmatrix} \nabla_{xx}^2 L(\bar{x}, \bar{\mu}) & \nabla h(\bar{x}) \\ \nabla h(\bar{x})^T & 0 \end{pmatrix}$$

im KKT-Paar $(\bar{x}, \bar{\mu})$ invertierbar ist. Wir können hierfür eine griffige Charakterisierung angeben:

Lemma 19.2

Seien f und h zweimal stetig differenzierbar und $x \in \mathbb{R}^n$, $\mu \in \mathbb{R}^p$ beliebig. Gilt dann

$$\text{Rang}\,\nabla h(x) = p \quad \text{und} \quad s^T \nabla_{xx}^2 L(x, \mu) s > 0 \quad \forall\, s \in \mathbb{R}^n \setminus \{0\} \text{ mit } \nabla h(x)^T s = 0, \tag{19.14}$$

so ist folgende Matrix invertierbar:

$$F'(x, \mu) = \begin{pmatrix} \nabla_{xx}^2 L(x, \mu) & \nabla h(x) \\ \nabla h(x)^T & 0 \end{pmatrix}.$$

Bemerkung. Die erste Bedingung in (19.14) ist die Regularität, eine CQ, und die zweite sind die hinreichenden Bedingungen 2. Ordnung.

Beweis. Wir müssen zeigen, dass aus $F'(x, \mu)\begin{pmatrix} v \\ w \end{pmatrix} = 0$ folgt, dass $\begin{pmatrix} v \\ w \end{pmatrix} = 0$ gilt. Zunächst gilt wegen der zweiten Blockzeile $\nabla h(x)^T v = 0$, und Multiplikation der ersten Blockzeile mit v^T liefert

$$0 = v^T \nabla_{xx}^2 L(x, \mu) v + v^T \nabla h(x) w = v^T \nabla_{xx}^2 L(x, \mu) v.$$

Wegen $\nabla h(x)^T v = 0$ ist die rechte Seite positiv, falls $v \neq 0$ gilt. Daher folgt $v = 0$ und somit aus der ersten Blockzeile

$$\nabla h(x) w = 0.$$

Da die Spalten von $\nabla h(x)$ linear unabhängig sind, liefert dies $w = 0$. □

Damit erhalten wir mit Satz 10.5 unmittelbar das folgende Konvergenzresultat:

Satz 19.3 *Seien f und h zweimal stetig differenzierbar und $(\bar{x}, \bar{\mu})$ ein KKT-Paar, in dem gilt:*

$$\text{Rang}\, \nabla h(\bar{x}) = p \qquad \textit{(Regularität)},$$

$$s^T \nabla^2_{xx} L(\bar{x}, \bar{\mu}) s > 0 \quad \forall\, s \in \mathbb{R}^n \setminus \{0\} \ \textit{mit} \ \nabla h(\bar{x})^T s = 0 \ \textit{(hinr. Bed. 2. Ordnung)}.$$

Dann gibt es $\delta > 0$, so dass Algorithmus 19.1 für alle $(x^0, \mu^0) \in B_\delta(\bar{x}, \bar{\mu})$ entweder mit $(x^k, \mu^k) = (\bar{x}, \bar{\mu})$ terminiert oder eine Folge (x^k, μ^k) erzeugen, die q-superlinear gegen $(\bar{x}, \bar{\mu})$ konvergiert:

$$\|(x^{k+1} - \bar{x}, \mu^{k+1} - \bar{\mu})\| = o(\|(x^k - \bar{x}, \mu^k - \bar{\mu})\|) \quad (k \to \infty).$$

Sind $\nabla^2 f$ und $\nabla^2 h_i$ Lipschitz-stetig auf $B_\delta(\bar{x})$, so ist die Konvergenzrate q-quadratisch.

Beweis. Wegen Lemma 19.2 ist Satz 10.5 anwendbar. Für die q-quadratische Konvergenz müssen wir nur noch die Lipschitz-Stetigkeit von F' auf $B_\delta(\bar{x}, \bar{\mu})$ nachweisen: Anwenden der Dreiecksungleichung ergibt wegen $\|A\| = \|A^T\|$:

$$\|F'(x, \mu) - F'(x', \mu')\| \le \|\nabla^2_{xx} L(x, \mu) - \nabla^2_{xx} L(x', \mu')\| + 2\|\nabla h(x) - \nabla h(x')\|.$$

Nach Lemma 11.3 ist ∇h lokal Lipschitz-stetig, da ∇h C^1 ist. Weiter gilt

$$\begin{aligned} &\|\nabla^2_{xx} L(x, \mu) - \nabla^2_{xx} L(x', \mu')\| \le \\ &\le \|\nabla^2 f(x) - \nabla^2 f(x')\| + \sum_{i=1}^{p} \|\mu_i \nabla^2 h_i(x) - \mu'_i \nabla^2 h_i(x')\|, \\ &\|\mu_i \nabla^2 h_i(x) - \mu'_i \nabla^2 h_i(x')\| \le |\mu_i| \|\nabla^2 h_i(x) - \nabla^2 h_i(x')\| + |\mu_i - \mu'_i| \|\nabla^2 h_i(x')\|. \end{aligned}$$

Daraus lässt sich die lokale Lipschitz-Stetigkeit von F' ablesen. □

19.2 Das lokale SQP-Verfahren

Wir können die Lagrange-Newton-Gleichung (19.13) als (etwas anders aufgeschriebenes) KKT-System des folgenden quadratischen Optimierungsproblems interpretieren:

$$\min_{d \in \mathbb{R}^n} \nabla f(x^k)^T s + \frac{1}{2} s^T H_k s \quad \text{u.d.N.} \quad h(x^k) + \nabla h(x^k)^T s = 0 \tag{19.15}$$

mit $H_k = \nabla^2_{xx} L(x^k, \mu^k)$. Die Zielfunktion

$$q_k(s) = \nabla f(x^k)^T s + \frac{1}{2} s^T H_k s$$

ist also quadratisch. Da die Nebenbedingungen in (19.15) affin linear sind (dies ist eine CQ), erfüllt jede lokale Lösung von (19.15) die KKT-Bedingungen:

Es gibt μ^k_{qp} mit

$$\nabla f(x^k) + H_k s^k + \nabla h(x^k) \mu^k_{qp} = 0, \qquad h(x^k) + \nabla h(x^k)^T s^k = 0.$$

Setzen wir $d_x^k = s^k$ und $d_\mu^k = \mu_{qp}^k - \mu^k$, so ergibt sich:

$$H_k d_x^k + \nabla h(x^k) d_\mu^k = -\nabla f(x^k) - \nabla h(x^k)\mu^k, \qquad \nabla h(x^k)^T d_x^k = -h(x^k).$$

Dies ist genau (19.13), d.h., $d^k = (d_x^k, d_\mu^k)$ (wir verwenden diesen Ausdruck abkürzend für den Spaltenvektor $((d_x^k)^T, (d_\mu^k)^T)^T$) ist eine Lösung von (19.13). Ist umgekehrt d^k eine Lösung von (19.13), so ist (s^k, μ_{qp}^k) mit $s^k = d_x^k$ und $\mu_{qp}^k = \mu^k + d_\mu^k$ ein KKT-Paar von (19.15). Wir fassen zusammen:

Lemma 19.4

Seien f und h zweimal stetig differenzierbar. Weiter seien $x^k \in \mathbb{R}^n$ und $\mu^k \in \mathbb{R}^p$ beliebig. Dann ist $d^k = (d_x^k, d_\mu^k)$ genau dann eine Lösung von (19.13), wenn $(s^k, \mu_{qp}^k) = (d_x^k, \mu^k + d_\mu^k)$ ein KKT-Paar von (19.15) ist.

Anhand der Lösung s^k des SQP-Teilproblems und des zugehörigen Multiplikators können wir erkennen, ob x^k bereits eine lokale Lösung von (19.11) ist:

Satz 19.5

Seien f, h zweimal stetig differenzierbar und $x^k \in \mathbb{R}^n$ sowie $\mu^k \in \mathbb{R}^p$ beliebig. Dann sind äquivalent:

(i) *(x^k, μ^k) ist ein KKT-Paar von (19.11), in dem die hinreichenden Bedingungen 2. Ordnung gelten.*

(ii) *$s^k = 0$ ist eine isolierte lokale Lösung von (19.15) und $\mu_{qp}^k = \mu^k$ ist ein zugehöriger Lagrange-Multiplikator.*

Beweis. (i) $\Longrightarrow$ (ii): Es gelte (i). Die Lagrange-Funktion von (19.15) lautet

$$L_k^{qp}(s, \mu_{qp}) = q_k(s) + (\mu_{qp})^T (h(x^k) + \nabla h(x^k)^T s).$$

Daher:

$$\begin{aligned}\nabla_s L_k^{qp}(s, \mu_{qp}) &= \nabla f(x^k) + H_k s + \nabla h(x^k)\mu_{qp} = \nabla f(x^k) + \nabla h(x^k)\mu_{qp} + H_k s\\ &= \nabla_x L(x^k, \mu_{qp}) + H_k s,\\ \nabla_{ss}^2 L_k^{qp}(s, \mu_{qp}) &= H_k = \nabla_{xx}^2 L(x^k, \mu^k).\end{aligned}$$

Wir haben daher für $(s^k, \mu_{qp}^k) = (0, \mu^k)$ wegen (i):

$$\nabla_d L_k^{qp}(0, \mu^k) = \nabla_x L(x^k, \mu^k) = 0, \qquad s^T H_k s > 0 \quad \forall\, s \in \mathbb{R}^n \setminus \{0\} \text{ mit } \nabla h(x^k)^T s = 0.$$

Somit gelten in $(s^k, \mu_{qp}^k) = (0, \mu^k)$ die hinreichenden Bedingungen 2. Ordnung für (19.15). Daher ist s^k eine isolierte lokale Lösung von (19.15) und $\mu_{qp}^k = \mu^k$ ist ein zugehöriger Lagrange-Multiplikator.

(ii) $\Longrightarrow$ (i): Da $s^k = 0$ zulässig für (19.15) ist, gilt $h(x^k) = 0$, und da $\mu_{qp}^k = \mu^k$ ein zugehöriger Lagrange-Multiplikator ist, haben wir weiter

$$0 = \nabla q_k(0) + \nabla h(x^k)\mu^k = \nabla f(x^k) + \nabla h(x^k)\mu^k = \nabla_x L(x^k, \mu^k).$$

Also ist (x^k, μ^k) ein KKT-Paar von (19.11).

Sei nun $s \in \operatorname{Kern} \nabla h(x^k) \setminus \{0\}$ beliebig. Dann ist ts ein zulässiger Punkt von (19.15) für alle $t \in \mathbb{R}$. Da $s^k = 0$ eine isolierte lokale Lösung von (19.15) ist, muss $t = 0$ ein isoliertes lokales Minimum der quadratische Funktion $\phi(t) = q_k(ts)$ sein. Daher ist $\phi''(0)$ positiv:

$$0 < \phi''(0) = s^T \nabla^2 q_k(0) s = s^T H_k s = s^T \nabla^2_{xx} L(x^k, \mu^k) s.$$

Somit ist (x^k, μ^k) ein KKT-Paar, in dem die hinreichenden Bedingungen 2. Ordnung erfüllt sind. Insbesondere ist x^k eine isolierte lokale Lösung von (19.11). □

Wir können somit das Lagrange-Newton-Verfahren in anderer Form schreiben:

Algorithmus 19.6 **Lokales SQP-Verfahren bei Gleichungsrestriktionen.**

0. Wähle $x^0 \in \mathbb{R}^n$ und $\mu^0 \in \mathbb{R}^p$.

Für $k = 0, 1, 2, \ldots$:

1. STOP, falls (x^k, μ^k) ein KKT-Paar von (19.11) ist.

2. Berechne eine Lösung von (19.15) und einen zugehörigen Multiplikator μ^k_{qp}.

3. Setze $x^{k+1} = x^k + s^k$, $\mu^{k+1} = \mu^k_{qp}$.

In Varianten des SQP-Verfahrens wird H_k durch eine geeignete *Approximation* der Hesse-Matrix $\nabla^2_{xx} L(x^k, \mu^k)$ ersetzt (z.B. BFGS-Matrizen).

19.3 SQP-Verfahren bei Gleichungs- und Ungleichungsrestriktionen

Wir betrachten nun das allgemeine nichtlineare Optimierungsproblem (15.1). Motiviert durch das SQP-Verfahren bei Gleichungsrestriktionen formulieren wir das folgende quadratische SQP-Teilproblem mit $H_k = \nabla^2_{xx} L(x^k, \lambda^k, \mu^k)$:

$$\begin{aligned} \min_{d \in \mathbb{R}^n} \quad & \nabla f(x^k)^T s + \frac{1}{2} s^T H_k s \\ \text{u.d.N.} \quad & g(x^k) + \nabla g(x^k)^T s \leq 0, \\ & h(x^k) + \nabla h(x^k)^T s = 0. \end{aligned} \tag{19.16}$$

Durch Umschreiben von Algorithmus 19.6 erhalten wir das folgende Verfahren:

Algorithmus 19.7 **Lokales SQP-Verfahren.**

0. Wähle $x^0 \in \mathbb{R}^n$, $\lambda^0 \in \mathbb{R}^m$ und $\mu^0 \in \mathbb{R}^p$.

Für $k = 0, 1, 2, \ldots$:

1. STOP, falls (x^k, λ^k, μ^k) ein KKT-Paar von (15.1) ist.

2. Berechne eine Lösung von (19.16) und zugehörige Multiplikatoren λ^k_{qp}, μ^k_{qp}.

3. Setze $x^{k+1} = x^k + s^k$, $\lambda^{k+1} = \lambda^k_{qp}$ und $\mu^{k+1} = \mu^k_{qp}$.

Dieses Verfahren ist unter geeigneten Voraussetzungen lokal schnell konvergent.

Satz 19.8

Es gelten die folgenden Voraussetzungen:

a) *Die Funktionen f, g und h sind zweimal stetig differenzierbar.*

b) *Es wird $H_k = \nabla^2_{xx} L(x^k, \lambda^k, \mu^k)$ gewählt.*

c) *$(\bar{x}, \bar{\lambda}, \bar{\mu})$ ist ein KKT-Tripel von (15.1).*

d) *Strikte Komplementaritätsbedingung: $\forall\, i \in \mathcal{U}$: $\quad g_i(\bar{x}) = 0 \Longrightarrow \bar{\lambda}_i > 0$.*

e) *Regularität: $(\nabla g_{\mathcal{A}(\bar{x})}(\bar{x}),\ \nabla h(\bar{x}))$ hat vollen Spaltenrang.*

f) *Hinreichende Bedingungen 2. Ordnung:*
$$s^T \nabla^2_{xx} L(\bar{x}, \bar{\lambda}, \bar{\mu}) s > 0 \quad \text{für alle } s \neq 0 \text{ mit } \nabla g_{\mathcal{A}(\bar{x})}(\bar{x})^T s = 0 \text{ und } \nabla h(\bar{x})^T s = 0.$$

g) *Unter allen möglichen KKT-Tripeln $(s^k, \lambda^k_{qp}, \mu^k_{qp})$ von (19.16) werde in Schritt 2 dasjenige mit minimalem Abstand*
$$\|(x^k + s^k, \lambda^k_{qp}, \mu^k_{qp}) - (x^k, \lambda^k, \mu^k)\|$$
ausgewählt.

Dann gibt es $\delta > 0$, so dass Algorithmus 19.7 für alle $(x^0, \lambda^0, \mu^0) \in B_\delta(\bar{x}, \bar{\lambda}, \bar{\mu})$ entweder mit $(x^k, \lambda^k, \mu^k) = (\bar{x}, \bar{\lambda}, \bar{\mu})$ terminiert oder eine Folge (x^k, λ^k, μ^k) erzeugt, die q-superlinear gegen $(\bar{x}, \bar{\lambda}, \bar{\mu})$ konvergiert. Sind darüber hinaus $\nabla^2 f$, $\nabla^2 g_i$ und $\nabla^2 h_i$ Lipschitz-stetig auf $B_\delta(x)$, so ist die Konvergenzrate sogar q-quadratisch.

Der Beweis ist schwieriger als im gleichungsrestringierten Fall. Er kann z.B. durch Anwenden des Newton-Verfahrens auf das System

$$F(x, \lambda, \mu) := \begin{pmatrix} \nabla_x L(x, \lambda, \mu) \\ \lambda_{\mathcal{I}(\bar{x})} \\ g_{\mathcal{A}(\bar{x})}(x) \\ h(x) \end{pmatrix} = 0$$

geführt werden. Dann gilt $F(\bar{x}, \bar{\lambda}, \bar{\mu}) = 0$ und unter den angegebenen Voraussetzungen kann man ähnlich wie in Lemma 19.2 zeigen, dass $F'(\bar{x}, \bar{\lambda}, \bar{\mu})$ invertierbar ist. Die Newton-Iteration ist daher q-superlinear/quadratisch konvergent. Weiter kann man nachweisen, dass für die durch das Newton-Verfahren erzeugte Folge (x^k, λ^k, μ^k) das Tripel $(s^k, \lambda^k_{qp}, \mu^k_{qp}) := (x^{k+1} - x^k, \lambda^{k+1}, \mu^{k+1})$ jeweils ein KKT-Tripel von (19.16) ist, das die Eigenschaft g) hat. Die durch das Newton-Verfahren und das SQP-Verfahren erzeugten Folgen sind also identisch. Für Details verweisen wir auf [8, 5.5.3].

19.4 Globalisiertes SQP-Verfahren

In diesem Abschnitt kann die Matrix $H_k = H_k^T$ im Teilproblem (19.16) im Wesentlichen beliebig gewählt werden, z.B. durch Quasi-Newton-Approximationen. Zur Globalisierung des SQP-Verfahrens verwenden wir exakte Penalty-Funktionen. Wir benutzen hier die ℓ_1-Penalty-Funktion

$$P^1_\alpha(x) = f(x) + \alpha(\|(g(x))_+\|_1 + \|h(x)\|_1).$$

Mithilfe dieser Funktion führen wir eine Armijo-Schrittweitenwahl durch. Da P^1_α nicht überall differenzierbar ist, arbeiten wir in der Armijo-Schrittweitenwahl mit der Richtungsableitung anstelle der Ableitung:

Definition 19.9 **Richtungsableitung.** Die stetige Funktion $\phi: \mathbb{R}^n \to \mathbb{R}$ heißt richtungsdifferenzierbar im Punkt $x \in \mathbb{R}^n$, falls für alle $d \in \mathbb{R}^n$ die Richtungsableitung existiert:

$$D_+\phi(x,s) := \lim_{t\to 0^+} \frac{\phi(x+ts)-\phi(x)}{t} \in \mathbb{R}.$$

Satz 19.10 *Seien f, g und h stetig differenzierbar und $\alpha > 0$. Dann ist P^1_α in jedem Punkt $x \in \mathbb{R}^n$ richtungsdifferenzierbar mit*

$$D_+P^1_\alpha(x,s) = \nabla f(x)^T s + \alpha \sum_{g_i(x)>0} \nabla g_i(x)^T s + \alpha \sum_{g_i(x)=0} (\nabla g_i(x)^T s)_+ \\ + \alpha \sum_{h_i(x)>0} \nabla h_i(x)^T s - \alpha \sum_{h_i(x)<0} \nabla h_i(x)^T s + \alpha \sum_{h_i(x)=0} |\nabla h_i(x)^T s|.$$

Beweis. Nach Definition der Richtungsableitung können wir summandenweise rechnen:

$$\lim_{t\to 0^+} \frac{f(x+ts)-f(x)}{t} = \nabla f(x)^T s.$$

Ist $g_i(x) > 0$, so gilt $(g_i)_+ = g_i$ in einer Umgebung von x und daher

$$\lim_{t\to 0^+} \frac{(g_i(x+ts))_+ - (g_i(x))_+}{t} = \lim_{t\to 0^+} \frac{g_i(x+ts)-g_i(x)}{t} = \nabla g_i(x)^T s.$$

Im Fall $g_i(x) < 0$ gilt $(g_i)_+ = 0$ in einer Umgebung von x und somit

$$\lim_{t\to 0^+} \frac{(g_i(x+ts))_+ - (g_i(x))_+}{t} = 0.$$

Ist $g_i(x) = 0$, so haben wir $g_i(x+ts) = t\nabla g_i(x)^T s + o(t)$, also

$$\lim_{t\to 0^+} \frac{(g_i(x+ts))_+ - (g_i(x))_+}{t} = \lim_{t\to 0^+} \left(\nabla g_i(x)^T s + \frac{o(t)}{t}\right)_+ = (\nabla g_i(x)^T s)_+.$$

Im Fall $h_i(x) > 0$ haben wir $|h_i| = h_i$ in einer Umgebung von x und deshalb

$$\lim_{t\to 0^+} \frac{|h_i(x+ts)| - |h_i(x)|}{t} = \nabla h_i(x)^T s.$$

Gilt $h_i(x) < 0$, so gilt $|h_i| = -h_i$ in einer Umgebung von x und deshalb

$$\lim_{t\to 0^+} \frac{|h_i(x+ts)| - |h_i(x)|}{t} = -\nabla h_i(x)^T s.$$

Schließlich ergibt sich im Fall $h_i(x) = 0$:

$$\lim_{t\to 0^+} \frac{|h_i(x+ts)| - |h_i(x)|}{t} = \lim_{t\to 0^+} \left|\nabla h_i(x)^T s + \frac{o(t)}{t}\right| = |h_i(x)^T s|.$$ □

Wir zeigen als Nächstes, dass ein KKT-Punkt s^k von (19.16) unter gewissen Voraussetzungen eine Abstiegsrichtung für P^1_α ist:

Satz 19.11 *Seien f, g und h stetig differenzierbar und $(s^k, \lambda_{qp}^k, \mu_{qp}^k)$ ein KKT-Tripel von (19.16). Weiter sei*

$$\alpha \geq \max\{(\lambda_{qp}^k)_1, \ldots, (\lambda_{qp}^k)_m, |(\mu_{qp}^k)_1|, \ldots, |(\mu_{qp}^k)_p|\}.$$

Dann gilt

$$D_+ P_\alpha^1(x^k, s^k) \leq -{s^k}^T H_k s^k.$$

Insbesondere ist s^k eine Abstiegsrichtung, falls H_k positiv definit ist.

Beweis. Wegen der Komplementaritätsbedingung

$$(\lambda_{qp}^k)_i \geq 0, \quad g_i(x^k) + \nabla g_i(x^k)^T s^k \leq 0, \quad (\lambda_{qp}^k)_i (g_i(x^k) + \nabla g_i(x^k)^T s^k) = 0$$

folgt

$$\begin{aligned}
{\lambda_{qp}^k}^T \nabla g(x^k)^T s^k &= \sum_{g_i(x^k)>0} (\lambda_{qp}^k)_i \nabla g_i(x^k)^T s^k - \sum_{g_i(x^k)\leq 0} (\lambda_{qp}^k)_i g_i(x^k) \\
&\geq \sum_{g_i(x^k)>0} (\lambda_{qp}^k)_i \underbrace{\nabla g_i(x^k)^T s^k}_{<0} \geq \alpha \sum_{g_i(x^k)>0} \nabla g_i(x^k)^T s^k.
\end{aligned}$$

Weiter liefert $h_i(x^k) + \nabla h_i(x^k)^T s^k = 0$:

$$\begin{aligned}
{\mu_{qp}^k}^T \nabla h(x^k)^T s^k &= \sum_{h_i(x^k)>0} (\mu_{qp}^k)_i \underbrace{\nabla h_i(x^k)^T s^k}_{<0} + \sum_{h_i(x^k)<0} (\mu_{qp}^k)_i \underbrace{\nabla h_i(x^k)^T s^k}_{>0} \\
&\geq \alpha \sum_{h_i(x^k)>0} \nabla h_i(x^k)^T s^k - \alpha \sum_{h_i(x^k)<0} \nabla h_i(x^k)^T s^k.
\end{aligned}$$

Wegen der Multiplikatorregel

$$\nabla f(x^k) + H_k s^k + \nabla g(x^k) \lambda_{qp}^k + \nabla h(x^k) \mu_{qp}^k = 0$$

erhalten wir also

$$\begin{aligned}
\nabla f(x^k)^T s^k &= -{s^k}^T H_k s^k - {\lambda_{qp}^k}^T \nabla g(x^k)^T s^k - {\mu_{qp}^k}^T \nabla h(x^k)^T s^k \\
&\leq -{s^k}^T H_k s^k - \alpha \sum_{g_i(x^k)>0} \nabla g_i(x^k)^T s^k - \alpha \sum_{h_i(x^k)>0} \nabla h_i(x^k)^T s^k \\
&\quad + \alpha \sum_{h_i(x^k)<0} \nabla h_i(x^k)^T s^k.
\end{aligned}$$

Damit ergibt sich

$$\begin{aligned}
D_+ P_\alpha^1(x^k, s^k) &= \nabla f(x^k)^T s^k + \alpha \sum_{g_i(x^k)>0} \nabla g_i(x^k)^T s^k + \alpha \sum_{g_i(x^k)=0} (\nabla g_i(x^k)^T s^k)_+ \\
&\quad + \alpha \sum_{h_i(x^k)>0} \nabla h_i(x^k)^T s^k - \alpha \sum_{h_i(x^k)<0} \nabla h_i(x^k)^T s^k \\
&\quad + \alpha \sum_{h_i(x^k)=0} |\nabla h_i(x^k)^T s^k| \\
&\leq -{s^k}^T H_k s^k + \alpha \sum_{g_i(x^k)=0} (\nabla g_i(x^k)^T s^k)_+ + \alpha \sum_{h_i(x^k)=0} |\nabla h_i(x^k)^T s^k| \\
&= -{s^k}^T H_k s^k,
\end{aligned}$$

wobei wir $\nabla g_i(x^k)^T s^k \leq -g_i(x^k)$ und $\nabla h_i(x^k)^T s^k = -h_i(x^k)$ benutzt haben. □

Ähnlich wie in Lemma 7.5 kann man zeigen, dass eine auf der Richtungsableitung von P^1_α basierende Armijo-Regel stets durchführbar ist. Zu beachten ist, dass in Konvergenzbeweisen, die auf dieser oder einer vergleichbaren Globalisierung basieren, siehe etwa [8], die Eigenschaften der SQP-Richtung s^k explizit ausgenutzt werden. Für andere Abstiegsrichtungen könnte das Armijo-Verfahren evtl. zu kurze Schrittweiten erzeugen, denn in jedem Knick kann sich die Steigung sprunghaft ändern, und aus der Richtungsableitung ist nicht erkennbar, wie weit der nächste Knick entfernt ist und wie stark sich dort die Steigung ändert.

Eine mögliche Globalisierung des SQP-Verfahrens lautet nun:

Algorithmus 19.12 **Globalisiertes SQP-Verfahren.**

0. *Wähle $x^0 \in \mathbb{R}^n$, $\lambda^0 \in \mathbb{R}^m$, $\mu^0 \in \mathbb{R}^p$, eine symmetrische Matrix $H_0 \in \mathbb{R}^{n\times n}$, $\alpha > 0$ hinreichend groß und $0 < \gamma < 1/2$.*

Für $k = 0, 1, 2, \ldots$:

1. *Ist (x^k, λ^k, μ^k) ein KKT-Tripel von (15.1): STOP.*
2. *Berechne eine Lösung s^k von (19.16) und zugehörige Multiplikatoren λ^k_{qp}, μ^k_{qp}.*
3. *Bestimme die größte Zahl $\sigma_k \in \{1, 2^{-1}, 2^{-2}, \ldots\}$ mit*

$$P^1_\alpha(x^k + \sigma_k s^k) - P^1_\alpha(x^k) \leq \gamma\sigma_k D_+ P^1_\alpha(x^k, s^k). \tag{19.17}$$

4. *Setze $x^{k+1} = x^k + \sigma_k s^k$, berechne neue Multiplikatoren λ^{k+1} und μ^{k+1} (z.B. $\lambda^{k+1} = \lambda^k_{qp}$, $\mu^{k+1} = \mu^k_{qp}$) und wähle eine neue symmetrische Matrix $H_{k+1} \in \mathbb{R}^{n\times n}$.*

Bemerkung. Wir wählen hier $\alpha > 0$ fest und hinreichend groß. In einer tatsächlichen Implementierung wird man α durch α_k ersetzen und dieses dynamisch anpassen, bis es die richtige Größe hat.

19.5 Schwierigkeiten und mögliche Lösungen

Unzulässige Teilprobleme

Eine grundsätzliche Schwierigkeit des SQP-Verfahrens besteht darin, dass die Teilprobleme (19.16) nicht immer lösbar und manchmal sogar unzulässig sind:

Beispiel

$$\min_{x\in\mathbb{R}} f(x) \quad \text{u.d.N.} \quad g(x) := 1 - x^2 \leq 0$$

Im Punkt $x^k = 0$ gilt $\nabla g(x^k) = 0$ und daher

$$g(x^k) + \nabla g(x^k)^T s = 1 \not\leq 0 \quad \forall\, s \in \mathbb{R}.$$

Als möglichen Ausweg kann man die Nebenbedingungen lockern und diese Lockerung zugleich bestrafen: Anstelle von (19.16) wird dann das folgende Problem gelöst:

$$
\begin{aligned}
\underset{s\in\mathbb{R}^n, v\in\mathbb{R}^m, w_+, w_-\in\mathbb{R}^p}{\text{minimiere}} \quad & \nabla f(x^k)^T s + \tfrac{1}{2} s^T H_k s + \rho \textstyle\sum_{i=1}^m v_i + \rho \sum_{i=1}^p ((w_+)_i + (w_-)_i) \\
\text{u. d. N.} \quad & g(x^k) + \nabla g(x^k)^T s - v \le 0, \\
& h(x^k) + \nabla h(x^k)^T s - w_+ + w_- = 0, \\
& v \ge 0, \quad w_+ \ge 0, \quad w_- \ge 0.
\end{aligned}
\tag{19.18}
$$

Hierbei ist $\rho > 0$ ein Penalty-Parameter. Offensichtlich besitzt (19.18) zulässige Punkte. Man kann nun zeigen:

Lemma 19.13

a) *Ist* $(s^k, \lambda_{qp}^k, \mu_{qp}^k)$ *ein KKT-Tripel von (19.16), so ist für alle*

$$\rho \ge \max\{(\lambda_{qp}^k)_1, \ldots, (\lambda_{qp}^k)_m, |(\mu_{qp}^k)_1|, \ldots, |(\mu_{qp}^k)_p|\}$$

der Vektor $(s^k, v^k, w_+^k, w_-^k, \lambda_{qp}^k, \mu_{qp}^k, \xi^k, \xi_+^k, \xi_-^k)$ *mit*

$$v^k = 0, \quad w_+^k = 0, \quad w_-^k = 0, \quad \xi^k = \rho e - \lambda_{qp}^k, \quad \xi_+^k = \rho e - \mu_{qp}^k, \quad \xi_-^k = \rho e + \mu_{qp}^k$$

ein KKT-Tupel von (19.18). Hierbei ist $e = (1, \ldots, 1)^T$, ξ^k *ist der Multiplikator zu* $-v \le 0$, ξ_+^k *der zu* $-w_+ \le 0$ *und* ξ_-^k *der zu* $-w_- \le 0$.

b) *Ist* $(s^k, 0, 0, 0, \lambda_{qp}^k, \mu_{qp}^k, \xi^k, \xi_+^k, \xi_-^k)$ *ein KKT-Tupel von (19.18), so ist* $(s^k, \lambda_{qp}^k, \mu_{qp}^k)$ *ein KKT-Tripel von (19.16).*

Für eine auf dem modifizierten Teilproblem (19.18) basierenden Variante des globalisierten SQP-Verfahrens kann man eine globale Konvergenzaussage beweisen, siehe [8, 5.5.8]. Es gibt viele andere Varianten und Konvergenzresultate für das SQP-Verfahren, z.B. [10,15,2,14].

Der Maratos-Effekt

Natürlich sind wir daran interessiert, dass die Globalisierung die guten lokalen Konvergenzeigenschaften nicht zerstört. Daher sollte nahe einer Lösung, gegen die das lokale SQP-Verfahren q-superlinear/quadratisch konvergieren würde, stets die Schrittweite $\sigma_k = 1$ gewählt werden. Insbesondere muss hierzu

$$P_\alpha^1(x^k + s^k) < P_\alpha^1(x^k)$$

gelten. Dies ist aber nicht immer erfüllt, wie N. Maratos in seiner Dissertation [11] als erster feststellte. Wir illustrieren dies am folgenden Beispiel:

Beispiel

Maratos-Effekt. Wir betrachten das gleichungsrestringierte Problem (19.11) mit $n = 2$, $p = 1$,

$$f(x) = 2(x_1^2 + x_2^2 - 1) - x_1, \quad h(x) = x_1^2 + x_2^2 - 1.$$

Wir haben

$$\nabla f(x) = 4x - \begin{pmatrix} 1 \\ 0 \end{pmatrix}, \quad \nabla h(x) = 2x,$$

$$\nabla^2 f(x) = 4I, \quad \nabla^2 h(x) = 2I, \quad \nabla_{xx}^2 L(x, \mu) = (4 + 2\mu)I.$$

Für alle $x \in X$ gilt $\|x\| = 1$ und daher

$$f(x) = 2h(x) - x_1 = -x_1 \begin{cases} > -1 & , x \neq (1,0)^T \\ = -1 & , x = (1,0)^T. \end{cases}$$

Somit ergibt sich $\bar{x} = (1,0)^T$ und $f(\bar{x}) = -1$, sowie $\bar{\mu} = -\dfrac{3}{2}$ aus:

$$0 = \nabla f(\bar{x}) + \nabla h(x)\bar{\mu} = \begin{pmatrix} 3 \\ 0 \end{pmatrix} + \bar{\mu}\begin{pmatrix} 2 \\ 0 \end{pmatrix}.$$

Sei nun $x^k \in X \setminus \{\pm(1,0)^T\}$ und $\mu^k < -1$. Weiter sei s^k eine Lösung des SQP-Teilproblems. Zu s^k gibt es einen Multiplikator μ^k_{qp}, so dass die KKT-Bedingungen gelten:

$$\nabla f(x^k) + \nabla^2_{xx} L(x^k, \mu^k)s^k + \nabla h(x^k)\mu^k_{qp} = 0, \tag{19.19}$$

$$h(x^k) + \nabla h(x^k)^T s^k = 0. \tag{19.20}$$

Wir begründen zunächst, dass $s^k \neq 0$ gilt. Angenommen, $s^k = 0$. Dann folgt aus (19.19)

$$\begin{aligned} 0 &= \nabla f(x^k) + \nabla^2_{xx} L(x^k, \mu^k)s^k + \nabla h(x^k)\mu^k_{qp} = 4x^k - \begin{pmatrix} 1 \\ 0 \end{pmatrix} + 2\mu^k_{qp}x^k \\ &= (4 + 2\mu^k_{qp})x^k - \begin{pmatrix} 1 \\ 0 \end{pmatrix}, \end{aligned}$$

d.h., die Vektoren x^k und $(1,0)^T$ sind linear abhängig. Wegen $x^k = X \setminus \{\pm(1,0)^T\}$ ist dies aber nicht möglich.

Die Funktionen f und h sind quadratisch, so dass die Taylor-Entwicklung zweiter Ordnung exakt ist. Damit ergibt sich:

$$f(x^k + s^k) - f(x^k) = \nabla f(x^k)^T s^k + \frac{1}{2} s^{k^T} \nabla^2 f(x^k) s^k = \nabla f(x^k)^T s^k + 2\|s^k\|^2.$$

Wegen (19.19) und (19.20) erhalten wir weiter

$$\begin{aligned} \nabla f(x^k)^T s^k + 2\|s^k\|^2 &= -(\mu^k_{qp} \nabla h(x^k) + \nabla^2_{xx} L(x^k, \mu^k)s^k)^T s^k + 2\|s^k\|^2 \\ &= -\mu^k_{qp} \nabla h(x^k)^T s^k - (4 + 2\mu^k)\|s^k\|^2 + 2\|s^k\|^2 \\ &= \mu^k_{qp} h(x^k) - 2(1 + \mu^k)\|s^k\|^2. \end{aligned}$$

Wegen $h(x^k) = 0$, $\mu^k < -1$ und $s^k \neq 0$ ergibt sich

$$f(x^k + s^k) - f(x^k) > 0.$$

Die Taylor-Entwicklung von h liefert wegen $h(x^k) = 0$ und (19.20)

$$\begin{aligned} |h(x^k + s^k)| - |h(x^k)| &= |h(x^k + s^k)| \geq h(x^k + s^k) \\ &= h(x^k) + \nabla h(x^k)^T s^k + \frac{1}{2} s^{k^T} \nabla^2 h(x^k) s^k = \|s^k\|^2 > 0. \end{aligned}$$

Insbesondere erhalten wir:

$$P^1_\alpha(x^k + s^k) - P^1_\alpha(x^k) = f(x^k + s^k) - f(x^k) + \alpha(|h(x^k + s^k)| - |h(x^k)|) > 0.$$

Der Maratos-Effekt tritt dann auf, wenn der Punkt $x^k + s^k$ die Nebenbedingung $h(x) = 0$ im Vergleich zu x^k zu stark verletzt, um eine f- und/oder h-Abnahme sicherzustellen.

Ein möglicher Ausweg besteht darin, den Schritt s^k durch die *Second-Order-Correction* (SOC)

$$s^k_{soc} = -\nabla h(x^k)(\nabla h(x^k)^T \nabla h(x^k))^{-1} h(x^k + s^k)$$

zu korrigieren. Der SOC-Schritt ist im Vergleich zu s^k sehr klein, genauer $\|s^k_{soc}\| = O(\|s^k\|^2)$, führt aber dazu, dass die Zulässigkeit von $x^k + s^k + s^k_{soc}$ gegenüber jener von $x^k + s^k$ deutlich verbessert wird. Genauer gilt

$$\|h(x^k + s^k + s^k_{soc})\| = O(\|s^k\|^3),$$

während i.A. nur folgendes zu erwarten ist:

$$\|h(x^k + s^k)\| = O(\|s^k\|^2).$$

Unter gewissen Voraussetzungen erfüllt der Schritt $s^k + s^k_{soc}$ im Gebiet schneller lokaler Konvergenz dann die Armijo-Regel mit $\sigma_k = 1$ und aufgrund der Kleinheit der Schrittkorrektur s^k_{soc} bleibt die schnelle lokale Konvergenz erhalten.

19.6 BFGS-Updates für SQP-Verfahren

Wir wissen bereits, dass die Wahl $H_k = \nabla^2_{xx} L(x_k, \lambda_k, \mu_k)$ lokal q-superlineare Konvergenz liefert. Allerdings werden dann die 2. Ableitungen von f, g, h benötigt. Zudem ist H_k nicht immer positiv definit, was für das globale Konvergenzverhalten ungünstig ist. Es liegt daher nahe, Quasi-Newton-Updates H_k, insbesondere BFGS-Updates, zu verwenden, die die Quasi-Newton-Gleichung

$$H_{k+1} d^k = y^k$$

mit $d^k = x^{k+1} - x^k$, $\quad y^k = \nabla_x L(x^{k+1}, \lambda^k, \mu^k) - \nabla_x L(x^k, \lambda^k, \mu^k)$ erfüllen. Da wir jedoch eine Art Armijo-Regel für die ℓ_1-Penalty-Funktion verwenden, ist ${d^k}^T y^k > 0$ nicht garantiert und somit die positive Definitheit von H_{k+1} nicht sichergestellt.

Aus diesem Grund schlug Powell [12] vor, den Update

$$H_{k+1} = H^{BFGS}(H_k, d^k, y^k_{mod}) \tag{19.21}$$

zu verwenden, wobei $H^{BFGS}(H_k, d^k, y^k)$ die BFGS-Aufdatierungsformel bezeichne und

$$y^k_{mod} = \theta_k y^k + (1 - \theta_k) H_k d^k \tag{19.22}$$

mit

$$\theta_k = \begin{cases} 1 & \text{falls } {d^k}^T y^k \geq 0.2\, {d^k}^T H_k d^k, \\ \frac{0.8\, {d^k}^T H_k d^k}{{d^k}^T H_k d^k - {d^k}^T y^k} & \text{sonst.} \end{cases}$$

Mit dieser Wahl lässt sich leicht zeigen, dass gilt

$${d^k}^T y^k_{mod} > 0,$$

und somit ist H_{k+1} gemäß (19.21), (19.22) positiv definit nach Satz 13.4.

Der „gedämpfte BFGS-Update" (19.21), (19.22) wird häufig eingesetzt. Eine Konvergenzanalyse findet man in [13], wo insbesondere r-superlineare Konvergenz unter geeigneten Voraussetzungen gezeigt wird.

Übungsaufgabe

Aufgabe **Unzulässige SQP-Teilprobleme.** Bestimmen Sie die Lösung des Problems

$$\min -x_1 - x_2 \quad \text{u.d.N.} \quad -x_1, -x_2 \leq 0, \quad x_1^2 + x_2^2 - 1 = 0$$

mit den zugehörigen Lagrange-Multiplikatoren. Skizzieren Sie die Nebenbedingungen des SQP-Teilproblems im Punkt $x = (-1/2, -1/2)^T$ und zeigen Sie, dass sein zulässiger Bereich leer ist.

20 Quadratische Optimierungsprobleme

Quadratische Optimierungsprobleme spielen, nicht zuletzt wegen ihrer Bedeutung für das SQP-Verfahren, eine wichtige Rolle in der Optimierung.

Quadratisches Optimierungsproblem (QP):

$$\begin{aligned} \min_{x\in\mathbb{R}^n} \;& q(x) := c^T x + \frac{1}{2} x^T H x \\ \text{u.d.N.} \;& g(x) := A^T x + \boldsymbol{\alpha} \leq 0, \\ & h(x) := B^T x + \boldsymbol{\beta} = 0 \end{aligned} \tag{20.23}$$

mit $c \in \mathbb{R}^n, H = H^T \in \mathbb{R}^{n\times n}, A \in \mathbb{R}^{n\times m}, \boldsymbol{\alpha} \in \mathbb{R}^m, B \in \mathbb{R}^{n\times p}, \boldsymbol{\beta} \in \mathbb{R}^p$. Im nichtkonvexen Fall kann (20.23) sehr viele isolierte lokale Lösungen haben:

Beispiel Das Problem

$$\begin{aligned} \min_{x\in\mathbb{R}^n} \quad & -\frac{1}{6}\sum_{l=1}^{n} 2^l((x_l - 1)^2 - 1) \\ \text{u.d.N.} \;\; & 0 \leq x \leq 3 \end{aligned}$$

hat in jeder der 2^n Ecken des würfelförmigen zulässigen Bereichs $[0, 3]^n$ ein isoliertes lokales Minimum und alle Funktionswerte sind verschieden: $0, -1, -2, \ldots, -2^n + 1$.

Wir beschränken uns daher hier auf streng konvexe quadratische Optimierungsprobleme. Im Folgenden sei also H positiv definit. Nach Satz 16.26 ist dann $\bar{x}$ Lösung von (20.23) genau dann, wenn $\bar{x}$ ein KKT-Punkt von (20.23) ist. Darüber hinaus besitzt (20.23) genau dann eine Lösung, wenn es zulässige Punkte gibt. Denn ist $\hat{x}$ zulässig, dann ist die Niveaumenge

$$N_q(\hat{x}) = \{x \in \mathbb{R}^n\,;\; q(x) \leq q(\hat{x})\}$$

kompakt, denn sie ist abgeschlossen und aus $\|x\| \to \infty$ folgt $q(x) \to \infty$. Somit ist $N_f(\hat{x}) \cap X \neq \emptyset$ kompakt und daher besitzt q auf $N_q(\hat{x}) \cap X$ ein globales Minimum $\bar{x}$, das gleichzeitig auch globale Lösung von (20.23) ist. Die Lösung $\bar{x}$ ist nach Satz 6.5 eindeutig.

Entfallen die Ungleichungsnebenbedingungen, so ist $\bar{x}$ Lösung von (20.23) genau dann, wenn es $\bar{\mu} \in \mathbb{R}^p$ gibt, so dass die KKT-Bedingungen gelten:

$$\begin{pmatrix} H & B \\ B^T & 0 \end{pmatrix} \begin{pmatrix} \bar{x} \\ \bar{\mu} \end{pmatrix} = \begin{pmatrix} -c \\ -\beta \end{pmatrix}.$$

Dieses System ist lösbar, wenn X nichtleer ist und die Lösung ist eindeutig genau dann, wenn $\mathrm{Rang}(B) = p$ gilt. Das gleichungsrestringierte quadratische Optimierungsproblem ist also äquivalent zu einem linearen Gleichungssystem und daher effizient lösbar.

Wir entwickeln nun ein Verfahren zur Lösung des allgemeinen streng konvexen quadratischen Optimierungsproblems (20.23), das eine Folge gleichungsrestringierter QPs löst. Die Idee besteht darin, bei der Berechnung von x^{k+1} die im aktuellen Punkt x^k aktive Indexmenge $\mathcal{A}(x^k)$ geeignet „von innen" zu approximieren, d.h. $\mathcal{A}_k \subset \mathcal{A}(x^k)$ geeignet zu wählen, diese Ungleichungs- wie Gleichungsnebenbedingungen zu behandeln und die restlichen Ungleichungsnebenbedingungen zu ignorieren. Gelöst wird also das Problem

$$\begin{aligned} \min_{x \in \mathbb{R}^n} \quad & q(x) \\ \text{u.d.N.} \quad & A_{\mathcal{A}_k}^T x + \alpha_{\mathcal{A}_k} = 0, \\ & B^T x + \beta = 0, \end{aligned} \tag{QP$_k$}$$

wobei A_I die aus den Spalten $a_i, i \in I$, der Matrix $A = (a_1, \dots, a_m)$ gebildete Teilmatrix ist.

Algorithmus 20.1

Strategie der aktiven Mengen.

0. Bestimme einen Startpunkt x^0, der zulässig für (20.23) ist. Setze $\mathcal{A}_0 = \mathcal{A}(x^0)$.

Für $k = 0, 1, 2, \dots$:

1. *Setze $\mathcal{I}_k = \mathcal{U} \setminus \mathcal{A}_k$, $\lambda_{\mathcal{I}_k}^{k+1} = 0$ und berechne ein KKT-Tripel $(\hat{x}^{k+1}, \lambda_{\mathcal{A}_k}^{k+1}, \mu^{k+1})$ von (QP$_k$).*
   Setze $d^k = \hat{x}^{k+1} - x^k$.
2. *Gilt $d^k = 0$ und $\lambda^{k+1} \geq 0$ dann setze $x^{k+1} = x^k$.*
   STOP mit KKT-Tripel $(x^{k+1}, \lambda^{k+1}, \mu^{k+1})$ von (20.23).
3. *Gilt $d^k = 0$ und gibt es $j \in \mathcal{A}_k$ mit $\lambda_j^{k+1} = \min_{i \in \mathcal{A}_k} \lambda_i^{k+1} < 0$, dann setze $x^{k+1} = x^k$, $\mathcal{A}_{k+1} = \mathcal{A}_k \setminus \{j\}$ und gehe in die nächste Iteration.*
4. *Gilt $d^k \neq 0$ und ist $\hat{x}^{k+1}$ zulässig für (20.23), dann setze $x^{k+1} = \hat{x}^{k+1}$, $\mathcal{A}_{k+1} = \mathcal{A}_k$ und gehe in die nächste Iteration.*
5. *Gilt $d^k \neq 0$ und ist $\hat{x}^{k+1}$ nicht zulässig für (20.23), dann bestimme*
   $$\sigma_k = \max\left\{\sigma \geq 0;\ x^k + \sigma d^k \ \text{zulässig für (20.23)}\right\}$$
   sowie einen Index $j \in \mathcal{I}_k$ mit $a_j^T(x^k + \sigma_k d^k) + \alpha_j = 0$. Setze $x^{k+1} = x^k + \sigma_k d^k$ und $\mathcal{A}_{k+1} = \mathcal{A}_k \cup \{j\}$.

Satz 20.2 *Wir betrachten Algorithmus 20.1.*

1. *Der Punkt x^k ist stets zulässig für (QP_k) und für (20.23).*
2. *Gilt $d^k \neq 0$ und ist $\hat{x}^{k+1}$ nicht zulässig für (20.23), dann existiert die in Schritt 5 berechnete Schrittweite σ_k sowie der Index j, und es gilt $0 \leq \sigma_k < 1$,*
$$\sigma_k = \min\left\{-\frac{a_i^T x^k + \alpha_i}{a_i^T d^k}\,;\ i \in \mathcal{I}_k,\ a_i^T d^k > 0\right\}.$$
3. *Gilt $d^k = 0$ und ist $\lambda^{k+1} \geq 0$, so ist $(x^{k+1}, \lambda^{k+1}, \mu^{k+1})$ ein KKT-Tripel von (20.23).*
4. *Ist $d^k \neq 0$, so gilt $\nabla q(x^k)^T d^k < 0$, d.h., d^k ist eine Abstiegsrichtung für q im Punkt x^k. Insbesondere ist $q(x^{k+1}) < q(x^k)$, falls $x^{k+1} \neq x^k$ gilt.*
5. *Zu jedem vom Algorithmus erzeugten x^k gibt es ein $l \geq k$, so dass x^l die eindeutige globale Lösung von (QP_l) ist.*
6. *Terminiert der Algorithmus nicht endlich, dann gibt es $l \geq 0$ mit $x^k = x^l$ für alle $k \geq l$.*
7. *Sind die Spalten der Matrix $(A_{\mathcal{A}_k}, B)$ linear unabhängig, so sind die Spalten der Matrix $(A_{\mathcal{A}_{k+1}}, B)$ ebenfalls linear unabhängig.*

Beweis. zu 1: Da x^0 zulässig für (20.23) ist und $\mathcal{A}_0 = \mathcal{A}(x^0)$ gewählt wird, ist x^0 zulässig für (QP_0).

Sei nun x^k zulässig für (QP_k) und für (20.23). Der Punkt $\hat{x}^{k+1}$ ist ebenfalls zulässig für (QP_k), und da x^{k+1} stets auf der Verbindungsgerade von x^k und $\hat{x}^{k+1}$ liegt, ist auch x^{k+1} zulässig für (QP_k). Nun gilt entweder $\mathcal{A}_{k+1} \subset \mathcal{A}_k$ (Schritte 3 und 4) oder $\mathcal{A}_{k+1} = \mathcal{A}_k \cup \{j\}$ mit $j \in \mathcal{A}(x^{k+1})$ (Schritt 5). In beiden Fällen haben wir also, dass x^{k+1} zulässig für (QP_{k+1}) ist. Im Fall $x^{k+1} = x^k$ (Schritte 2 und 3) ist x^{k+1} zulässig für (20.23). Die Wahl $x^{k+1} = \hat{x}^{k+1} \neq x^k$ (Schritt 4) erfolgt nur, falls $\hat{x}^{k+1}$ zulässig für (20.23) ist. Schließlich erfolgt im Fall $x^{k+1} = x^k + \sigma_k d^k$ die Wahl von σ_k so, dass x^{k+1} zulässig für (20.23) ist.

zu 2: Da $\hat{x}^{k+1}$ nicht zulässig für (20.23), aber für (QP_k) ist, gibt es mindestens ein $i \in \mathcal{I}_k$ mit
$$a_i^T(x^k + d^k) + \alpha_i > 0.$$
Wegen Teil 1 ist $a_i^T x^k + \alpha_i \leq 0$, also gilt für die verletzten Nebenbedingungen $a_i^T d^k > 0$. Für die Nebenbedingungen i mit $a_i^T d^k \leq 0$ ist $x^k + \sigma d^k$ zulässig für alle $\sigma \in [0, 1]$. Daher ist σ_k die größte Zahl mit
$$a_i^T(x^k + \sigma_k d^k) + \alpha_i \leq 0 \quad \forall\, i \in \mathcal{I}_k,\ a_i^T d^k > 0.$$
Daraus ergibt sich die Formel in 2 und die Existenz des (nicht notwendig eindeutigen) Index j.

zu 3: Sei $d^k = 0$ und $\lambda^{k+1} \geq 0$. Dann gilt $x^{k+1} = x^k$, $\lambda^{k+1}_{\mathcal{I}_k} = 0$ and $(x^{k+1}, \lambda^{k+1}_{\mathcal{A}_k}, \mu^{k+1})$ ist ein KKT-Tripel von (QP_k). Wir haben
$$\nabla q(x^{k+1}) + A\lambda^{k+1} + B\mu^{k+1} = \nabla q(x^{k+1}) + A_{\mathcal{A}_k}\lambda^{k+1}_{\mathcal{A}_k} + B\mu^{k+1} = 0.$$

Außerdem ist x^{k+1} zulässig für (20.23) und weiter gilt $\lambda^{k+1} \geq 0$,

$$\lambda^{k+1^T} g(x^{k+1}) = \lambda_{\mathcal{A}_k}^{k+1^T} g_{\mathcal{A}_k}(x^k) = 0.$$

Damit ist $(x^{k+1}, \lambda^{k+1}, \mu^{k+1})$ ein KKT-Tripel von (20.23).

zu 4: Im Fall $d^k \neq 0$ stimmt x^k nicht mit der eindeutigen globalen Lösung $\hat{x}^{k+1}$ von (QP_k) überein. Daher gilt $q(\hat{x}^{k+1}) < q(x^k)$ und wegen der Konvexität von q weiter

$$\nabla q(x^k)^T d^k \leq q(\hat{x}^{k+1}) - q(x^k) < 0.$$

Im Fall $x^{k+1} \neq x^k$ gilt entweder $x^{k+1} = \hat{x}^{k+1}$ oder $x^{k+1} = x^k + \sigma_k d^k$ mit $\sigma_k \in (0, 1)$. Mit $\tau_k = 1$ bzw. $\tau_k = \sigma_k$ ergibt sich dann

$$q(x^{k+1}) - q(x^k) \leq (1 - \tau_k)q(x^k) + \tau_k q(\hat{x}^{k+1}) - q(x^k) = \tau_k(q(\hat{x}^{k+1}) - q(x^k)) < 0.$$

zu 5: Sei x^k eine beliebige Iterierte.

1. Fall: $d^k = 0$.
   Dann ist $x^k = \hat{x}^{k+1}$ die eindeutige Lösung von (QP_k).
2. Fall: $d^k \neq 0, x^{k+1} = \hat{x}^{k+1}$ und $\mathcal{A}_{k+1} = \mathcal{A}_k$.
   Dann ist x^{k+1} die eindeutige Lösung von (QP_{k+1}).
3. Fall: $d^k \neq 0, x^{k+1} = x^k + \sigma_k d^k$ und $\mathcal{A}_{k+1} = \mathcal{A}_k \cup \{j\}$.
   Da $\mathcal{U}$ endlich ist, kann dieser Fall nur endlich oft hintereinander auftreten.

Nach endlich vielen Iterationen wird also ein x^l gefunden, das eindeutige Lösung von (QP_l) ist.

zu 6: Da der Algorithmus nicht terminiert, gibt es nach 5 eine unendliche Folge (l_i), so dass x^{l_i} die eindeutige Lösung von (QP_{l_i}) ist. Da die Potenzmenge von $\mathcal{U}$ endlich ist, gibt es weiter eine Teilfolge $(l'_i) \subset (l_i)$ mit $\mathcal{A}_{l'_i} = \mathcal{A}_{l'_1}$ und somit $x^{l'_i} = x^{l'_1}$ für alle i. Ist nun $l'_i \leq k < l'_{i+1}$ ein Index mit $x^k \neq x^{k+1}$, so ergibt sich aus 4 der Widerspruch

$$q(x^{l'_i}) = q(x^{l'_{i+1}}) \leq q(x^{k+1}) < q(x^k) \leq q(x^{l'_i}).$$

Daher haben wir $x^k = x^{l'_1}$ für alle $k \geq l'_1$.

zu 7: Interessant ist nur der Fall $\mathcal{A}_{k+1} \not\subset \mathcal{A}_k$. Dann gilt $d^k \neq 0$, $\mathcal{A}_{k+1} = \mathcal{A}_k \cup \{j\}$ und $a_j^T d^k > 0$. Wäre nun $a_j = A_{\mathcal{A}_k} v + Bw$ mit geeigneten Vektoren v und w, dann hätten wir wegen $A_{\mathcal{A}_k}^T d^k = 0$ und $B^T d^k = 0$:

$$0 < a_j^T d^k = v^T A_{\mathcal{A}_k}^T d^k + w^T B^T d^k = 0.$$

Dies ist ein Widerspruch. □

Wir haben gesehen, dass der Algorithmus nur dann nicht endlich terminiert, wenn er irgendwann immer im selben Punkt bleibt. Dieses Verhalten wird *Kreisen* genannt, denn die Folge der Mengen $\mathcal{A}_k$ enthält dann Zyklen. Wir gehen nicht darauf ein, wie das Kreisen vermieden werden kann, denn es tritt in der Praxis sehr selten auf.

21
Barriere-Verfahren

Barriere-Verfahren sind ebenfalls klassische Verfahren der nichtlinearen Optimierung [6]. Sie werden neuerdings in sehr ähnlicher Ausprägung unter dem Namen „Innere-Punkte-Verfahren“ wieder sehr intensiv untersucht. Innere-Punkte-Verfahren haben sich für konvexe Probleme als überaus leistungsfähig erwiesen.

Während die Strafterme des Penalty-Verfahren erst außerhalb des zulässigen Bereichs zu wirken beginnen, folgen Barriere-Verfahren der Philosophie, bereits innerhalb des zulässigen Bereichs eine Barriere zu errichten, die bestraft, wenn x dem Rand von X zu nahe kommt. Für Ungleichungen $t \leq 0$ wird hierbei gewöhnlich der logarithmische Barriere-Term

$$b\colon (-\infty, 0) \to \mathbb{R}, \qquad b(t) = -\ln(-t)$$

verwendet. Da Gleichungsnebenbedingungen nicht durch innere Barrieren behandelt werden können, betrachten wir im Folgenden nur das Problem

$$\min_{x\in\mathbb{R}^n} f(x) \quad \text{u.d.N.} \quad g(x) \leq 0 \tag{21.24}$$

und nehmen an, dass der zulässige Bereich X einen strikt zulässigen (insbesondere inneren) Punkt besitzt:

$$X^\circ := \left\{x \in \mathbb{R}^n ;\ g(x) < 0\right\} \neq \emptyset.$$

Wir bezeichnen X° auch als striktes Inneres von X. Es ist zu beachten, dass X° nicht notwendig mit dem Inneren von X übereinstimmt. Betrachte z.B. $g(x) = (x)_+^3$. Dann ist g zweimal stetig differenzierbar (erhöhen wir den Exponenten, dann wird g noch glatter), $X = (-\infty, 0]$, das Innere von X ist $(-\infty, 0)$, aber es gilt $X^\circ = \emptyset$.

Die (logarithmische) Barriere-Funktion lautet nun

$$B_\alpha(x) = f(x) + \alpha \sum_{i=1}^{m} b(g_i(x)) = f(x) - \alpha \sum_{i=1}^{m} \ln(-g_i(x)).$$

Nun werden die zu einer *monoton fallenden Nullfolge* $(\alpha_k) \subset (0, \infty)$ gehörenden Barriere-Probleme

$$\min_{x\in\mathbb{R}^n} B_\alpha(x) \tag{21.25}$$

mit $\alpha = \alpha_k$ gelöst, um eine Folge $(x^k) \subset X^\circ$ zu erzeugen, deren Häufungspunkte unter gewissen Voraussetzungen globale Lösungen von (21.24) sind.

Zusätzliche Gleichungsnebenbedingungen können z.B. durch Penalty-Terme behandelt werden. Alternativ können die Ungleichungsnebenbedingungen durch Barriere-Terme behandelt und die Gleichungsnebenbedingungen beibehalten werden. Bei der zweiten Variante sind die Barriere-Probleme dann gleichungsrestringierte Optimierungsprobleme. Im Folgenden betrachten wir aber nur ungleichungsrestringierte Probleme.

Wir erhalten das folgende Verfahren:

Algorithmus 21.1

Barriere-Verfahren.

0. *Wähle* $\alpha_0 > 0$.

Für $k = 0, 1, 2, \ldots$*:*

1. *Bestimme die globale Lösung* x^k *des Barriere-Problems* $\min_{x \in \mathbb{R}^n} B_{\alpha_k}(x)$*. Hierbei wird im Fall* $k > 0$ *meist* x^k *als Startpunkt verwendet. Da* B_{α_k} *nur auf* X° *definiert ist, erfordert die Lösung dieses Problems (insbesondere die Schrittweitenregel des verwendeten unrestrinigerten Optimierungsverfahrens) besondere Vorsicht.*
2. *Wähle* $\alpha_{k+1} \in (0, \alpha_k)$.

Satz 21.2

Seien f, g *und* h *stetig und das strikte Innere* X° *des zulässigen Bereichs sei nichtleer. Die Folge* $(\alpha_k) \subset (0, \infty)$ *sei eine streng monoton fallende Nullfolge. Algorithmus 21.1 erzeuge die Folge* (x^k) *(von deren Existenz wir ausgehen). Dann gilt:*

1. *Die Folge* $\left(\sum_{i=1}^{m} b(g_i(x^k))\right) = \left(\sum_{i=1}^{m} -\ln(-g_i(x^k))\right)$ *ist monoton wachsend.*
2. *Die Folge* $(f(x^k))$ *ist monoton fallend.*
3. *Im Fall* $\overline{X^\circ} = X$ *ist jeder Häufungspunkt* $\bar{x}$ *der Folge* (x^k) *eine globale Lösung von (21.24), und es gilt*

$$f(x^k) \to f(\bar{x}), \quad B_{\alpha_k}(x^k) \to f(\bar{x}).$$

Beweis. Zur Abkürzung sei $\beta(x) := \sum_{i=1}^{m} -\ln(-g_i(x^k))$.

zu 1: Addieren von $B_{\alpha_k}(x^k) \leq B_{\alpha_k}(x^{k+1})$ und $B_{\alpha_{k+1}}(x^{k+1}) \leq B_{\alpha_{k+1}}(x^k)$ ergibt

$$\alpha_k \beta(x^k) + \alpha_{k+1}\beta(x^{k+1}) \leq \alpha_k \beta(x^{k+1}) + \alpha_{k+1}\beta(x^k).$$

Wegen $\alpha_k > \alpha_{k+1}$ liefert dies $\beta(x^k) \leq \beta(x^{k+1})$.

zu 2: Aus 1 folgt

$$\begin{aligned} 0 &\leq B_{\alpha_{k+1}}(x^k) - B_{\alpha_{k+1}}(x^{k+1}) = f(x^k) - f(x^{k+1}) + \alpha_{k+1}(\beta(x^k) - \beta(x^{k+1})) \\ &\leq f(x^k) - f(x^{k+1}). \end{aligned}$$

zu 3: Sei $\bar{x}$ ein Häufungspunkt von (x^k). Dann gilt $\bar{x} \in X$. Bezeichne $(x^k)_K$ eine gegen $\bar{x}$ konvergente Teilfolge. Dann folgt $(f(x^k))_K \to f(\bar{x})$ aus $(x^k)_K \to \bar{x}$ und der Stetigkeit von f. Da $(f(x^k))$ nach Teil 2 monoton fallend ist, folgt sogar, dass $(f(x^k))$ monoton fallend gegen $f(\bar{x})$ konvergiert.

Angenommen, $\bar{x}$ ist keine globale Lösung von (21.24). Dann gibt es $\hat{x} \in X$ mit $f(\hat{x}) < f(\bar{x})$. Wegen $X = \overline{X^\circ}$ existiert dann aus Stetigkeitsgründen auch ein $y \in X^\circ$ mit $f(y) < f(\bar{x})$. Aus Teil 1 folgt weiter

$$f(x^k) + \alpha_k \beta(x^0) \leq f(x^k) + \alpha_k \beta(x^k) \leq f(y) + \alpha_k \beta(y).$$

Wegen $f(x^k) \geq f(\bar{x}), k \in K$, folgt

$$f(\bar{x}) \leq f(x^k) \leq f(y) + \alpha_k(\beta(y) - \beta(x^0)) \overset{K\ni k\to\infty}{\longrightarrow} f(y) < f(\bar{x}),$$

wobei wir $\alpha_k \to 0$ benutzt haben. Dies liefert den Widerspruch $f(\bar{x}) < f(\bar{x})$. Somit ist $\bar{x}$ eine globale Lösung von (21.24).

Wir zeigen abschließend $B_{\alpha_k}(x^k) \to f(\bar{x})$. Sei hierzu $\varepsilon > 0$ beliebig fixiert. Dann gibt es $y_\varepsilon \in X^\circ$ mit $f(y_\varepsilon) \leq f(\bar{x}) + \varepsilon$. Nun folgt aus Teil 1 für alle $k \geq 0$

$$f(x^k) + \alpha_k\beta(x^0) \leq f(x^k) + \alpha_k\beta(x^k) = B_{\alpha_k}(x^k) \leq B_{\alpha_k}(y_\varepsilon) = f(y_\varepsilon) + \alpha_k\beta(y_\varepsilon).$$

Die linke Seite konvergiert für $k \to \infty$ gegen $f(\bar{x})$, die rechte Seite gegen $f(y_\varepsilon) \leq f(\bar{x}) + \varepsilon$. Da ε beliebig war, folgt daraus $B_{\alpha_k}(x^k) \to f(\bar{x})$. □

Wegen

$$0 = \nabla B_{\alpha_k}(x^k) = \nabla f(x^k) + \alpha_k \sum_{i=1}^{m} \frac{-1}{g_i(x^k)} \nabla g_i(x^k)$$

bietet es sich hier an, die Vektoren λ^k mit

$$\lambda_i^k = \frac{-\alpha_k}{g_i(x^k)}$$

als Approximationen des Lagrange-Multiplikators in $\bar{x}$ zu interpretieren. Man kann nun eine zu Satz 18.3 analoge Aussage nachweisen, worauf wir hier aber verzichten.

Wir gehen noch kurz auf den sich hieraus ergebenden engen Zusammenhang mit *Innere-Punkte-Verfahren* ein.

Primale Innere-Punkte-Verfahren sind i.W. neuere Varianten von Barriere-Verfahren. Es wird hierbei vorausgesetzt, dass die Lösung $x(\alpha)$ eine Kurve ist (verifizierbar für konvexe Probleme), die *primaler zentraler Pfad* genannt wird. Diese Kurve wird nun auf geeignete Weise für $\alpha \downarrow 0$ innerhalb einer Umgebung verfolgt, die sich für kleiner werdendes α auf einen Punkt, die gesuchte Lösung, zusammenzieht.

Bei primal-dualen Innere-Punkte-Verfahren (PDIP) wird $\lambda_i(\alpha) = \frac{-\alpha}{g_i(x(\alpha))}$ eingeführt. Die Kurve $\alpha \mapsto (x(\alpha), \lambda(\alpha))$ heißt *primal-dualer zentraler Pfad*.

Es gilt

$$0 = \nabla B_\alpha(x(\alpha)) = \nabla_x L(x(\alpha), \lambda(\alpha)).$$

Weiter haben wir $-\lambda_i(\alpha) g_i(x(\alpha)) = \alpha$.

Das Paar $(x(\alpha), \lambda(\alpha))$ wird daher charakterisiert als Lösung der „gestörten" KKT-Bedingungen

$$\begin{aligned} \nabla_x L(x, \lambda) &= 0, \\ -\lambda_i g_i(x) &= \alpha \quad (i = 1, \ldots, m). \end{aligned}$$

Die Schrittberechnung bei PDIP erfolgt basierend auf dem Newton-Verfahren für das gestörte KKT-System. Die Schritte werden durch eine Schrittweite so gedämpft, dass die Iterierten in einer geeigneten Umgebung des zentralen Pfades bleiben. Nach jedem solchen gedämpften Newton-Schritt wird α geeignet reduziert.

Eine mögliche Umgebung ist

$$\mathcal{N}_{-\infty} = \left\{(x, \lambda) \in \mathbb{R}^n \times \mathbb{R}^m;\ x \in X^\circ,\ \lambda > 0,\ -g_i(x)\lambda_i \geq -\gamma g(x)^T \lambda / m\right\}.$$

Besonders intensiv untersucht werden Barriere-Verfahren und Innere-Punkte-Verfahren im Zusammenhang mit konvexen Problemen, also $f:\mathbb{R} \to \mathbb{R}$ und $g_i:\mathbb{R} \to \mathbb{R}$, $i \leq i \leq m$, konvex. Die Mengen X und X° sind dann konvex. Wir weisen dies für X° nach: Für $x_1, x_2 \in X^\circ$, $t \in [0, 1]$ und $1 \leq i \leq m$ gilt:

$$g_i((1-t)x_1 + tx_2) \leq (1-t)g_i(x_1) + tg_i(x_2) < 0,$$

da $g_i(x_1) < 0$ und $g_i(x_2) < 0$.

Für $b\colon t \in (-\infty, 0) \mapsto -\ln(-t)$ ergibt sich $b'(t) = -1/t$, $b''(t) = 1/t^2$, so dass b streng konvex und streng monoton wachsend ist. Daraus folgt mit der Konvexität von g_i, dass $X^\circ \ni x \mapsto -\ln(-g_i(x))$ konvex ist. Somit ist also B_α auf X° konvex.

Ist nun X° nichtleer, so ergibt sich $\overline{X^\circ} = X$ automatisch: Wähle $x_0 \in X^\circ$. Für $x \in X$ gilt dann $x_t := x + t(x_0 - x) \in X$ für alle $t \in (0, 1]$ und weiter für alle i

$$g_i(x_t) \leq (1-t)g_i(x) + \underbrace{tg_i(x_0)}_{<0} < 0,$$

also $x_t \in X^\circ$ für alle $t \in (0, 1]$. Wegen $x_t \to x$ für $t \to 0^+$ folgt daher $x \in \overline{X^\circ}$.

Wir zeigen nun als Ergänzung von Satz 21.2 folgende Ergebnisse:

Satz 21.3

Wir betrachten das Optimierungsproblem (21.24) mit stetigen konvexen Funktionen $f:\mathbb{R}^n \to \mathbb{R}$ und $g_i:\mathbb{R}^n \to \mathbb{R}$, $1 \leq i \leq m$. Der zulässige Bereich X habe nichtleereres striktes Inneres X°. Sei (α_k) eine streng monoton fallende Nullfolge von Barriere-Parametern. Schließlich sei die Lösungsmenge X_{opt} von (21.24) nichtleer und beschränkt. Dann gilt:

a) Für jedes $\alpha > 0$ ist B_α konvex auf X° und für jedes $x_0 \in X^\circ$ ist die Niveaumenge

$$N(\alpha) := \{x \in X^\circ\,;\, B_\alpha(x) \leq B_\alpha(x_0)\}$$

kompakt und konvex.

b) Für jedes $\alpha > 0$ hat das Barriere-Problem (21.25) eine nichtleere, kompakte und konvexe Lösungsmenge $\Omega(\alpha)$.

c) Es gibt ein Kompaktum $\Omega \subset \mathbb{R}^n$ mit $\Omega(\alpha_k) \subset \Omega$ für alle k. Insbesondere besitzt die von Algorithmus 21.1 gelieferte Folge (x^k) mindestens einen Häufungspunkt $\bar{x}$. Jeder Häufungspunkt $\bar{x}$ ist Lösung von (21.24), und es gilt

$$\lim_{k\to\infty} f(x^k) = f(\bar{x}) \quad \text{sowie} \quad \lim_{k\to\infty} B_{\alpha_k}(x^k) \to f(\bar{x}).$$

Zudem ist die Folge $f(x^k)$ monoton fallend.

Für den Beweis ist folgendes Ergebnis wichtig:

Lemma 21.4

Wir betrachten das Optimierungsproblem (21.24). Der zulässige Bereich X habe ein nichtleereres striktes Inneres X° und die Lösungsmenge X_{opt} von (21.24) sei nichtleer und beschränkt. Dann ist für jedes $\nu \in \mathbb{R}$ die f-Niveaumenge

$$X(\nu) = \{x \in X\,;\, f(x) \leq \nu\}$$

beschränkt.

Beweis. Angenommen, es gibt ein $\nu \in \mathbb{R}$, so dass $X(\nu)$ unbeschränkt ist. Wir betrachten nun $\bar{x} \in X_{opt}$. Wegen der Kompaktheit von X_{opt} gibt es $r > 0$ mit $M_r \cap X_{opt} = \emptyset$, wobei $M_r = \{x \in X;\ \|x - \bar{x}\| = r\}$.

Nun gibt es $(z_j) \subset X(\nu)$ mit $r < \|z_j - \bar{x}\| \to \infty$. Setze $t_j = r/\|z_j - \bar{x}\|$ und $\bar{z}_j = \bar{x} + t_j(z_j - \bar{x})$. Dann gilt $\bar{z}_j \in M_r$, und insbesondere ist $M_r \neq \emptyset$. Die stetige Funktion f nimmt auf dem Kompaktum M_r ihr Minimum in einem Punkt $x^* \in M_r$ an und wegen $x^* \in X \setminus X_{opt}$ folgt $f(x^*) > f(\bar{x})$. Wir erhalten wegen der Konvexität von f

$$f(x^*) \leq f(\bar{z}_j) \leq (1 - t_j)f(\bar{x}) + t_j f(z_j) \leq (1 - t_j)f(\bar{x}) + t_j \nu.$$

Damit folgt

$$\nu - f(\bar{x}) \geq \frac{f(x^*) - f(\bar{x})}{t_j}.$$

Die rechte Seite strebt für $j \to \infty$ gegen unendlich, was den gewünschten Widerspruch liefert. □

Beweis des Satzes. zu a): Sei $\alpha > 0$ beliebig. Die Konvexität von X° und von B_α wurde bereits vor der Formulierung des Satzes gezeigt.

Sein nun $x_0 \in X^\circ$ beliebig. Offensichtlich ist $N(\alpha)$ konvex, da X° und B_α konvex sind.

Wir zeigen nun, dass $N(\alpha)$ kompakt ist.

$N(\alpha)$ ist abgeschlossen:
Sei $(y_j) \subset N(\alpha) \subset X^\circ$ eine konvergente Folge mit Grenzwert y. Es gilt dann (Stetigkeit) $f(y_j) \to f(y)$ und $g_i(y_j) \to g_i(y)$. Wegen $g_i(y_j) < 0$ folgt $g_i(y) \leq 0$.

Angenommen, es gibt i mit $g_i(y) = 0$. Dann folgt

$$\lim_{j \to \infty} B_\alpha(y_j) = \infty$$

im Widerspruch zu $B_\alpha(y_j) \leq B_\alpha(x_0)$. Also gilt $y \in X^\circ$ und $B_\alpha(y) \leq B_\alpha(x_0)$ folgt aus Stetigkeitsgründen.

$N(\alpha)$ ist beschränkt:
Angenommen, $N(\alpha)$ ist unbeschränkt. Dann existiert eine Folge $(y_j) \subset N(\alpha) \subset X^\circ$ mit $\|y_j\| \to \infty$. Unter Umständen nach Übergang zu einer Teilfolge können wir (y_j) so wählen, dass

$$\lim_{j \to \infty} \frac{y_j - x_0}{\|y_j - x_0\|} = d$$

gilt, wobei $\|d\| = 1$. Wir zeigen zunächst, dass gilt

$$x_0 + \tau d \in N(\alpha) \quad \forall \tau \geq 0. \tag{21.26}$$

Sei hierzu $\tau \geq 0$ beliebig. Aus $y_j, x_0 \in N(\alpha)$ und der Konvexität von $N(\alpha)$ folgt

$$x_0 + \frac{\tau}{\|y_j - x_0\|}(y_j - x_0) \in N(\alpha) \quad \forall j \text{ mit } \|y_j - x_0\| \geq \tau.$$

Wegen der Abgeschlossenheit von $N(\alpha)$ liefert Grenzübergang $x_0 + \tau d \in N(\alpha)$.

Um einen Widerspruch herzuleiten, zeigen wir andererseits

$$\lim_{\tau \to \infty} B_\alpha(x_0 + \tau d) = \infty. \tag{21.27}$$

Da X_{opt} nichtleer und beschränkt ist, ist für jedes $\nu \in \mathbb{R}$ die f-Niveaumenge

$$X(\nu) = \{x \in X\,;\, f(x) \le \nu\}$$

beschränkt, siehe Lemma 21.4.

Daher existiert $\bar{\tau} > 0$ mit $x_0 + \tau d \notin X(f(x_0) + 1)$ für alle $\tau \ge \bar{\tau}$. Andererseits haben wir $x_0 \in X(f(x_0))$. Wir definieren $\psi(\tau) := f(x_0 + \tau d)$ und erhalten $\psi(\bar{\tau}) > f(x_0) + 1 > f(x_0) = \psi(0)$. Mit $\gamma = (\psi(\bar{\tau}) - \psi(0))/\bar{\tau}$ gilt $\gamma > 0$ und für alle $\tau \ge \bar{\tau}$ folgt wegen der Konvexität von ψ auf $[0, \infty)$ mit $\sigma = \bar{\tau}/\tau$:

$$\psi(\bar{\tau}) = \psi(0 + \sigma\tau) \le (1 - \sigma)\psi(0) + \sigma\psi(\tau),$$

also für alle $\tau \ge \bar{\tau}$:

$$\begin{aligned} f(x_0 + \tau d) = \psi(\tau) &\ge \psi(\bar{\tau}) + (\psi(\bar{\tau}) - \psi(0))\frac{1-\sigma}{\sigma} = \psi(\bar{\tau}) + (\psi(\bar{\tau}) - \psi(0))\frac{\tau - \bar{\tau}}{\bar{\tau}} \\ &= \psi(\bar{\tau}) + \gamma(\tau - \bar{\tau}) = f(x_0 + \bar{\tau}d) + \gamma(\tau - \bar{\tau}). \end{aligned}$$

Somit wächst $f(x_0 + \tau d)$ mindestens linear in τ für $\tau \ge \bar{\tau}$. Ähnlich gilt wegen der Konvexität von $\psi_i(\tau) := g_i(x_0 + \tau d)$ für alle $\tau \ge \bar{\tau}$:

$$\psi_i(\tau) \ge \psi_i(\bar{\tau}) + \frac{\psi_i(\bar{\tau}) - \psi_i(0)}{\bar{\tau}}(\tau - \bar{\tau}) =: \xi_i + \beta_i(\tau - \bar{\tau}).$$

Wegen $\psi_i(\tau) < 0$ für alle $\tau \ge 0$ folgt $\xi_i < 0$, $\beta_i \le 0$. Da die Funktion $t \mapsto -\ln(-t)$ monoton wachsend ist, folgt nun für $\tau \ge \bar{\tau}$

$$\begin{aligned} B_\alpha(x_0 + \tau d) &= \psi(\tau) - \alpha \sum_{i=1}^{l} \ln(-\psi_i(\tau)) \\ &\ge \psi(\bar{\tau}) + \gamma(\tau - \bar{\tau}) - \alpha \sum_{i=1}^{l} \ln(-\xi_i - \beta_i(\tau - \bar{\tau})) \to \infty \quad \text{für } \tau \to \infty. \end{aligned}$$

Hierbei haben wir verwendet, dass $\gamma > 0$, $\xi_i < 0$, $\beta_i \le 0$, und daher

$$\lim_{\tau\to\infty} \frac{\ln(-\xi_i - \beta_i(\tau - \bar{\tau}))}{\tau - \bar{\tau}} = 0.$$

Also ist (21.27) gezeigt. Dies ist ein Widerspruch zu (21.26).

zu b): Sei $x_0 \in X^\circ$ beliebig. Nach a) ist die Niveaumenge $N(\alpha)$ kompakt und wegen $x_0 \in N(\alpha)$ nichtleer. Die stetige Funktion B_α nimmt auf dem Kompaktum $N(\alpha)$ ein Minimum an. Also ist die Lösungsmenge $\Omega(\alpha)$ von (21.25) nichtleer und wegen $\Omega(\alpha) \subset N(\alpha)$ beschränkt. Ist (y_j) eine Folge in $\Omega(\alpha)$ mit Grenzwert y, so ist $y \in N(\alpha)$ und somit B_α stetig in y, also $B_\alpha(y) = \lim_{j\to\infty} B_\alpha(y_j)$ Grenzwert einer konstanten Folge und folglich $y \in \Omega(\alpha)$. Die Verbindungsstrecke zweier Punkte in $\Omega(\alpha) \subset X^\circ$ liegt in X°, und die B_α-Funktionswerte sind dort wegen der Konvexität kleiner oder gleich denen in den Endpunkten. Dies zeigt, dass B_α auf der Verbindungsstrecke konstant ist, so dass diese in $\Omega(\alpha)$ liegt.

zu c): Sei $x^0 \in \Omega(\alpha_0)$ beliebig. Für alle $k \ge 1$ und alle $x \in \Omega(\alpha_k)$ gilt $f(x) \le f(x^0)$ nach Satz 21.2, Teil 2, also $\Omega(\alpha_k) \subset X(f(x^0))$. Wegen Lemma 21.4 ist die f-Niveaumenge

$X(f(x^0))$ kompakt. Daher gilt

$$\Omega(\alpha_k) \subset X(f(x^0)) \cup \Omega(\alpha_0) =: \Omega \quad \forall k \geq 0$$

und Ω ist kompakt.

Jede von Algorithmus 21.1 gelieferte Folge (x^k) liegt im Kompaktum Ω und hat daher mindestens einen Häufungspunkt $\bar{x}$.

Wir hatten vor dem Satz begründet, dass $\overline{X^\circ} = X$ gilt, und Satz 21.2, Teil 3 liefert daher, dass $\bar{x}$ eine Lösung von (21.24) ist. Auch der Rest der Aussagen folgt aus Satz 21.2, Teil 3. □

Literaturverzeichnis

[1] D. P. Bertsekas: *Nonlinear Programming*, Athena Scientific, 1999.

[2] P. T. Boggs, J. W. Tolle: *Sequential Quadratic Programming*, Acta Numerica 1995, Cambridge University Press, 1–51, 1995.

[3] C. G. Broyden, J. E. Dennis, J. J. Moré: *On the local and superlinear convergence of quasi-Newton methods*, J. Inst. Math. Appl. 12, 223–245, 1973.

[4] A. R. Conn, N. I. M. Gould, Ph. L. Toint: *Trust-region methods*, SIAM, 2000.

[5] J. E. Dennis, J. J. Moré: *A characterization of superlinear convergence and its application to quasi-Newton methods*, Math. Comput. 28, 549–560, 1974.

[6] A. V. Fiacco, G. P. NcCormick: *Nonlinear Programming: Sequential Unconstrained Minimization Techniques*, Wiley, 1968.

[7] C. Geiger, C. Kanzow: *Numerische Verfahren zur Lösung unrestringierter Optimierungsaufgaben*, Springer-Verlag, 1999.

[8] C. Geiger, C. Kanzow: *Theorie und Numerik restringierter Optimierungsaufgaben*, Springer-Verlag, 2002.

[9] W. Hackbusch: *Iterative Lösung großer schwachbesetzter Gleichungssysteme*, Teubner, 1991.

[10] S. P. Han: *A globally convergent method for nonlinear programming*, J. Optim. Theory Appl. 22, 297–309, 1977.

[11] N. Maratos: *Exact penalty function algorithms for finite dimensional and control optimization problems*, Ph.D. Dissertation, University of London, 1978.

[12] M. J. D. Powell: *A fast algorithm for nonlinearly constrained optimization calculations*, Lect. Notes Math. 630, 144–157, 1978.

[13] M. J. D. Powell: *The convergence of variable metric methods for nonlinearly constrained optimization calculations*. In: Nonlinear Programming 3, O. L. Mangasarian, R. R. Meyer, S. M. Robinson (eds.), Academic Press, 27–61, 1978.

[14] M. J. D. Powell, Y. Yuan: *A recursive quadratic programming algorithm that uses differentiable exact penalty functions*, Math. Programming 35, 265–278, 1986.

[15] K. Schittkowski: *The nonlinear programming method of Wilson, Han and Powell with an augmented Lagrangian type line search function*, Numerische Mathematik 38, 83–114, 1981.

[16] J. Werner: *Numerische Mathematik 2*, Vieweg, 1992.

Index